大数据可视化分析建模

人人都是数据分析师

雷玉堂　李 柯　杨 浦◎著

清華大學出版社
北 京

内 容 简 介

本书以“实战、实用、实效”为原则，充分考虑智慧公安、智慧交通、智慧金融、智慧城市等用户的大数据应用痛点，紧贴大数据实践的业务场景，汇集数据分析模型全生命周期的关键应用技术，包括数据准备、工作表管理、可视化图表创建、数据大屏制作、数据模型创建和自定义算子设计等内容。

本书内容通俗易懂，案例丰富，图文并茂，同时配有教学视频和建模平台，适合初级、中级数据分析师和广大数据分析爱好者参考学习。通过本书，读者无须具备计算机、软件开发等专业知识背景，即可熟练掌握大数据分析建模的基本方法和技巧。

图书在版编目(CIP)数据

大数据可视化分析建模：人人都是数据分析师 / 雷玉堂，李柯，杨浦著 . —北京：清华大学出版社，2022.10

ISBN 978-7-302-61911-6

Ⅰ . ①大…　Ⅱ . ①雷… ②李… ③杨…　Ⅲ . ①可视化软件－数据处理　Ⅳ . ① TP31

中国版本图书馆 CIP 数据核字 (2022) 第 178326 号

责任编辑：陈　莉
封面设计：周晓亮
版式设计：方加青
责任校对：马遥遥
责任印制：宋　林

出版发行：清华大学出版社
网　　址：http：//www.tup.com.cn，http：//www.wqbook.com
地　　址：北京清华大学学研大厦 A 座　　**邮　　编：**100084
社 总 机：010-83470000　　**邮　　购：**010-62786544
投稿与读者服务：010-62776969，c-service@tup.tsinghua.edu.cn
质 量 反 馈：010-62772015，zhiliang@tup.tsinghua.edu.cn
印 装 者：涿州市京南印刷厂
经　　销：全国新华书店
开　　本：170mm×240mm　　**印　　张：**16.75　　**字　　数：**301 千字
版　　次：2022 年 11 月第 1 版　　**印　　次：**2022 年 11 月第 1 次印刷
定　　价：69.00 元

产品编号：099474-01

前言

2021年10月18日，中共中央政治局就推动我国数字经济健康发展进行第三十四次集体学习。中共中央总书记习近平在主持学习时强调，要充分发挥海量数据和丰富应用场景优势，促进数字技术与实体经济深度融合，赋能传统产业转型升级，催生新产业新业态新模式，不断做强做优做大我国数字经济。

国务院印发的《促进大数据发展行动纲要》明确指出，运用大数据推动经济发展、完善社会治理、提升政府服务和监管能力正成为趋势。大数据推动社会生产要素的网络化共享、集约化整合、协作化开发和高效化利用，改变了传统的生产方式和经济运行机制，可显著提升经济运行水平和效率。要充分利用我国的数据规模优势，实现数据规模、质量和应用水平同步提升，发掘和释放数据资源的潜在价值，有利于更好发挥数据资源的战略作用，增强网络空间数据主权保护能力，维护国家安全，有效提升国家竞争力。要建立“用数据说话、用数据决策、用数据管理、用数据创新”的管理机制，实现基于数据的科学决策，将推动政府管理理念和社会治理模式进步，加快建设与社会主义市场经济体制和中国特色社会主义事业发展相适应的法治政府、创新政府、廉洁政府和服务型政府，逐步实现政府治理能力现代化。

大数据应用是一个复杂的系统工程，包括数据采集、数据储存、数据传输、数据安全、数据管理、数据治理、数据翻译、数据挖掘、数据计算、数据共享、数据交换等多个节点，大数据可视化建模是大数据应用系统工程的重要组成部分，也是大数据应用的关键技术和方法。数据只有在与业务深度融合下才能体现出价值，而大数据可视化建模是数据价值挖掘的重要手段。近年来，在疫情流调防控、社会综合治理、智慧政务服务、智能交通调度、智慧电力调度、智能金融风控等方面，大数据可视化建模发挥了不可替代的作用。

本书以“实战、实用、实效”为原则，汇集数据分析模型全生命周期的关键应用技术，包括数据准备、工作表管理、可视化图表创建、数据大屏制作、数据模型创建和自定义算子设计等内容，通俗易懂，案例丰富，关键步骤均配图说明，适合初级、中级数据分析师和广大数据分析爱好者参考学习。通过学习本书，读者无须具备计算机、软件开发等专业知识背景，即可熟练掌握大数据分析建模的基本方法和技巧。

本书中案例演示平台为北京海致科技集团有限公司自研的 DMC 大数据分析建模平台，该平台在全国 150 多个地市公安局、70 多家金融企业、3000 多家互联网公司得到广泛应用，数据建模的方法和流程具有一定的代表性，也适用于其他类似数据分析建模平台。读者可以关注海致大数据研学中心微信服务号（微信二维码见封底），注册后可以申请在线学习本书的配套教学视频和申请建模平台的免费试用，帮助读者边学边练，更好地掌握各类数据建模方法。

人人都是数据的生产者、人人都是数据分析师是数字时代的新特征。

大数据建模分析技术和方法与各种应用场景和业务需求密切相关，出于数据安全和保密的需要，本书中所有演示数据均为模拟数据，在编撰本书时无法列举真实的数据模型案例，请读者予以理解。

雷玉堂

2022 年 8 月

目　录

第 1 章　数据分析导论

1.1　数据分析的基础概念

数据分析是指用适当的统计分析方法对收集来的大量数据进行分析，将它们加以汇总、理解并消化，以求最大化地开发数据的功能，发挥数据的作用。数据分析是为了提取有用信息和形成结论而对数据加以详细研究和概括总结的过程。

以下为几个常见的数据分析基础概念。

1.1.1　商业智能

商业智能（Business Intelligence，BI）是一套完整的解决方案，用来将组织或企业中现有的数据进行有效的整合，快速准确地提供报表并提出决策依据，帮助组织或企业做出明智的业务决策。

1.1.2　数据仓库

数据仓库（Data Warehouse，DW）是为组织或企业中所有级别的决策提供支持的数据集合，出于分析性报告和决策支持目的而创建，为需要业务智能的组织或企业提供指导。

数据仓库之父比尔·恩门（Bill Inmon）在 1991 年出版的《建立数据仓库》（*Building the Data Warehouse*）一书中所提出的定义得到业界的广泛认可，其定义如下：

数据仓库（Data Warehouse）是一个面向主题的（Subject Oriented）、集成的（Integrated）、相对稳定的（Non-Volatile）、反映历史变化的（Time Variant）数据集合，用于支持管理决策（Decision Making Support）。

1.1.3　数据仓库与其他概念的关系

将业务系统（联机事务处理 OLTP 系统）累积的大量数据，按照数据仓库储存架构进行整合治理，并利用联机分析处理（OLAP）、数据挖掘（Data Mining）进行分析，帮助决策者快速分析出有价值的信息，建构商业智能（BI）。

1.1.4 云计算

云计算（Cloud Computing）是通过网络“云”将巨大的数据计算处理程序分解成无数个小程序，然后通过多部服务器组成的系统处理和分析这些小程序，得到结果并返回给用户。

云计算是分布式计算（Distributed Computing）、并行计算（Parallel Computing）、效用计算（Utility Computing）、网络存储（Network Storage ）、虚拟化（Virtualization）、负载均衡（Load Balance）等传统计算机和网络技术发展融合的产物。云计算的服务类型有IaaS，PaaS，SaaS等。

1.2 数据分析的主要流程

1.2.1 场景理解-明确目标，理解需求，搭建框架

对于一个业务场景而言，为什么要做数据分析？要解决什么问题？这是做数据分析之前首先要明确的，也就是分析的目标。只有对分析目标有清晰的认识，才会避开为分析而分析的误区，分析的结果和过程就越有价值。

明确目标后，需要整理分析思路，搭建分析框架，把分析目的分解成若干个不同的分析要点，然后针对每个分析要点确定分析方法和具体分析指标，最后，确保分析框架的体系化（体系化，即先分析什么，后分析什么，使得各个分析点之间具有逻辑联系），使分析结果具有说服力。

1.2.2 数据准备-数据收集、清洗、集成等

数据准备是在确定数据分析的目的之后，有选择地收集、整合相关数据的过程，它是数据分析的基础。数据收集途径主要有数据库、公开出版物、互联网、市场调研等。数据清洗主要是去除重复数据、干扰数据以及填充缺失值。数据集成是将多个数据源存放到同一个数据存储中。

1.2.3 数据处理-数据转化、数据提取、数据计算等

数据处理是指对收集到的大量数据进行加工、整理，把它变成适合数据分

析的样式。

数据处理主要包括数据转化、数据提取、数据计算等处理方法。

1.2.4　数据分析-结合业务，探索数据，发现规律

数据分析是指通过分析手段、方法和技巧对准备好的数据进行探索、分析，从中发现因果关系、内部联系和业务规律。

需要注意的是，数据分析要与业务结合才有意义。熟悉业务才能看到数据背后隐藏的信息。对运行情况有所了解，再根据业务需要，才能有效地整理数据，制定执行计划。

1.2.5　结果发布-将获取的知识转化成报告、大屏或者实现数据挖掘过程

一般情况下，数据分析的结果是通过报告或大屏形式进行展现，即以表格和图形等可视化方式来展现，同时需要提出合理建议或解决方案。数据分析结果也可将数据挖掘的整个过程进行详细描述，分析得到具有指导性的意见或建议。

1.3　数据分析的主要作用

数据分析的作用主要有以下三点。

（1）通过分析各种业务指标的完成情况来衡量组织的运行现状。

（2）针对某一业务指标进行专题分析，探究业务变动的真实原因。

（3）对组织的未来发展趋势做出预测。

1.4　数据分析的主要方法

我们把一些与数据分析相关的评估、管理、预测等理论统称为数据分析方法论，它对数据分析整体工作起到指导作用。数据分析方法论就像是我们国家的“十四五”规划一样，有明确的执行动作、责任单位和完成日期，指导着经济、社会、文化等各方面的发展。

数据分析方法论主要从宏观角度指导我们怎样进行数据分析，更像一个规划图，告诉我们分析应用的整体框架，从哪几个方面进行数据分析，各方面包

含什么内容和指标，先分析什么、后分析什么。

而数据分析方法是指对具体的信息和数据进行怎样的处理，采用什么样的分析方法，它是整个数据分析中的一个较为关键的环节，是从微观角度指导我们怎样进行数据分析。

1.4.1 5W2H分析方法

什么是 5W2H 分析方法？

5W 是指对于所有的现象都追问 5 个问题：What（是什么）、When（何时）、Where（何地）、Why（为什么）、Who（是谁）。2H 是指另外 2 个问题：How（怎么做）、How much（多少钱）。

当遇到要解决的问题，可以从 5W、2H 这 7 个问题出发来解决。

5W2H 分析方法可以帮助我们解决简单的问题，下面举两个例子。

案例一：如何修建一座天桥解决行人横穿马路问题？

What（是什么）：这是什么工程？

When（何时）：什么时候需要竣工？

Where（何地）：在哪里进行施工？

Why（为什么）：社会为什么需要它？

Who（是谁）：这是给谁设计的？

How（怎么做）：这个项目需要怎么运作？

How much（多少钱）：这个项目预算多少？由谁支付？

案例二：如何实现 2060 年家庭碳中和问题？

What（是什么）：这是什么事情？

When（何时）：什么时候需要完成？

Where（何地）：在哪些地方进行？

Why（为什么）：家庭为什么需要完成它？

Who（是谁）：这是由谁来执行的？

How（怎么做）：这个事情需要家庭怎么做？

How much（多少钱）：这个项目会帮助家庭节约多少钱？

5W2H 分析方法将问题定位于 7 个维度，便于问题的拆解分析，但在分析复杂问题时很难适用。比如，我们将以上两个问题升级为“如何解决城市重点区域交通拥堵问题”和“如何在 2060 年前实现碳中和”，则不能通过这个方法轻易解决，因为复杂问题往往是复杂原因交错影响造成的，并不是单一原因或独立的多个原因造成的，所以这类问题需要综合使用其他分析方法。

1.4.2　逻辑树分析方法

逻辑树分析方法是将复杂问题分解成若干个简单子问题，通过解决子问题进而解决总问题的分析方法。

不管是在实际生活中还是工作中，我们经常会使用逻辑树分析方法来分析问题。打个比方，城市居民用水代表复杂问题，所有城区用水代表简单子问题的合集，可以通过解决所有城区居民用水问题进而解决城市居民用水问题，其中某些城区拥有水库，不仅不缺水，甚至可以供给水源，则用水问题在这些城区便不是问题，这使得城市管理者聚焦缺水城区问题。

1.4.3　PEST分析方法

PEST 分析方法是对国家、组织、企业以及个人发展宏观环境的分析，经常用于行业或产业分析，通常是从政治、经济、社会和技术这 4 个方面来分析的，如图 1-1 所示。

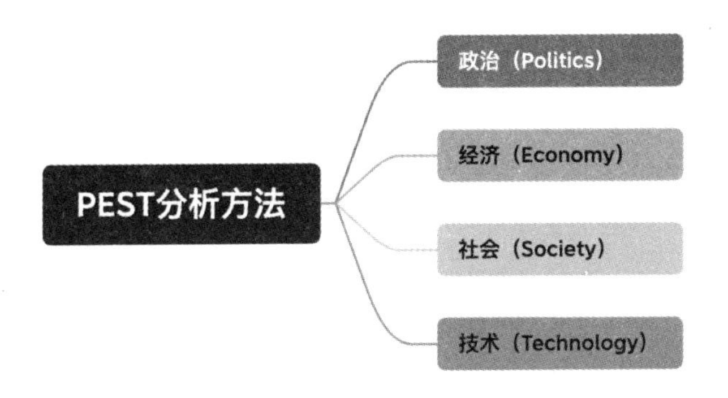

图 1-1　PEST 分析方法

政治环境主要包括政府的政策、法律等。例如可以从这样几个问题去展开研究：相关法律有哪些？对组织或企业有什么影响？投资政策有哪些？对组织或企业有什么影响？最新的税收政策是什么？对组织或企业有什么影响？

经济环境主要指一个国家的国民收入、消费者的收入水平等。经济环境决定着公司未来市场能做多大。

社会环境主要包括一个地区的人口、年龄、收入分布、购买习惯、文化水平等。

技术环境是指外部技术对组织或企业发展的影响。

1.4.4 多维度拆解分析方法

多维度拆解分析方法是对问题研究后，拆解为多个维度，再进行分析的方法。一般会从业务执行流程或业务成分构成的维度来拆解。

1.4.5 对比分析方法

对比分析方法是较常用的分析方法，在对比分析时，我们要弄清楚两个问题：比较的对象和比较的方式。

1. 比较的对象

比较对象一般分为两类：和自己比较、和同行比较。

例：国家统计局发布的2021年GDP数据，全年总量为1 143 669.7亿元（约合17.7万亿美元），我们用对比分析方法来分析下这句话背后的真实含义。

1）和自己比较

与去年同期（1 015 986.2亿元）相比增长了8.1%，其中第一产业同比增长7.1%，第二产业同比增长8.2%，第三产业同比增长8.2%，如图1-2所示。

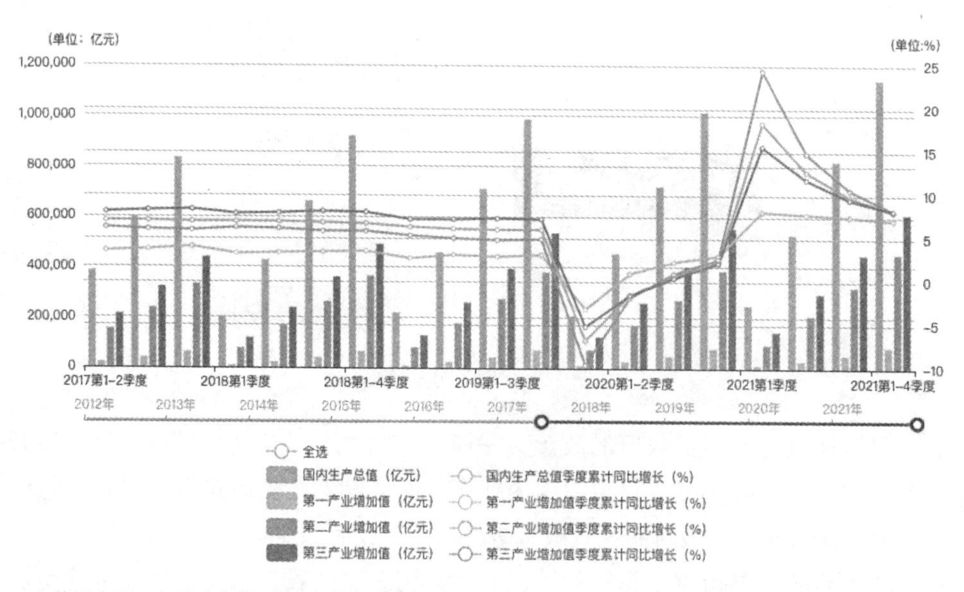

数据来源：中国政府网 . 数据 - 数据详情 -GDP. http://www.gov.cn/shuju/hgjjyxqk/detail.html?q=0.

图1-2　近年来GDP及第一、二、三产业贡献趋势

2）和同行比较

近两年受新冠肺炎疫情影响，全球经济增速放缓，甚至呈现负增长，如果

想知道 114 万亿（17.7 万亿美元）的体量和 8.1% 的增速是高还是低，是大趋势还是自身原因，就可以和其他主要经济体（同行业）对比。作为世界经济体的领头羊美国，在 2021 年 GDP 是 23 万亿美元，同比增速达到 5.7%；同为世界经济体的欧盟，2021 年 GDP 总量是 14.45 万亿欧元（约合 17.088 万亿美元），同比增长 5.3%。

所以，通过对比分析方法可以看出，中国与同体量的美国和欧盟经济体对比，经济增长率还是比较高的。

2. 比较的方式

通过第一点和谁比较，我们确定了比较对象的范围。针对第二个问题：如何比较，我们可从以下 3 个维度去比较：数据体量、数据波动和趋势变化。

在这里，可以继续对比三个经济体的总量、近 5 年的经济总量和增速，也可以继续深入比较第一、二、三产业的占比和增速，以更全面地认清经济发展的特点和风险。

1.5　数据分析的逻辑思维

通过以上内容我们知晓了数据分析的主要方法，那怎么去设计一个好的数据分析模型呢？接下来，我们讲解数据分析的逻辑思维。

1.5.1　需求梳理

数据分析的第一步，就是要了解当前工作的痛点和难点，而这也是需求的本质。需求可拆解为技术和业务两个层面。技术方面的需求是当前技术能力不足、数据无法满足需求或平台数据权限受限等，比如包括视频、图像、文本在内的非结构化数据处理，通常超出大部分人员的能力范围。业务方面的需求是当前业务岗位权限受限，或是业务场景需要拆解梳理，当前岗位不足以支撑，需要其他部门配合完成，是典型的跨部门合作场景。

同时，在需求梳理过程中，也要关注是否有可借鉴的分析经验，作为本次数据分析的参考。

1.5.2　维度设计

为什么在第二步就要去进行维度设计？在第一步需求梳理中，当前的痛点或者难题已经明确，接下来就要找到可量化的业务关键指标数据，而这些数据依赖于维度设计，即输出包含字段描述的数据清单。打个比方，维度是货品规格、重量或者生产工厂等，这些数据有单维度，同时也有多维度，需要结合实际情况定义。

此外，这些维度对应的数据是否可以获取得到或采集得到，或者需要外部协作获得，这些也是需要考虑的。

1.5.3 数据准备

上一步中通过维度设计梳理出数据清单，紧接着就要汇集这些数据，我们可以先从本部门去找，再从IT部门寻找，不管是资源服务平台，还是大数据平台，都可以获取数据。数据找寻完之后，我们需要汇总起来统一管理，可以通过大数据平台或数据分析平台来实现。此外，我们需要基于平台构建出数据专题库，进行数据标准化处理，做好字典映射、脏数据处理、数据格式统一等数据清洗工作。

1.5.4 模型创建

基于上一步构建的数据专题库，结合需求梳理中的成功经验提炼出模型逻辑，再来创建完整的模型，或拆解为多个子模型的集合，通过历史数据完成初步验证，根据输出结果调整设计参数。需要注意的是，模型从第一次创建到最终输出可信结果，是需要不断调整优化的，因为模型本质是对业务实践的抽象，不可能实现百分之百复制，但可以不断去贴近完善。在贴近完善的过程中，我们需要结合实际情况来验证模型准确性。

1.5.5 模型成效

模型成效要基于模型类型来分类评估。模型从业务角度可分为宏观态势分析、未来趋势预测、人群画像描绘、风险发掘控制等，不同的模型应该有不同的效果评估参数体系。所以，在进行模型成效评估的时候，要基于不同的评价体系。

以上就是数据分析的逻辑思维。

1.6　数据分析的结果应用

1.6.1　数据可视化

数据可视化是数据分析师用最简单的、易于理解的形式，把数据分析的结果呈现给决策者，帮助决策者理解数据所反映的规律和特性。数据可视化的常用形式有简单文本、表格、图表等。

1. 简单文本

若数据分析的结果只反映在一些指标上，建议采用突出显示的数字和一些辅助性的简单文字来表达，这种形式在数据分析产品中通常称为指标卡，如图 1-3 所示。

平均年龄

22.98岁

图 1-3　简单文本

2. 表格

若展示更多数据，可以选择表格这种常见而实用的数据表现形式，如图 1-4 所示。在以下情况中使用表格展示数据最为恰当。

（1）需要保留详细的数据维度；

（2）需要对不同维度数据进行精确比较；

（3）需要展示的数据具有不同的计量单位。

地区	商品子类别	订单优先级	运输成本
东部	T恤衫	中	12.42
		低	20.20
		未知	5.98
		重要	13.91
		高	16.28
	公主裙	中	597.50
		低	595.16
		未知	645.52
		重要	902.30
		高	525.33
	夹克	中	1,591.48
		低	2,034.42
		未知	1,579.92
		重要	1,490.49
		高	2,075.37
	正装衬衫	中	509.19
		低	484.78
		未知	474.78
		重要	351.14
		高	463.31

图 1-4　表格

3. 图表

图表是对表格数据的一种图形化展现形式，通过图表与人的视觉形成交互，能够快速传达事物的关联、趋势、结构等抽象信息，它是数据可视化的重要形式。常用的图表有柱形图、条形图、折线图、散点图、饼图、雷达图、瀑布图、帕累托图等，如图 1-5 和图 1-6 所示。

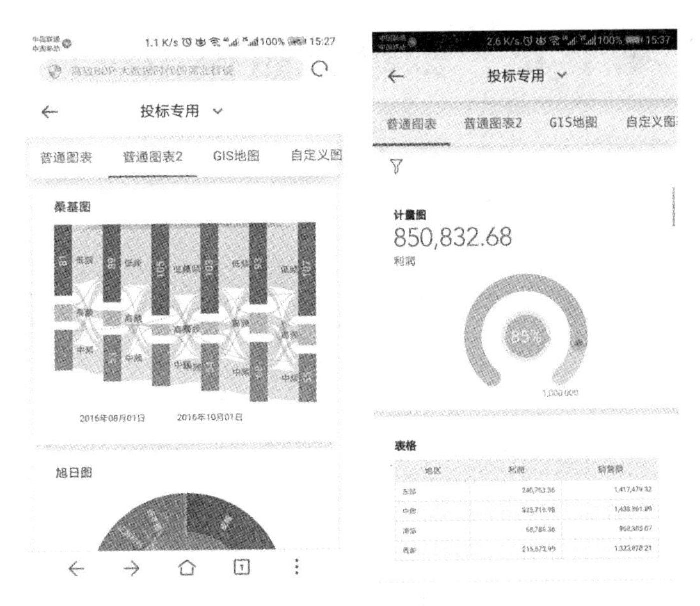

图 1-5　常见图表 1

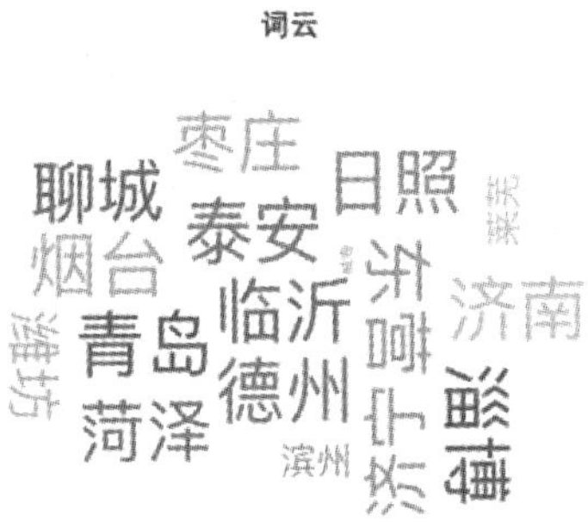

图 1-6　常见图表 2

1.6.2　数据分析报告

数据分析报告作为数据分析的最后一个环节，是对整个分析过程做一个完整的总结。它要求将所有的数据化繁为简形成明确的结论和建议，为管理者进一步决策提供帮助。

数据分析报告是一种常用的分析应用文体，它是数据分析项目的目的、方法、过程、结论以及可行性建议等内容的完整展示，是数据背后真实的业务水平的客观体现，是管理者做出科学、严谨决策的依据。本书第 8 章将会对此进行详细介绍。

第 2 章　数据分析模型设计

本章主要介绍数据分析模型的定义、分类、应用场景及数据分析建模步骤等基础知识。

2.1　思维导图与数据建模

思维导图是英国人托尼•博赞（Tony Buzan）在20世纪创立的一种思维方式，被称为万能的大脑工具，可以用于学习、策划、管理、分析、笔记等多种场景。

2.1.1　什么是思维导图

思维导图也被称为脑图，是一种以图表的方式展现我们思维逻辑的工具，每个人思考问题的方向及模式都是不同的，大致分为两种：专注思维和发散思维，两种模式会随意进行切换来让思维实现更大的价值。

2.1.2　思维导图的价值

思维导图的价值在于训练思维能力，可以是内在能力也可以是外在能力，比如提升个人的注意力、观察力和组织力等。

思维导图可以突破思维的局限，并提升知识的集成度和关联度。

2.1.3　思维导图在数据建模中的应用

在数据建模中，需求点分析、数据源获取、分析维度确定、业务指标搭建和积分赋值等步骤间存在一定逻辑关系，建议将模型设计的各个环节牢记于心，才能不断地优化和调整模型逻辑。

思维导图为数据建模的需求分析和维度设计提供了强大支撑，学习和掌握思维导图工具是数据分析师的必备技能。

2.1.4　常用思维导图工具

常见的思维导图工具有 XMind、Coggle、Mindmaps、FreeMind、MindMaster、金山 WPS，其中有些是免费的，大家可自行下载安装使用。

2.2　数据分析模型的定义

数据分析建模是为了理解事物而对事物做出的一种抽象模型，而数据模型是根据业务经验，对数据中的逻辑进行数学描述，并固化下来的知识体系。数据分析建模是数据分析的一种常见方式。

我们不妨从几个维度去思考。

首先，数据模型是研究复杂关系的。马克思说过，社会就是人和环境关系的总和。要治理社会，就应当研究人与环境的关系。因此，数据模型设计离不开关系分析，特别是复杂关系，包括人和人之间的关系、人和物之间的关系、人和车之间的关系、人和事件之间的关系等。图 2-1 为对象、关系和特征等要素之间的逻辑关系。

图 2-1　对象、关系、特征等要素的逻辑关系

其次，数据模型是业务经验的总结。业务经验是复杂关系的总结和提炼，可拆解为分析维度和计算逻辑，通过数学方法存储并形成分析结果，就形成了一个模型。图 2-2 为数据分析模型的具体定义。

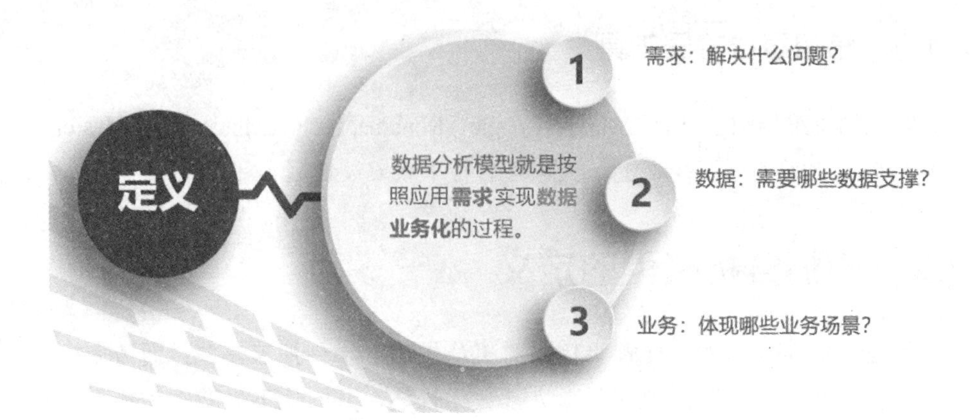

图 2-2　数据分析模型的定义

数据分析模型可以定义为按照应用需求实现数据业务化的过程，可有以下 4 个特征。

一是需求是模型存在的基础。只有具体的需求才能支撑模型的存在。解决什么问题是模型构建的具体目标。

二是数据是模型存在的前提。没有数据的情况下，尽管可规划和构建模型，但无法实现业务维度，更无法验证模型。

三是业务是模型存在的关键。把业务经验抽象为具体的业务指标，通过标签、积分、分类、聚合等计算方法实现业务模型。缺少业务支撑的模型是没有生命力的。

四是模型创建是数据业务化的过程。模型创建不是一蹴而就的，也不是永恒不变的。随着数据的更新、需求的变化、业务流程升级，模型创建将持续推进，并不断优化。图 2-3 是以半年为期进行数据分析建模的过程。

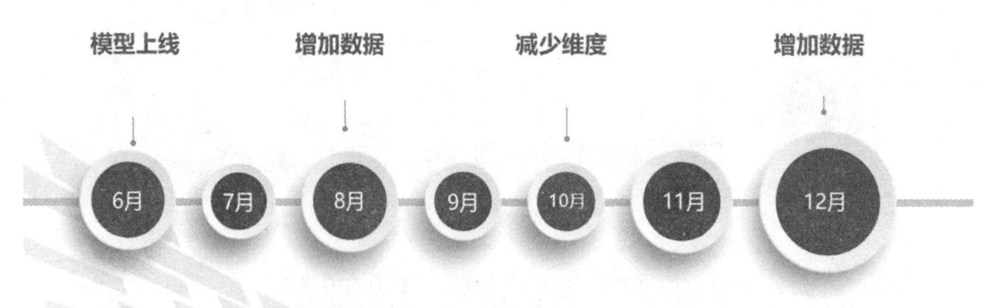

图 2-3　数据分析建模的过程举例

上述 4 个特征可定义数据分析模型，缺一不可。

正确理解模型的定义也是判断模型是否真实存在的重要方法。

2.3　数据分析模型的分类

数据分析模型有很多种类型，可从不同维度进行分类。下面从复杂程度、适用范围、业务属性、计算方式和业务场景等维度对模型进行分类。

2.3.1　按复杂程度分类

数据分析模型按照复杂程度可分为基础模型和专业模型。

基础模型是通过简易逻辑分析或简单代码就可实现的模型，如人员画像分析模型、RFM 分析模型①等。

专业模型是通过多个维度分析和较复杂的逻辑运算才能得出结果的模型，如贷款风险评估模型、偷逃税款识别模型等。

2.3.2　按适用范围分类

按照适用范围，数据分析模型可分为普适模型和专用模型。

普适模型是在大多数情况下都能够复用，具有普遍性的模型。模型的分析维度接近，逻辑关系相似，分类标准及重要字段也相近，如用户行为画像分析模型。

专用模型是专门针对某特定群体、逻辑关系、特定对象的一种模型，如高频消费用户营销分析模型等。

2.3.3　按业务属性分类

按照业务属性，数据分析模型可分为金融营销分析模型、交通运输分析模型、广告营销分析模型、行业客户分析模型、仓储物流分析模型等。

2.3.4　按计算方式分类

按照计算方式，数据分析模型可分为聚类、分类、预测、关联规则、空间分析等模型。

---

① RFM 分析模型：通过客户的近期购买行为（Recency）、购买的总体频率（Frequency）及消费金额（Monetary）三项指标来描述该客户的价值状况，该模型是衡量客户价值和客户创造利益能力的重要工具和手段。

2.3.5 按业务场景分类

按照业务场景，数据分析模型可分为会员数据化运营、商品数据化运营、物流数据化运营、内容数据化运营等模型。

从实际应用成效来看，基础（简单）模型能够解决 70% 以上的常规问题，而高级（复杂）模型仅能够解决不足 30% 的模型。在数据分析模型的设计中，盲目追求数据量大、分析维度多、用户角色多，反而会降低模型计算结果的有效性。一个小模型可解决一个小问题，多个小模型组合后就可解决一个大问题。模型不在乎体量的大小和复杂度的高低，也不在于应用场景和计算方法的区别，关键要需求明确、数据合理，并能够解决问题，这才是模型的核心价值。

2.4 如何明确分析模型的应用场景

模型应用的场景要做到“四个明确”。

一是明确用户的角色。数据分析模型是数据业务化的过程，业务根据不同岗位、不同职责、不同性格，不同知识结构，需求是不一样的。也就是说模型具有典型的个性化特征，不同的人有不同的需求，要明确分析模型的应用场景，首先要明确的就是用户是谁，也就是这个模型谁使用，为谁服务。例如，一个工厂中有不同的角色，包括厂长、总经理、总工程师、车间主任、销售主管、销售员等，这些人需要的模型是各不相同的。

二是明确场景的层级。不同的层级关注度不一样，思考的问题也不一样，也就是对业务的理解视角不一样，也就需要模型的应用场景要重视用户的层级。例如，同样是总经理角色，集团公司的总经理和分公司的总经理的关注点和分析思路是不同的，前者在乎趋势监测，后者在乎风险点预警。

三是明确应用的环节。譬如，仓储数据分析结果会影响生产、物流、销售、配送、研发等环节，但不同环节关注的点不一样。生产环节考虑存储空间问题；物流环节考虑装卸效率问题；销售环节考虑商品存货问题；配送环节考虑配送距离问题；研发环节考虑产品定位问题。同一个模型的同一个计算结果在不同环节有不同的应用场景。

四是明确适用的节点。不同时间节点的业务特征和业务流程是不一样的，所以模型应用需要考虑时间节点因素。例如，电扇的销售趋势和库存的环比分析模型，夏天和冬天的变化幅度是不一样的。冬天升降幅度比夏天要弱，环比分析显然不合适，同比分析才更接近实际。疫情期间的人口流动受到管控影响，较非疫情年份的人口流动趋势明显不同。

2.5　如何选择和细化分析对象

明晰目标是数据分析模型的核心所在，唯有将需求清单理清，才能准确获取数据和细化分析维度。理清需求清单可围绕以下4点：重点、难点、热点、痛点。

第一，围绕重点分析。当前最重要的工作是什么？工作重点是什么？

第二，围绕难点分析。工作中的难点是什么？如何通过数据分析出有效思路？

第三，围绕热点分析。什么舆情最突出？什么政策最受关注？什么因素影响最大？这些都是数据分析的热点。

第四，围绕痛点分析。例如春运期间车站、机场人流量剧增带来的治安风险，夏日用电高峰期间供电负荷问题等。

数据分析模型可帮助我们发现重点、难点、热点、痛点背后的诱因，服务决策参考，充分发掘数据背后隐藏的价值。

在明确难点、痛点后，就需要细化到对象，列举清单了。进一步明确分析对象，逐步细化，切口尽量要小，把有限的时间用到实处。模型分析的对象越小、越具体，这个模型也就越有价值。

2.6　数据分析模型创建的一般步骤

数据分析建模一般分5个步骤。

第一步，要熟悉业务场景。根据上述4个方面的问题把业务场景理清楚。选题的同时，要做好模型的命名。通过模型名称就可以一窥需求是否清晰，选题是否精确。如"旅游景区车辆管理分析模型"就不是一个好的选题，旅游景区范围广，是景区停车场还是景区道路？车辆是大客车，还是摆渡电瓶车，还是游客车辆？管理是秩序管理还是车位管理？一个泛泛的模型标题，意味着需求不具体，也就会导致业务场景不清晰，会影响模型创建的整个效率。

第二步，要梳理业务逻辑。这个步骤好比写提纲，围绕确定好的题目，从哪几个角度开展分析。为了快速地写好提纲，我们需要总结一些方法论，就像小时候老师教我们写记叙文，要具备"时、地、人、事、因、历、果"这7个要素。开展大数据分析，我们需要学习各业务领域的分析方法论，总结各行业特有的分析方法论。

业务逻辑常见有4种梳理方式，就是由远及近，由表及里，由面到点，由一到万。首先，要由远及近，外面发生了什么事情？我们应该应对什么事情？

历史上发生了哪些事情？我们近期会关注什么事情？第二，要由表及里，表面上事件是连续发生，它背后的逻辑是什么？原因是什么？第三，由面到点，就是由趋势到具体的对象。第四，由一到万，就是模型可以复制到更多区域，举一反三。一个模型就是一个故事，应当讲清楚，让别人跟着思路实践，也可倒叙，先讲结果，先讲成效，一步步引导他人去分析。

第三步，要合理准备数据。根据需求和业务逻辑，确定需要用什么样的数据。数据不是越多越好，能用一种数据的尽量只用一种数据，数据越多处理难度越大，消耗的资源越多。当然，可根据建模需求不断发展，逐步追加数据。

第四步，要重视数据处理。从实践来看，完成一项数据分析任务，准备数据的时间大约占整个工作周期的三分之二以上。首先要收集尽可能多的数据，数据种类越多，数据量越大，我们的分析维度就越多。收集的数据要接入数据分析工具中，可进行去重、标记等预处理，还可添加分析必需的计算字段。

数据处理要坚持逻辑简明、流程简捷、算法简单的原则。简单才是王道。每一个业务流程中会用到什么算子和什么函数，这些都需要合理计划，按需调用，切忌堆砌不必要的高级算法。

第五步，是快速验证成效。数据分析模型得出的结果应为决策提供支撑，而不是直接行动指令，需要人工去甄别和研判。在结果验证过程中，不要一开始就追求 100% 的结果有效性，初次验证能有 20% 的结果有效就可接受，根据维度的不断细化和数据的不断治理，成效才可能会逐步提升。数据分析模型建设是一个成效不断提升的过程。

2.7 数据分析建模常见误区

一是不要追求模型大而全，而要针对性建模。一个模型解决一个小问题，十个模型可以组合解决一个大问题。

二是不要盲目追求数据多，根据需求来决定数据类型和体量。验证模型可用后，可按需来逐步增加数据。

三是不要急功近利夸大成效，数据建模是一个自动化的过程，大家要保持平常心，模型建设是一个从无到有、从有到优的过程。

四是不要过度强调成效考核，提倡正向激励，让想干事、能干事、想学习、愿学习的人拥有数据使用权，避免因刚性考核迫使大家弄虚作假。

五是不要形成新的数据壁垒，数据平台建好后要适当开放权限，但前提是明确需求场景。建议先放后收，多用多给，助力建模分析思路的养成。

第3章 数据准备及工作表管理

3.1 大数据分析平台应用基础

本节是大数据可视化分析应用的基础，主要介绍大数据分析平台（DMC）的登录方法和各功能模块。

3.1.1 平台登录方法

浏览器：推荐使用谷歌 70 以上版本；
终　端：PC 电脑或笔记本电脑，手机端可以激活密码；
网　址：hzxy.haizhi.com，登录页面详见图 3-1；
企业域：由实际情况确定；
账　号：由实际情况确定；
密　码：由实际情况确定。

图 3-1　平台登录页面

3.1.2 用户账号及管理

用户中心主要用于超级管理员对各组织、各角色、各用户、各产品的功能权限进行统一管理和授权，详见图 3-2。普通用户无权限管理功能，在此不做详细介绍。

图 3-2　用户中心

用户登录平台后，默认进入用户中心模块，在该模块可查看个人信息和日志信息，同时可修改个人信息和账号密码。

单击右上角修改密码可修改当前密码，依次输入当前密码、新密码、确认密码，单击确定按钮，详见图 3-3。

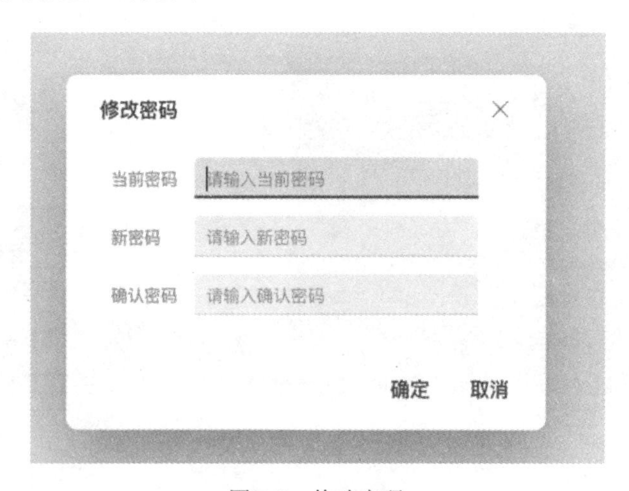

图 3-3　修改密码

单击右上角编辑按钮可修改个人信息，包括姓名、身份证号、性别、手机号、邮箱、职位，修改完成后单击保存按钮，详见图 3-4。

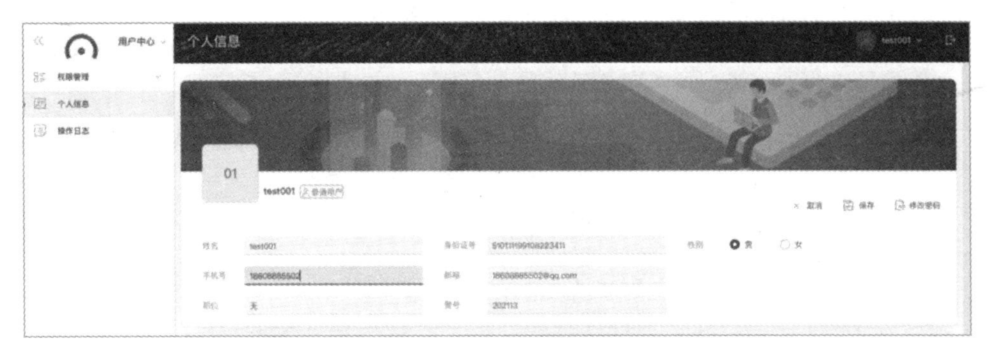

图 3-4　个人信息编辑

日志信息，可查看当前登录用户日志信息：时间、IP 地址、机构名与机构代码、操作人、操作人标识、操作产品、操作类型、操作内容、状态。可根据产品、操作类型、日期进行条件筛选，详见图 3-5。

日志信息

产品：全部　操作类型：全部　日期：全部

时间	IP	名与机构代码	操作人	操作人标识	操作产品	操作类型	操作内容	状态
2021-11-08 15:39:07	182.138.149.2	xy	test001	510111199108223411	用户中心	查询	查找分组ID：gp_5961ea12cf6a43...	成功
2021-11-08 15:38:42	182.138.149.2	xy	test001	510111199108223411	用户中心	查询	查找分组ID：gp_5c9a31af585744...	成功
2021-11-08 15:38:38	182.138.149.2	xy	test001	510111199108223411	用户中心	查询	查找分组ID：gp_5961ea12cf6a43...	成功
2021-11-08 15:38:20	182.138.149.2	xy	test001	510111199108223411	用户中心	查询	查看组织信息	成功
2021-11-08 15:38:20	182.138.149.239, 127.0.0.1	学员:xy	test001	510111199108223411	用户中心	查询	查找分组ID：gp_b3e6551638ba11...	成功

全部
登陆
查询
插入
修改
删除

图 3-5　日志信息

3.1.3　平台主要功能

本平台主要包括 DMC、自主建模、多维可视 3 个应用模块。企业版用户可根据需求部署灵犀应用、知识图谱、机器学习、时空分析、资源目录等其他应用模块。

1. DMC

DMC 模块主要用于对数据进行全生命周期管理，包括数据接入、数据加工、数据对标、数据资产、数据服务、高级管理，详见图 3-6。

图 3-6　DMC 模块

2. 自主建模

自主建模包括公共数据、个人数据、模型管理、数据导出 4 个模块。

（1）公共数据：含有标准表、行为表、关系表、标签表 4 个文件夹，默认为空，需要超级管理员统一分配权限。公共数据的工作表由 DMC 模块标准化数据加工治理生成，主要用于新建图表、数据查询、模型搭建等场景，详见图 3-7。

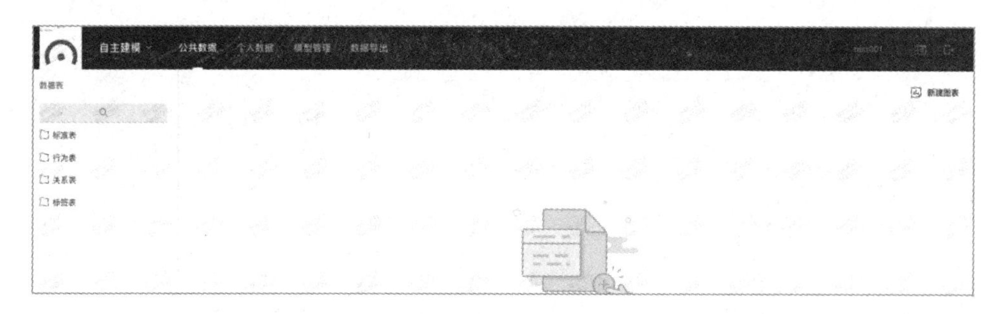

图 3-7　公共数据

（2）个人数据：用于保存用户自行上传的 Excel 或 CSV 文件格式的数据表和模型生成的结果表，默认为空，用户需自定义创建文件夹。主要用于新建图表、数据查询、模型搭建等场景，详见图 3-8。

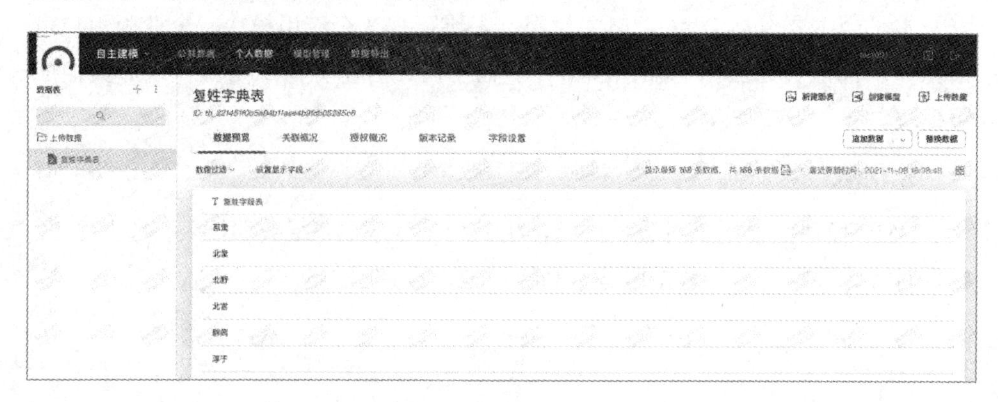

图 3-8　个人数据

单击右上角新建图表按钮，选择文件夹和仪表盘后，进入多维可视 – 仪表盘创建页面，可实现自主建模和多维可视两个应用模块间的快速切换，如图 3-9 所示。

图 3-9　新建图表

单击右上角创建模型按钮，可快速进入模型管理界面，如图 3-10 所示。该界面与模型管理模块中的创建模型功能相同，模型创建方法后续会做详细讲解。

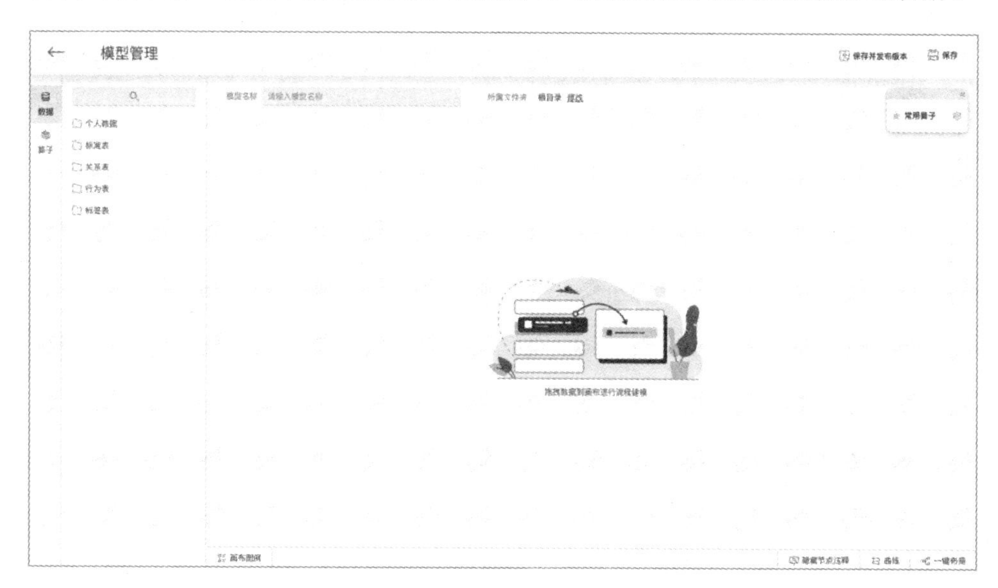

图 3-10　创建模型

单击右上角上传数据按钮，进入上传数据页面，单击上传按钮后，选择电脑本地 Excel 表或 CSV 文件，进行文件上传，如图 3-11 所示。

图 3-11　上传数据

单击追加数据和替换数据按钮后，同样进入数据上传页面，操作方式与上传数据一致。主要用于本地数据表需更新或替换的场景。

（3）模型管理：用于对模型进行创建、编辑、运行、导入、导出、更新设置等操作，默认为空，用户需自定义创建文件夹，如图 3-12 所示。

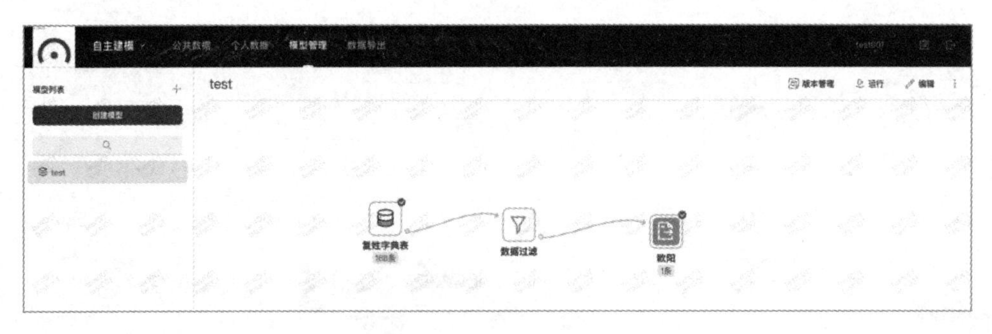

图 3-12　模型管理

单击左上角创建模型按钮进入模型编辑页面，该页面分为数据源、算子、模型画布三部分，如图 3-13 所示，模型创建方法后续会做详细讲解。

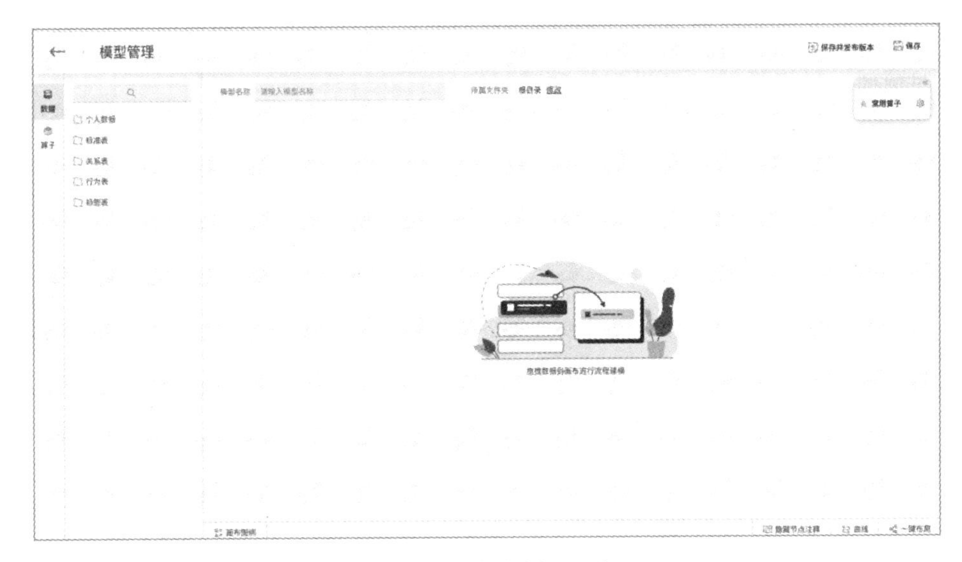

图 3-13　模型编辑界面

单击右上角三个点按钮，选择调试模式，如图 3-14 所示。

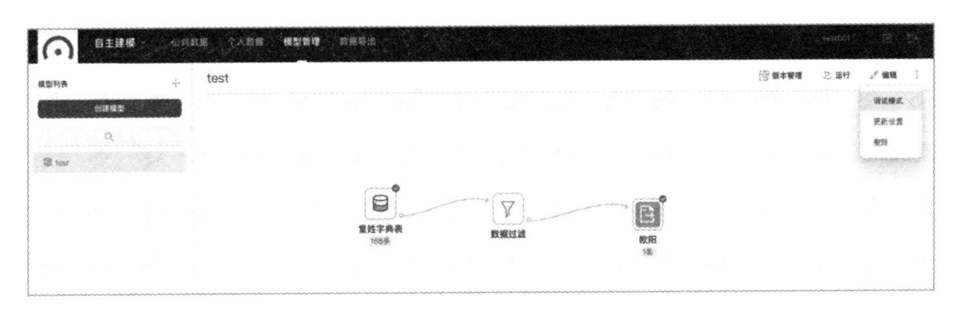

图 3-14　模型调试

调试模式下每个节点会生成实体数据表，即模型中每一步骤都会计算并显示出数据条数，用户可以在该模式下分析模型问题所在。单击切换正常模式即可切换，如图 3-15 所示。

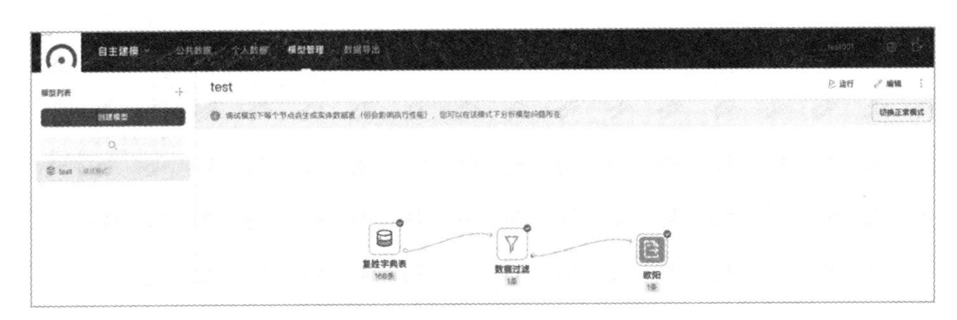

图 3-15　调试模式下的模型管理

单击右上角三个点按钮选择更新设置，更新频次有 3 种模式：自动更新、定时更新、暂停更新，如图 3-16 所示。

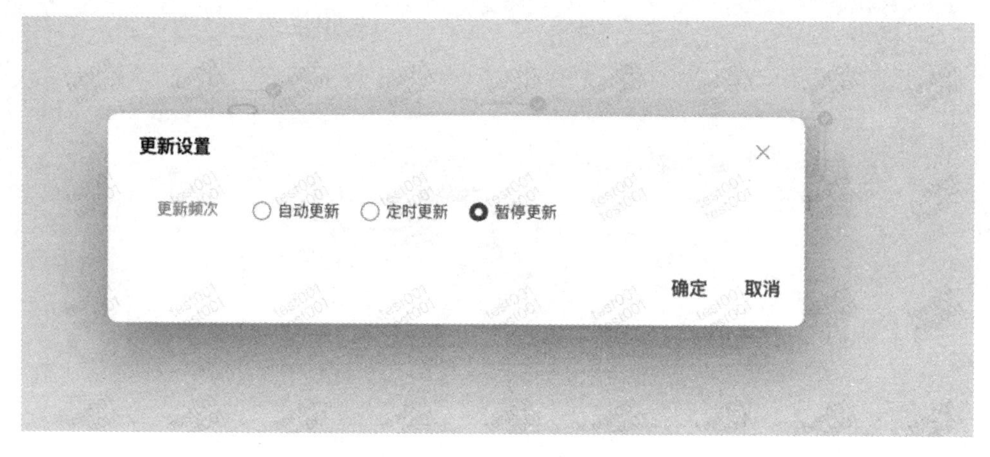

图 3-16　模型的更新频次设置

选择自动更新并勾选触发模型更新的数据表，可实现上游数据表更新后模型自动更新，主要用于对数据更新时效性要求较高的模型，如图 3-17 所示。

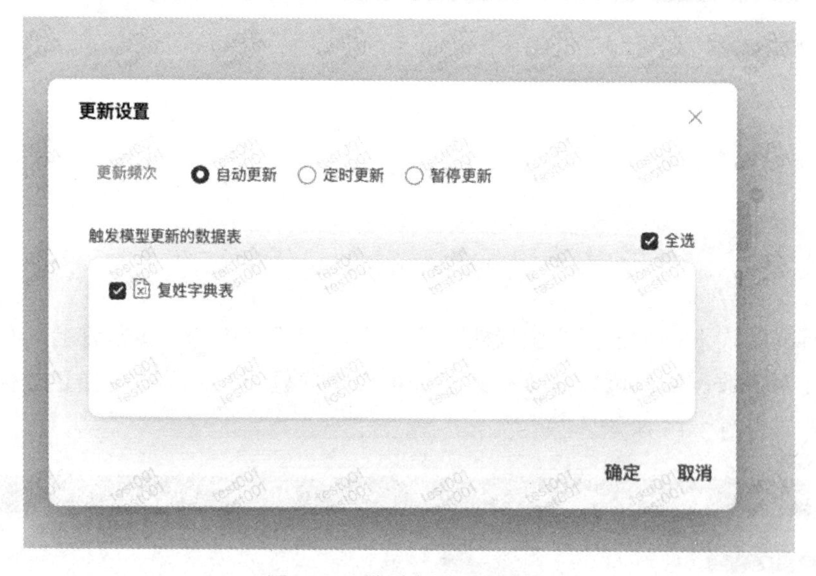

图 3-17　模型自动更新设置

选择定时更新，可设置模型按照相对时间或固定时间进行更新，主要用于数据更新时效性要求不太高的模型，如图 3-18 所示。

图3-18　模型定时更新设置

鼠标悬浮在左侧模型名称上方，单击三个点按钮，可对模型进行移动、复制、导出、删除的操作，如图3-19所示。

图3-19　模型移动、复制、导出、删除操作

（4）数据导出：可以把个人数据导出至自建数据库，目前支持MySQL、PostgreSQL、DataHub、Greenplum等4种数据库类型。主要用于模型生产的数据需要对接至其他自建系统的场景，如图3-20所示。

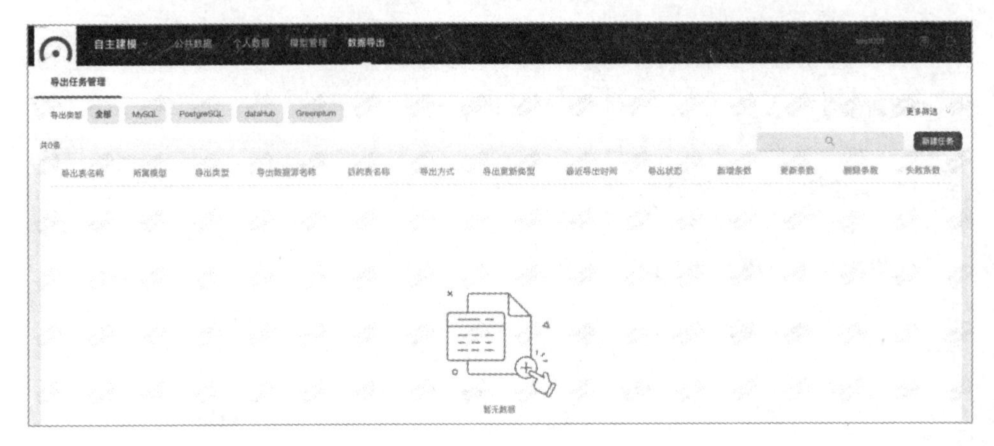

图 3-20　个人数据导出

单击右上角新建任务，进入导出任务配置界面。按照配置步骤，选择需要导出的数据表和数据库类型，输入目的源 IP 地址等信息，设置映射字段和数据更新频次，单击完成，如图 3-21 所示。

图 3-21　数据导出任务配置

3. 多维可视

多维可视包括仪表盘和数据大屏两个模块，主要用于对数据表进行可视化分析和呈现。

（1）仪表盘：通过简单的拖曳操作对数据进行可视化分析，具有丰富的窗体展示模型以及控件，如图 3-22 所示。

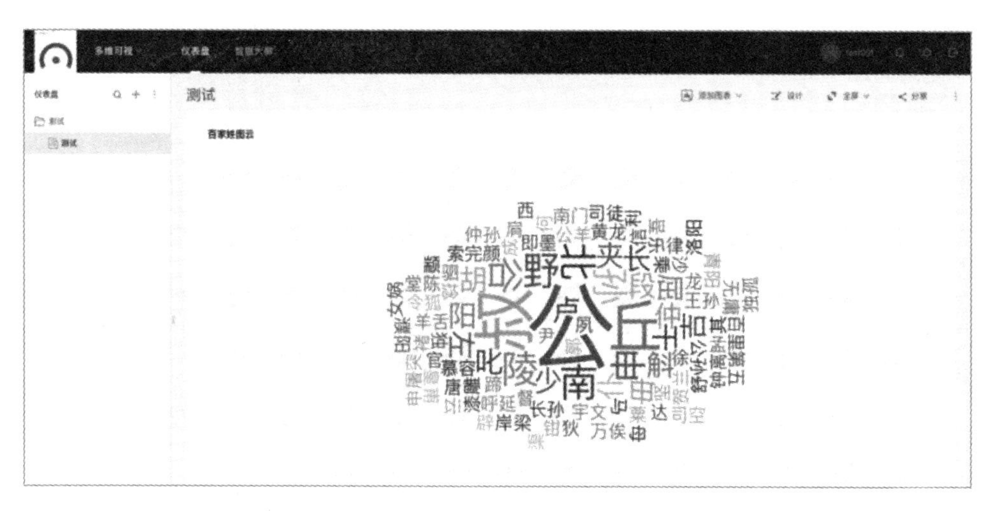

图 3-22　仪表盘

单击右上角添加图表按钮，选择图表类型和数据表后，进入图表创建界面，如图 3-23 所示。

图 3-23　添加图表

单击右上角设计按钮，在未选择左侧任意图表时，可以在右侧对仪表盘进行布局设置和间距设置，如图 3-24 所示。

图 3-24　仪表盘设计

在设计模式下，选中左侧任意图表，可以对该图表进行图表格式和图表样式的设计，如图 3-25 所示。

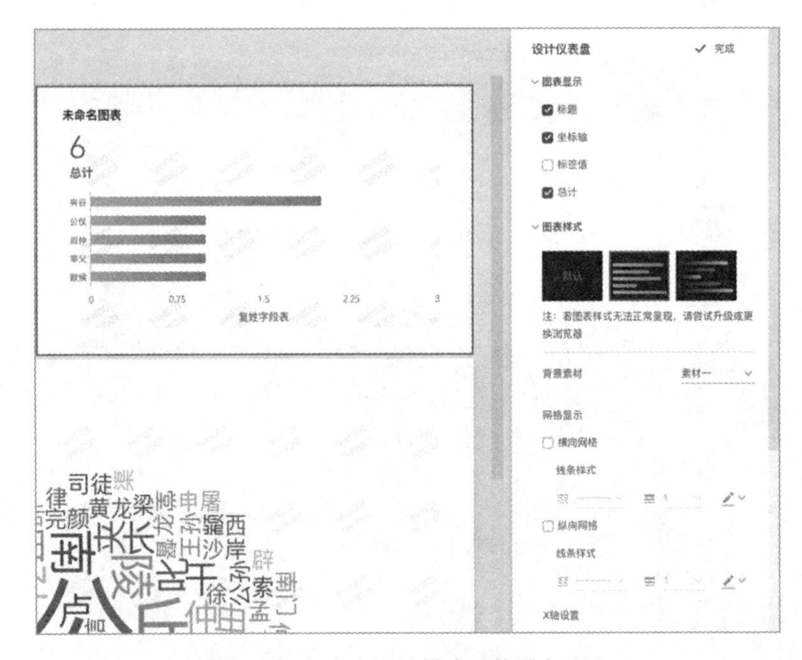

图 3-25　仪表盘设计模式下的图表设计

单击右上角全屏按钮，仪表盘会进入全屏模式，可通过键盘左右箭头进行图表切换，敲击键盘 Esc 键退出全屏模式。全屏模式主要用于根据仪表盘进行汇报演示的场景。

单击右上角分享按钮，可进行仪表盘分享，分为公开分享和私密分享两种模式，如图 3-26 所示。

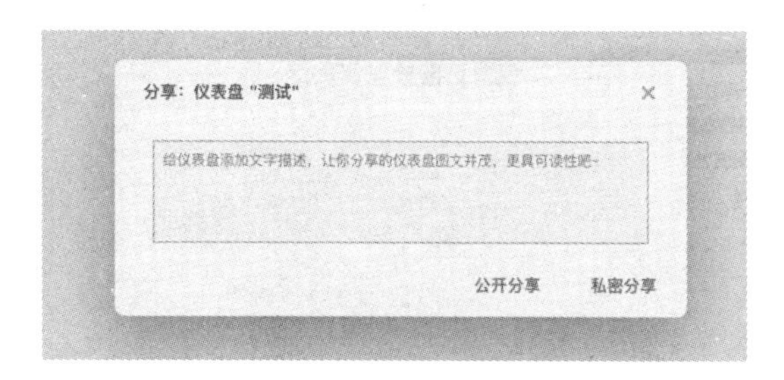

图 3-26　仪表盘分享

选择公开分享，会生成仪表盘链接地址，复制链接地址发送后进行分享，被分享对象打开链接地址即可查看仪表盘，如图 3-27 所示。

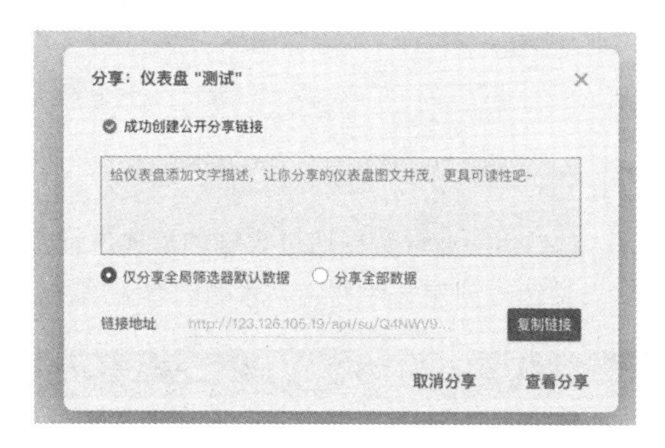

图 3-27　仪表盘公开分享

选择私密分享，会生成仪表盘链接地址和提取密码，被分享对象打开链接地址后，需输入提取密码，才可查看仪表盘，如图 3-28 和图 3-29 所示。

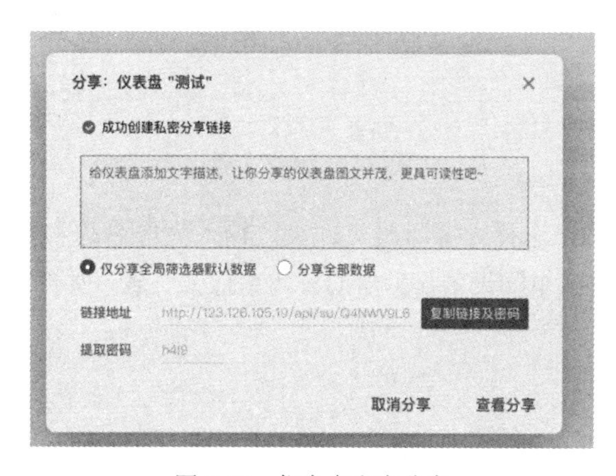

图 3-28　仪表盘私密分享

图 3-29　仪表盘私密分享查看

（2）数据大屏：对当前的业务数据通过大屏的形式进行直观的可视化展示。单击左上角“+”按钮，创建文件夹后，才能创建大屏，如图 3-30 所示。

图 3-30　数据大屏

单击创建大屏，选择大屏所属文件夹，输入大屏名称和分辨率。大屏分辨率建议与设计大屏的电脑设备显示器的分辨率保持一致，如图 3-31 所示。

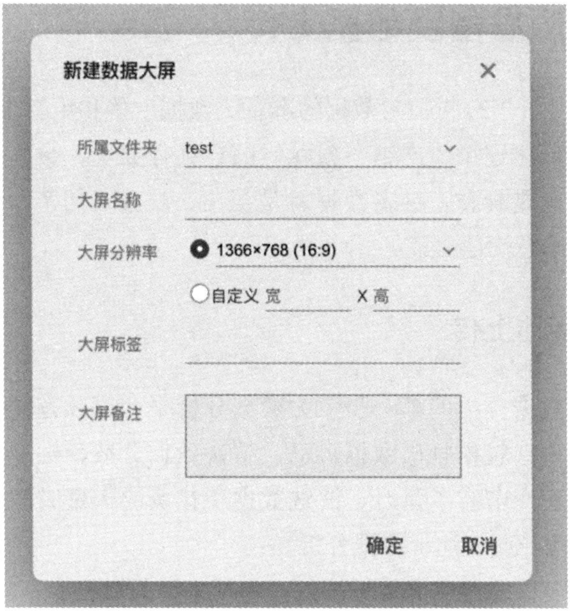

新建数据大屏　　×

所属文件夹　test

大屏名称

大屏分辨率　1366×768 (16:9)

自定义 宽　X 高

大屏标签

大屏备注

确定　　取消

图 3-31　新建数据大屏

单击确定，进入数据大屏设计页面，主要分为 4 部分，如图 3-32 所示。左侧图层显示数据大屏里的图表和元素；中间网格上方为大屏设计的组件元素，包括图表、标题、文本框、图片、视频、边框、网格参考线、层级、缩放；中间网格部分为数据大屏画布，在画布中添加元素；右侧对大屏进行页面像素设置、页面背景图片设置、页面底色及边框设置。

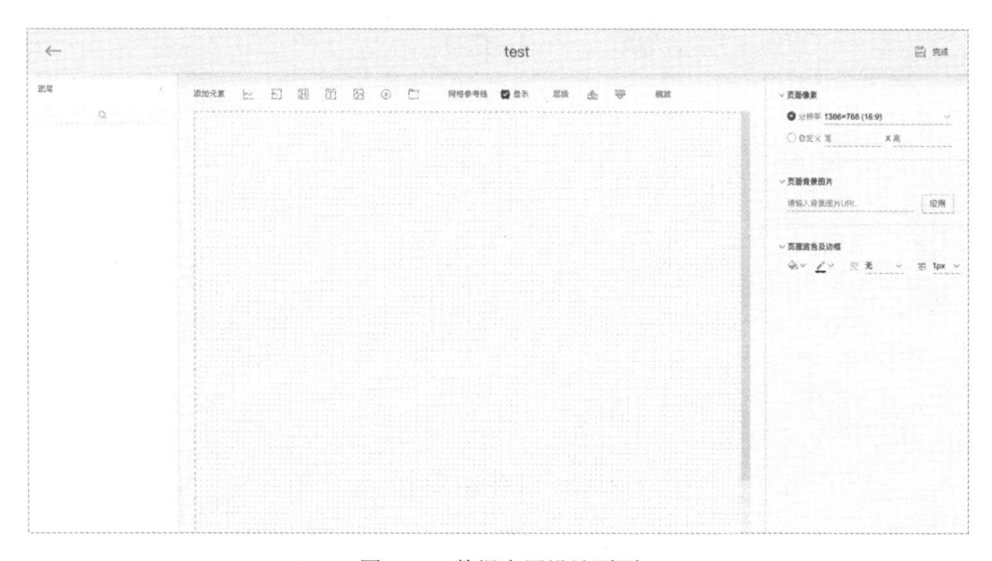

图 3-32　数据大屏设计页面

3.2 数据源准备及数据上传

本节主要介绍开展分析前对数据的准备、数据上传和更新方法。

在大数据智能化这个“产销一条龙”的连锁行业里，数据分析师的角色有点像厨师，数据就是食材，准备数据就是买菜、洗菜、切菜、配菜，分析数据就是炒菜，输出结果就是上菜。

3.2.1 数据手动上传

数据整合是数据分析的第一步，大数据分析平台可以方便快捷地将你所需要的数据进行集中，轻松打破数据孤岛，解决数据分散、类型不同等问题。简化了数据获取流程，节省了整合、清洗数据所花费的大量时间，使你无须再关注数据存储与管理，而专注于数据分析。

平台提供了多种方式完成数据接入，包括本地的数据库、Excel 文件。本节重点介绍零散数据的上传和更新。

数据上传有两种方法，一种为打开文件夹选取数据表上传；一种是把数据表拖入到上传工作区域。

可以同时上传多张工作表（一次最多 5 张表，注意一个 sheet 页算一张表）。

上传数据入口一：工作表目录“+”按钮，如图 3-33 所示。

图 3-33　上传数据入口一

上传数据入口二：工作表模块右上角，如图 3-34 所示。

图 3-34　上传数据入口二

数据上传有以下 4 个步骤。

第一步：上传数据文件，支持 Excel 和 CSV 文件。最多 5 个文件批量上传，默认识别第一个 sheet 文件，如图 3-35 所示。

图 3-35　上传数据文件

第二步：预览数据，主要检查表头是否正确，数据格式是否正确，如图 3-36 所示。

表头	序号	统计时间	年末人口（万人）	城镇人口（万人）	乡村人口（万人）
2	1	2005年	130756	56212	74544
3	2	2006年	131448	58288	73160
4	3	2007年	132129	60633	71496
5	4	2008年	132802	62403	70399
6	5	2009年	133450	64512	68938
7	6	2010年	134091	66978	67113
8	7	2011年	134916	69927	64989
9	8	2012年	135922	72175	63747
10	9	2013年	136726	74502	62224
11	10	2014年	137646	76738	60908
12	11	2015年	138326	79302	59024
13	12	2016年	139232	81924	57308

图 3-36　预览上传数据

在这个步骤里，可以修改数据字段的类型，单击字段名左侧的下拉箭头，可以选择新的字段类型。

第三步：工作表设置。

工作表设置主要包括以下几点内容。

- 根据需要修改工作表名称。
- 文件夹选择：选择数据存放的位置（文件夹名称）。
- 数据去重：建议选择“关闭”，如果需要去重，后期可以处理。
- 分类标签：主要是便于今后检索，非必填项。
- 备注：非必填项。

提示： 一次上传多个文件，需要分别设置表的名称和文件夹。

第四步：工作表预览，如图 3-37 所示。

图 3-37　工作表预览数据

上传成功后，会默认打开工作表，请再次检查工作表存放的位置和查看工作表的总行数。

如果存放位置不对，可以移动工作表。

常见问题

（1）数据表无法上传【检查数据表文件格式】。

（2）上传数据表后部分字段显示异常【检查原始数据表字段属性】。

3.2.2　数据库对接自动更新

本模块的主要功能就是对接用户的数据库，从数据库中把数据采集出来。该模块的核心包括：

- 提供稳定的数据传输服务；
- 支持主流的操作系统，XP/Win7/Win10/Linux系统；
- 支持主流的数据库，MySQL/SQLServer/Oracle/PostgreSQL/Hive等；
- 支持自定义的同步方案，支持对数据进行灵活的定时同步和增量同步方式；
- 支持精确到表级的同步信息的查看。

1. 新增数据表操作组件

新增数据表操作组件，主要用来为用户的跨平台数据同步提供一个入口。单击这个操作组件，可以看到平台所支持的一些数据库，如图 3-38 所示。

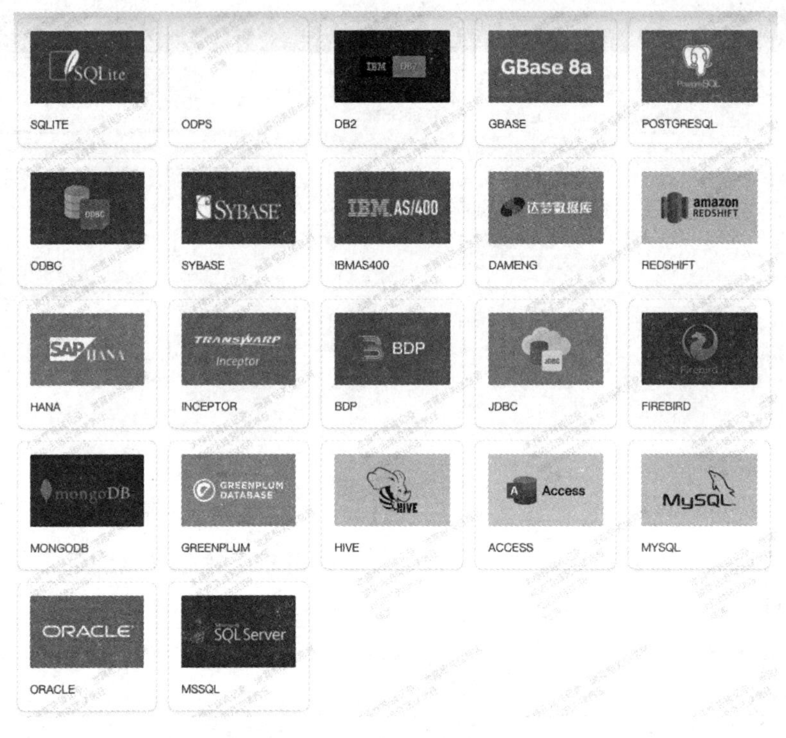

图 3-38　支持数据库列表

由于各类数据库有不同的驱动环境需求，平台提供了不同的数据库配置界面。

我们选择完数据库类型之后，会进入对应数据库连接配置界面，用户需要在这里输入相应的连接参数即可完成数据库的连接。

图 3-39 以 Oracle 数据库为例，用户首先需要确保自己拥有访问该数据库的权限，然后安装驱动，刷新页面接口使用。图中的数据源连接配置还提供了连接帮助的链接入口，这里可以看到常见数据库连接指南以及其他配置。

图 3-39　数据库配置

2. 已添加数据源模块统计组件

已添加数据源模块统计组件主要用来显示所有的已成功添加的数据源同步接入任务状态的统计。该部分可以直观地看到用户已经添加了多少数据源，其中这些数据源的同步状态分别共计多少，并且用户可以从这些不同的状态中筛选出正处于相应状态的数据表。

例如当我们执行同步任务的时候，我们可以看到正在同步的数目为 29，然后可以在数据表状态显示组件中看到这 29 个数据表。

3. 数据源分类组件

在数据源的分类组件界面，可以观察到我们所设置的所有种类的数据源分类列表。数据源指的是我们在接通用户数据库时，自行设置的数据源名称，如图 3-40 所示。

图 3-40　已添加数据源的分类组件

这里笔者只设置了一种数据源，因此在图 3-40 中，我们可以看到这一种数据源共包含 37 张数据表（灰色字体显示的 37）。

我们将鼠标放至某一类数据源上，可以看到出现了下拉菜单，单击这个下拉菜单，可以看到 5 个与数据源相关的操作方式：连接配置、数据表配置、备注配置、SQL 查询以及删除，如图 3-41 所示。

图 3-41　已添加数据源的下拉菜单

4. 数据表状态显示组件

数据表状态显示组件主要包括数据表名称、数据表备注、同步进度、同步状态、最近同步时间、同步类型以及操作，如图 3-42 所示。

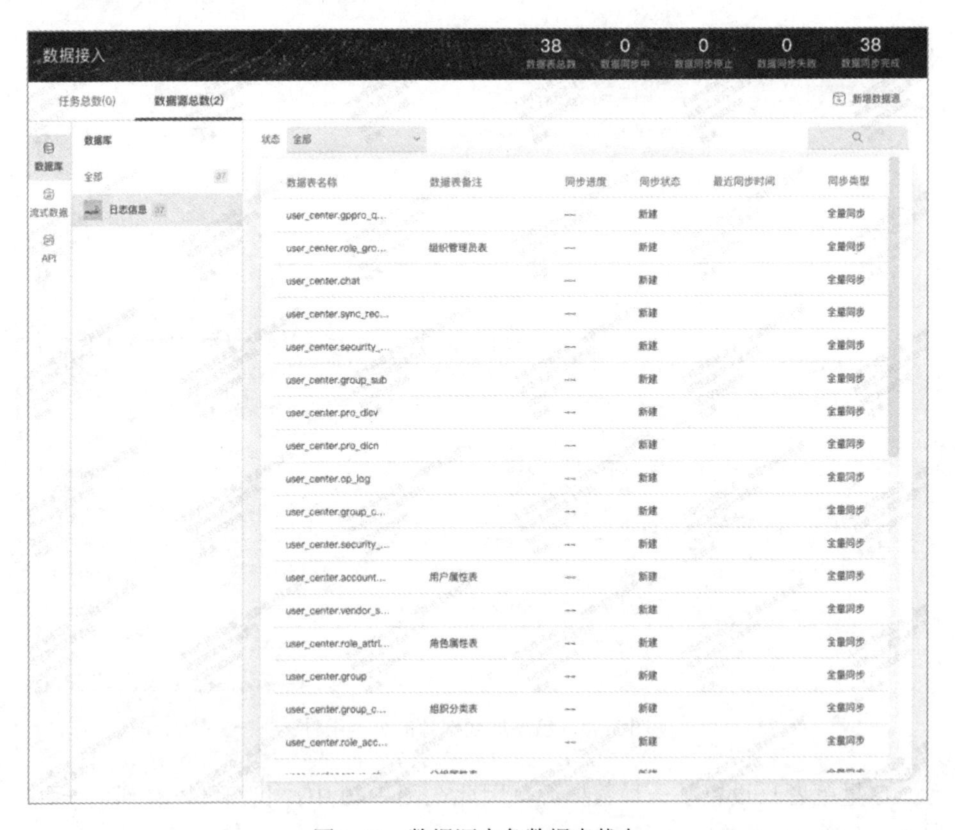

数据表名称	数据表备注	同步进度	同步状态	最近同步时间	同步类型
user_center.gppro_q...		—	新建		全量同步
user_center.role_gro...	组织管理员表	—	新建		全量同步
user_center.chat		—	新建		全量同步
user_center.sync_rec...		—	新建		全量同步
user_center.security_...		—	新建		全量同步
user_center.group_sub		—	新建		全量同步
user_center.pro_dicv		—	新建		全量同步
user_center.pro_dicn		—	新建		全量同步
user_center.op_log		—	新建		全量同步
user_center.group_c...		—	新建		全量同步
user_center.security_...		—	新建		全量同步
user_center.account...	用户属性表	—	新建		全量同步
user_center.vendor_s...		—	新建		全量同步
user_center.role_attri...	角色属性表	—	新建		全量同步
user_center.group		—	新建		全量同步
user_center.group_c...	组织分类表	—	新建		全量同步
user_center.role_acc...		—	新建		全量同步

图 3-42　数据源内各数据表状态

同步状态包括新建同步任务、正在同步、同步停止、同步完成以及同步失败等。

同步类型有全量同步、条件增量两个状态。

操作主要包括查看原数据、定位接入任务、设置、删除等。

其中查看原数据操作就是提供一个数据表的查看入口，在这里可以进行数据的预览，如图 3-43 所示。

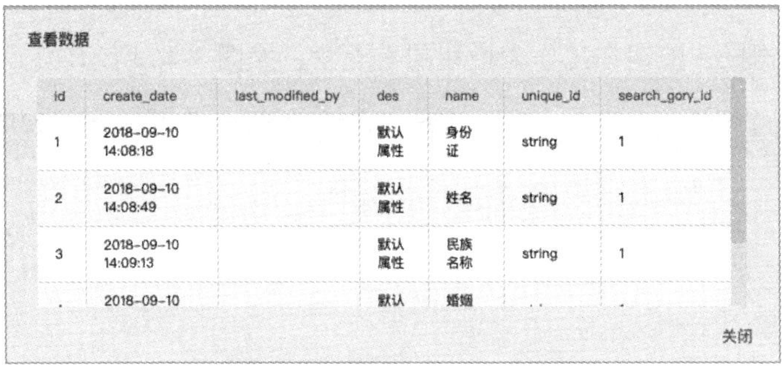

查看数据

id	create_date	last_modified_by	des	name	unique_id	search_gory_id
1	2018-09-10 14:08:18		默认属性	身份证	string	1
2	2018-09-10 14:08:49		默认属性	姓名	string	1
3	2018-09-10 14:09:13		默认属性	民族名称	string	1
	2018-09-10		默认	婚姻		

关闭

图 3-43　查看数据表内数据

定位接入任务，如果该数据表已存在任务中，则可以跳转至该任务；若该数据表没有存在于任务中，则会显示“暂未接入任务”，如图 3-44 所示。

任务总数(1)　数据源总数(2)

任务状态 全部　搜索　　同步记录　新增任务

任务名称	任务描述	数据表数量	同步进度	同步状态	最近同步时间	同步策略	操作
同步任务		31/37	125873/241208	同步失败	2022-04-13 18:21:41	自定义	数据源设置 同步设置 同步 删除

图 3-44　查看数据接入任务

设置操作，其实就是数据表设置的另外一个入口，如图 3-45 所示。

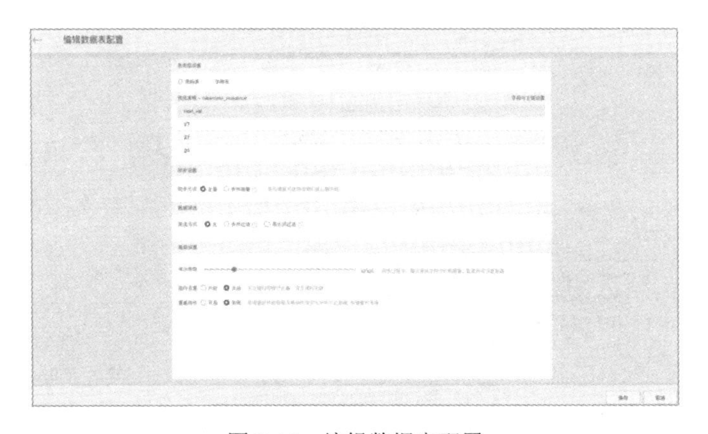

图 3-45　编辑数据表配置

删除操作，就是可以对未接入任务的数据表进行删除。

3.2.3 数据追加和替换

对于通过文件上传的方式导入平台中的数据，平台支持对工作表中的数据进行追加和替换。

1. 追加数据

追加数据操作按钮在工作表模块的右上角，如图 3-46 所示。

# 序号	T 统计时间	# 年末人口（万人）	# 城镇人口（万人）	# 乡村人口（万人）	# 城镇人口占总人口比重（%）
8	2012年	135922	72175	63747	53.1
17	2021年	141260	91425	49835	64.7
9	2013年	136726	74502	62224	54.5
6	2010年	134091	66978	67113	49.9
16	2019年	141008	88426	52582	62.7

图 3-46　追加数据

单表追加：在工作表模块，选择原始工作表（数据追加的结果表），单击追加数据，出现和“上传数据”一样的窗口，选择目标数据，对齐字段，单击确定即可以完成追加数据。

批量追加：同时添加多张表的数据到原始工作表中，如图 3-47 所示。

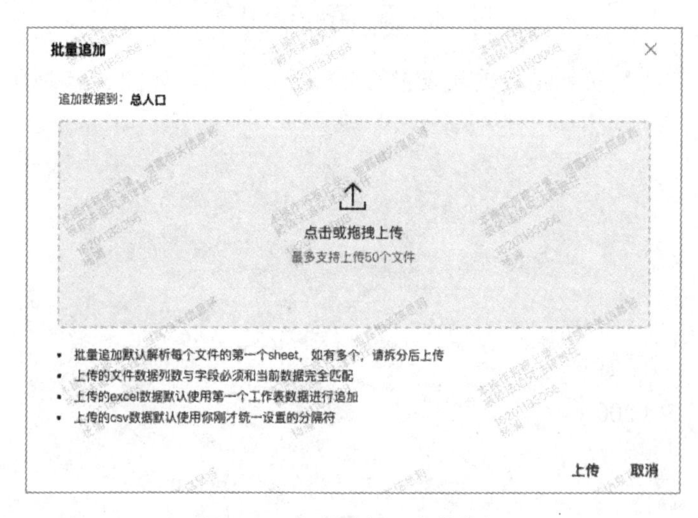

图 3-47　批量追加 – 上传数据

提示：

（1）批量追加默认解析每个文件的第一个 sheet，如有多个 sheet，请拆分后上传。

（2）最多支持上传 50 个文件。

（3）上传的文件数据列数与字段必须与当前数据完全匹配。

2. 替换数据

替换数据就是对已有数据表进行数据替换，如已使用该数据绘制图形，则无须重新绘制，图表将会自动更新。替换数据也分两种。

替换部分数据：替换工作表中的部分数据，可以自定义选择数据内容，如图 3-48 所示。

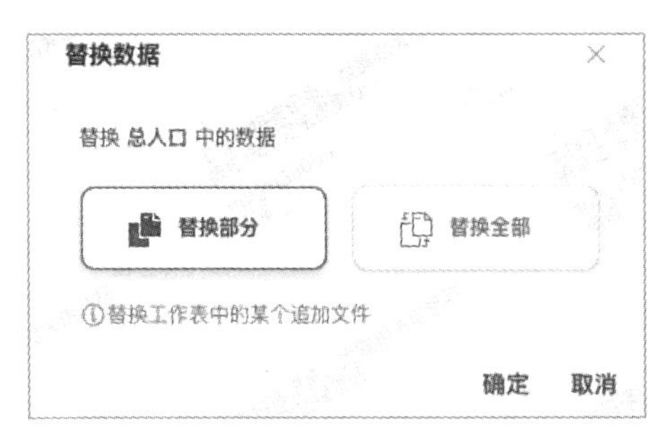

图 3-48　替换数据 – 替换部分

替换全部数据：替换整张工作表，如图 3-49 所示。

图 3-49　替换数据 – 替换全部

例：表 A 有 1000 条数据，由表 1（600 条）和表 2（400 条）通过追加数据形成。表 3（200 条）用“替换部分数据”功能替换掉表 2，得出的表 A 为 800 条数据。表 3（200 条）用“替换全部数据”替换到整张表后，表 A 的数据就只有 200 条了。

提示：替换数据前该工作表已经制作的仪表盘依然存在，只是数据将发生改变。

3.3 工作表管理

数据上传后，要对工作表进行分类和管理，使其井井有条，便于今后应用和数据更新，提高工作效率。

3.3.1 创建工作表文件夹

单击左上角“+”按钮，在弹窗中选择创建文件夹，如图 3-50 所示。

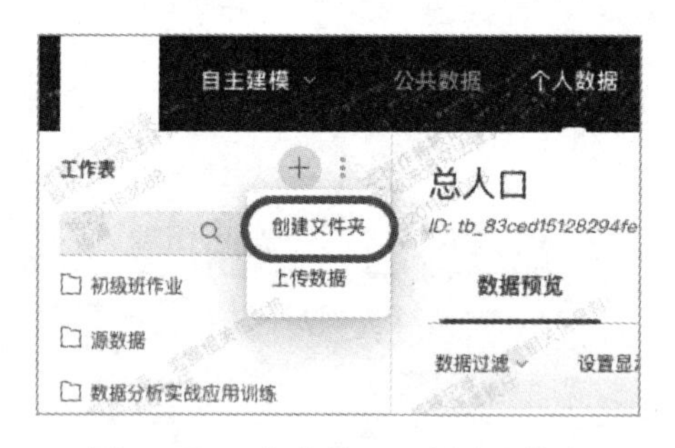

图 3-50　工作表管理 – 创建文件夹

选择上级目录，并设置新文件夹的名称，如图 3-51 所示。

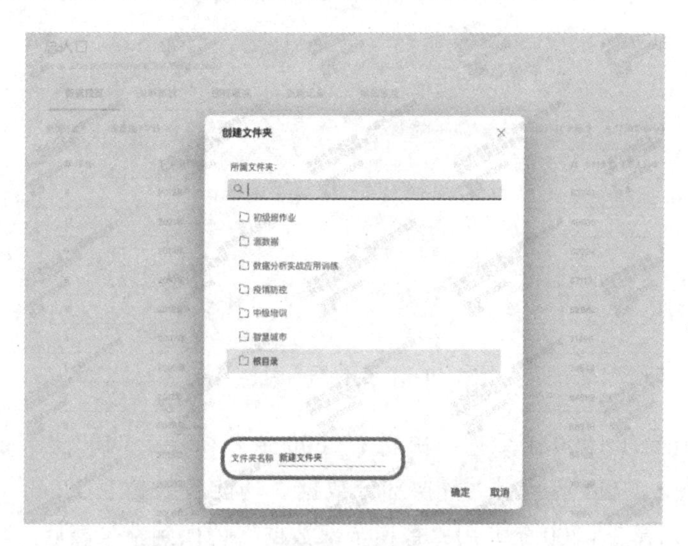

图 3-51　工作表管理 – 设置文件夹名称

3.3.2　工作表文件夹管理

在工作表模块的左侧文件夹列表，每个文件夹后面均有“三个点”图标，如图 3-52 所示，单击即可出现置顶、重命名、移动至、删除 4 个菜单。

置顶：顾名思义，就是将该文件夹置于本级的顶部。

重命名：给文件夹重新命名。

移动至：将工作表移动到新的文件夹。

删除：删除文件夹及其工作表。

注意： 删除规则和删除工作表一样，如有依赖关系将无法删除。此处请谨慎操作。

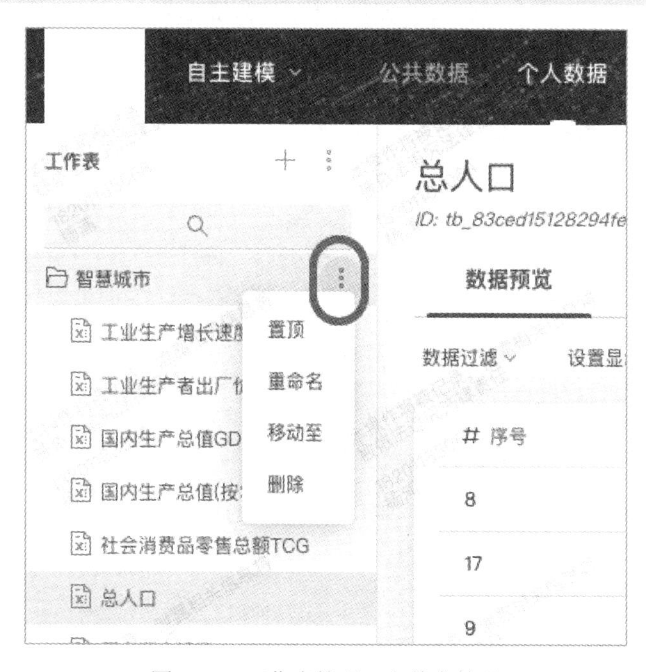

图 3-52　工作表管理 – 文件夹管理

3.3.3　数据预览

这里，我们可以对文件夹中的工作表进行数据的预览。系统默认支持显示前 1000 条预览数据。

在预览页面下，可以支持数据过滤和设置显示字段，如图 3-53 和图 3-54 所示。

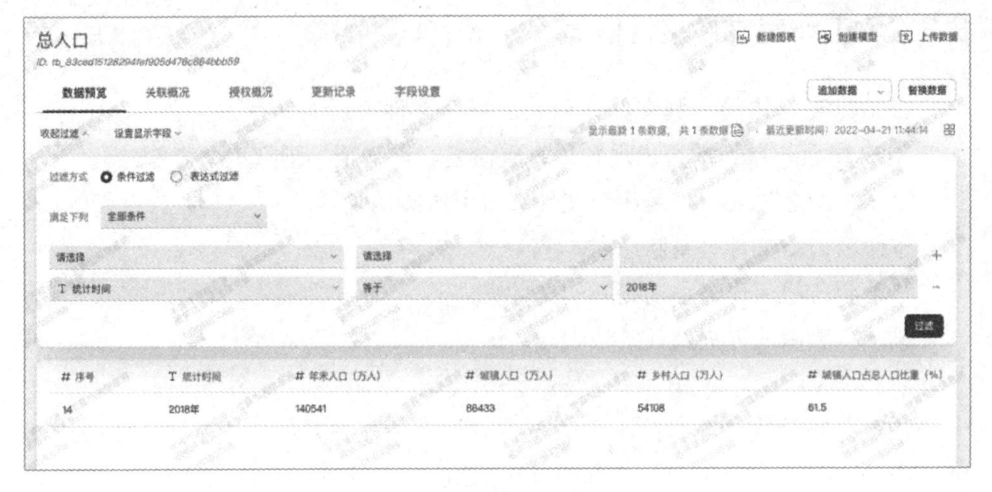

图 3-53　工作表管理 – 数据过滤

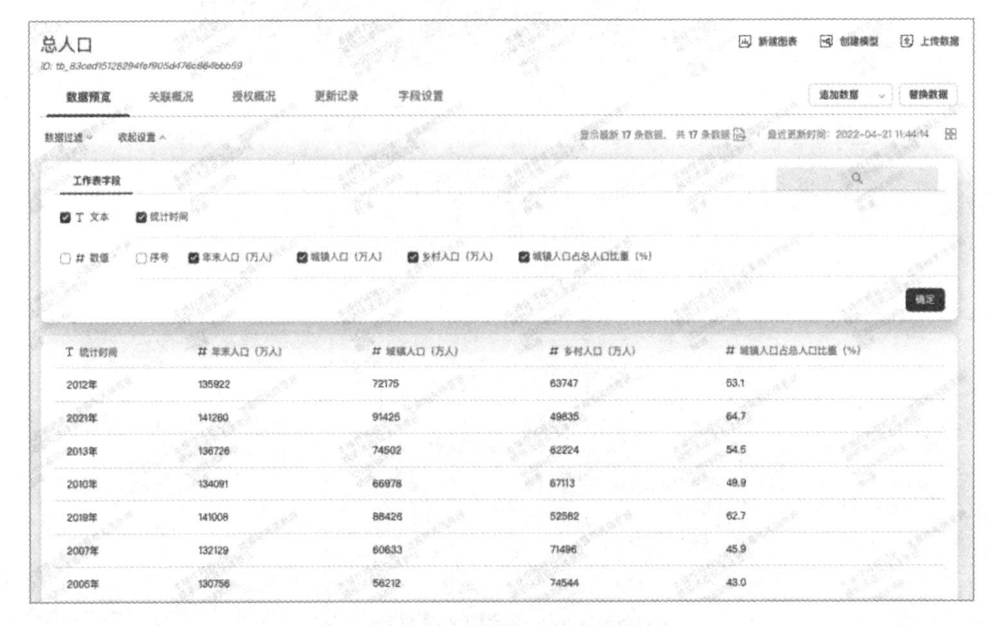

图 3-54　工作表管理 – 设置显示字段

数据过滤界面中，可选择条件过滤或表达式过滤。

条件过滤支持全部条件过滤以及任意条件过滤，条件过滤的基本规则为：字段满足某条件，即第一个选择框为字段选择，第二个选择框为逻辑运算规则选择，第三个输入框为逻辑输入。并且字段选择均支持模糊匹配，可以通过单击右边的“+”按钮添加多个条件。

表达式过滤界面中，可输入由函数和字段组成的表达式，其中字段选择支持模糊匹配，在填写完表达式后，单击完成按钮，系统会自动校验用户输入表达式的正误。

3.3.4　字段设置和管理

数据预览之后，可能会发现有些字段的名称需要进行更改，变为更加贴合的名称。

第一步：选择字段设置，如图 3-55 所示。

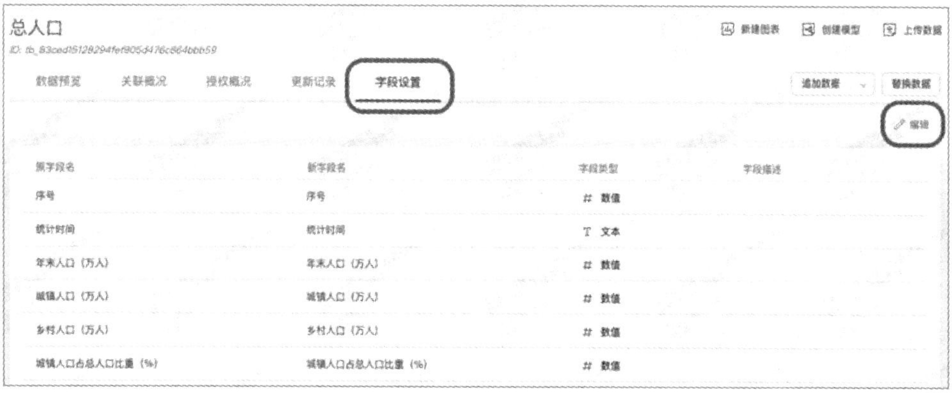

图 3-55　工作表管理 – 字段设置

第二步：编辑新字段名称、类型并保存，如图 3-56 所示。

图 3-56　工作表管理 – 字段编辑

3.3.5　工作表删除

工作表删除按照如图 3-57 所示操作即可。

图 3-57 工作表管理－工作表删除

删除：删除本工作表【慎重操作】。

提示：如果这个工作表已经有新的依赖关系，也就是与其他数据表有合表计算关系，是不能直接删除的。如果这个工作表已经建立了分析仪表盘，也是不能直接删除的，需要先删除与之关联的仪表盘或数据表后才能删除。

3.3.6 工作表关联概况

假设我们利用工作表创建了模型并且在模型中生成了工作表，我们就可以在关联概况中查看该工作表所在的模型以及生成的工作表，如图 3-58 所示。

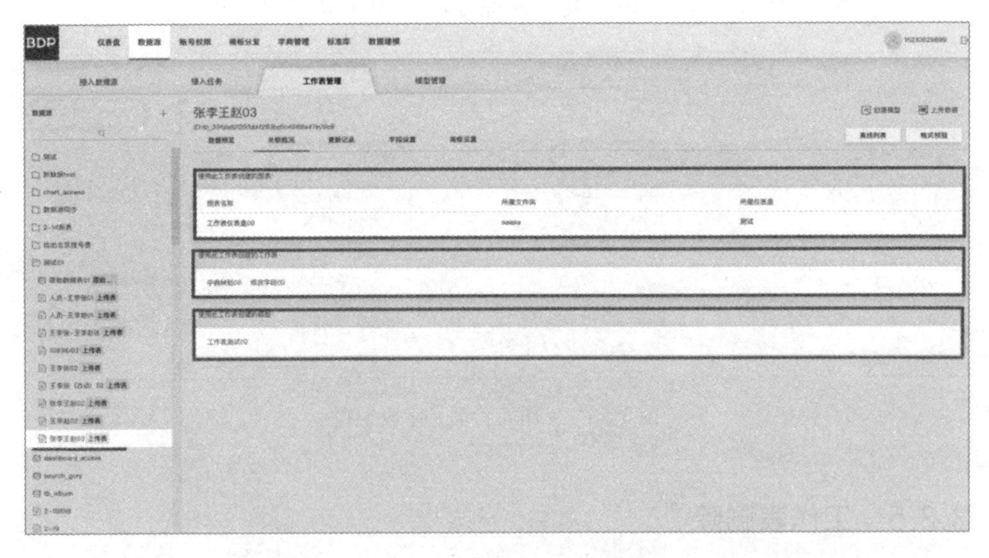

图 3-58 工作表管理－工作表关联概况

3.3.7　数据授权和共享

数据接入后，如果想让其他用户也可以看到该数据并使用，就要进行数据授权，数据授权操作如下。

第一步：选择授权概况，如图 3-59 所示。

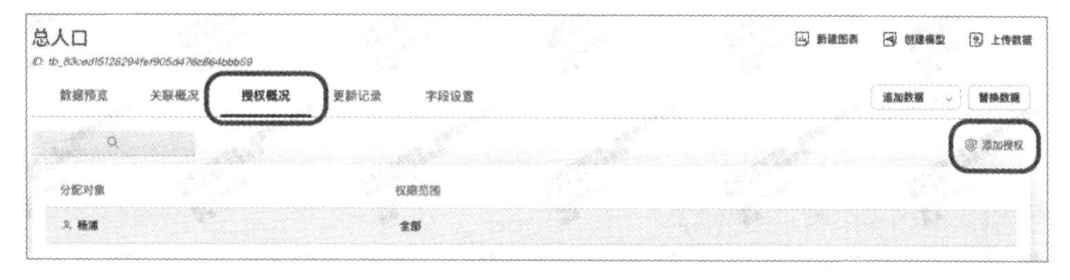

图 3-59　工作表管理 – 授权概况

第二步：选择授权的用户、角色或组织，如图 3-60 所示。

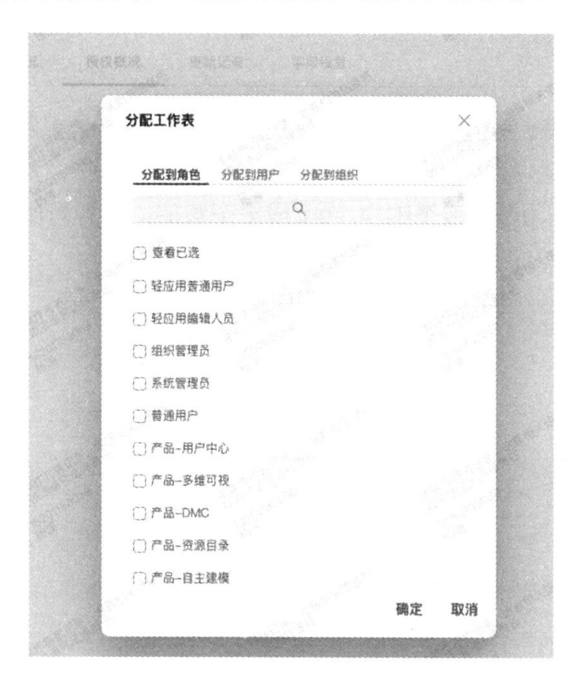

图 3-60　工作表管理 – 分配工作表

提示：如果授权的对象是指定用户则选择分配到用户，找到该用户选中并单击确定；如果授权对象是一类人（同一种角色），则在分配到角色中找到对应类型的角色；如果授权的对象是在某个组织，则选择分配到组织（选中组织后，该组织下的用户都可以看到并使用授权的数据）。

第 4 章　数据可视化图表创建

本章是大数据可视化分析应用的基础，主要介绍大数据分析平台（DMC）的可视化分析功能和基本应用技巧。

4.1　图表类型概述

本节结合案例来介绍如何通过数据间的关系来选择图表，清晰地表达主题和内容，让“数据说话”变得简单、生动。

4.1.1　表格

表格将数值和字段分布于行列中，是一种最简单也是很常用的展现数据的方式，如图 4-1 所示。

- 配置规则：0个或多个维度，0个或多个数值，支持对比。
- 最大显示数据记录数量：1500。

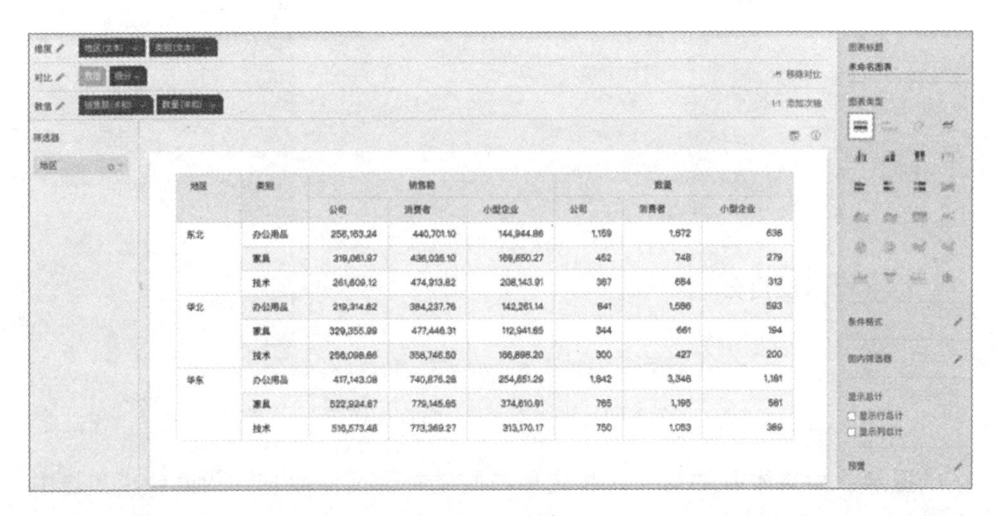

地区	类别	销售额			数量		
		公司	消费者	小型企业	公司	消费者	小型企业
东北	办公用品	256,163.24	440,701.10	144,944.86	1,159	1,672	636
	家具	319,061.87	436,035.10	169,650.27	452	748	279
	技术	261,609.12	474,913.82	208,143.91	387	684	313
华北	办公用品	219,314.62	384,237.76	142,261.14	641	1,586	593
	家具	329,355.99	477,446.31	112,941.65	344	661	194
	技术	256,098.66	358,746.50	166,898.20	300	427	200
华东	办公用品	417,143.08	740,876.28	254,851.29	1,842	3,346	1,181
	家具	522,924.87	779,145.65	374,610.91	765	1,195	561
	技术	516,573.48	773,369.27	313,170.17	750	1,053	389

图 4-1　表格

在表格中可以使用总计功能。可以分别针对行和列进行总计计算，可选择的计算方式包括总计和平均值，还可以设置总计在最前面或最后面显示。

4.1.2　成分

成分，用于表示整体的一部分，一般情况下可以用饼图、堆积图、百分比堆积图、瀑布图来表示。

1. 饼图

饼图显示一个数据系列中各项的大小与各项总和的比例。图表中的每个数据系列具有唯一的颜色或图案并且在图表的图例中表示。饼图中的数据点显示为整个饼图的百分比。

- 配置规则：1个维度和1个数值或0个维度和多个数值，不支持对比。
- 最大显示数据记录数量：1500。
- 应用举例：计算总支出或总收入的各个部分构成比例、某产品加工成本分析等。

例：分析全市人口的构成情况。这时候我们就可以用饼图进行展示。饼图的展现方式有两种，一种是饼状图，另一种是环形图，也可以将二者嵌套成为嵌套环形图，如图 4-2 所示。

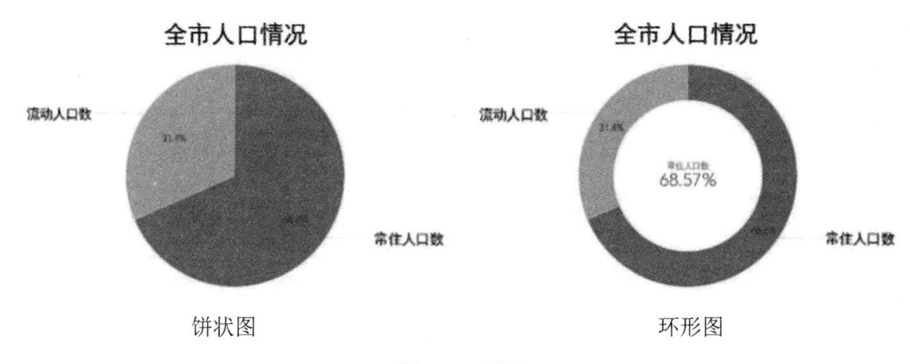

图 4-2　饼图

2. 堆积图及百分比堆积图

堆积图分为堆积柱形图、堆积条形图。百分比堆积图分为百分比堆积柱形图、百分比堆积条形图，百分比堆积图除了展示数值，还可以清楚反映占比情况。

（1）堆积柱形图可以在显示维度字段各领域的数值的同时，直观展现出对比中各部分在整体中的占比，相比于普通的柱形图，堆积柱形图可以通过一张图表达出多个信息，如图 4-3 所示。

- 配置规则：1个或2个维度，2个或多个数值（存在对比时允许只使用1个数值），支持对比。

● 最大显示数据记录数量：1500。

图 4-3　堆积柱形图

（2）百分比堆积柱形图与堆积柱形图没有太大的区别，只是将数值转化为占比，无法查看各维度字段的数值比较，主要传递了对比字段中各部分的具体占比信息，如图 4-4 所示。

● 配置规则：1个或2个维度，2个或多个数值（存在对比时允许只使用1个数值），支持对比。
● 最大显示数据记录数量：1500。

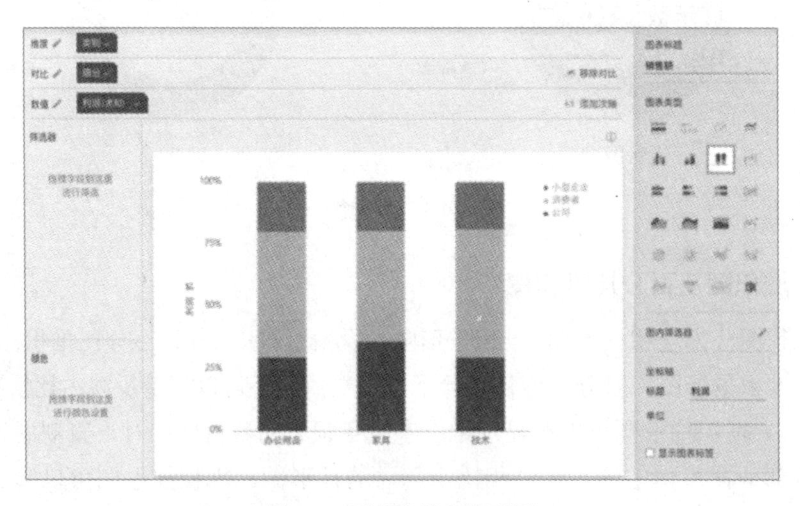

图 4-4　百分比堆积柱形图

（3）堆积条形图类似于堆积柱形图，在展示各维度字段的数值总数的同时，可看到对比字段在维度字段的占比，如图 4-5 所示。

- 配置规则：1个或2个维度，2个或多个数值（存在对比时允许只使用1个数值），支持对比。
- 最大显示数据记录数量：1500。

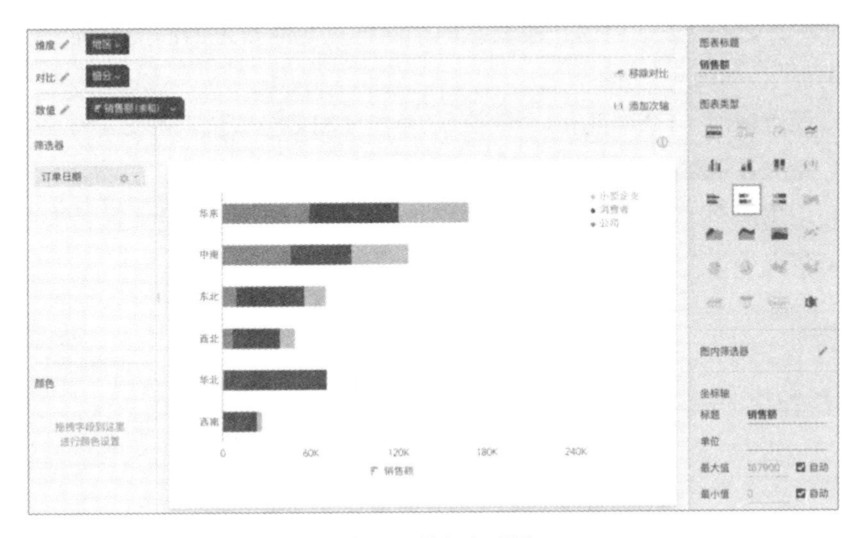

图 4-5 堆积条形图

（4）百分比堆积条形图，如图 4-6 所示。

- 配置规则：1个或2个维度，2个或多个数值（存在对比时允许只使用1个数值），支持对比。
- 最大显示数据记录数量：1500。

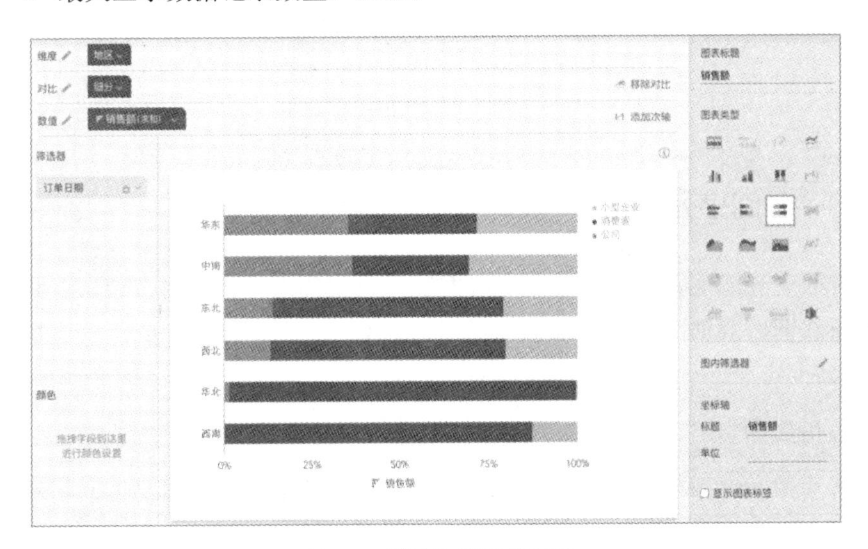

图 4-6 百分比堆积条形图

3. 瀑布图

瀑布图是由麦肯锡咨询公司所独创的图表类型，因为形似瀑布流水而称之为瀑布图。这种图采用绝对值与相对值结合的方式，适用于表达数个特定数值之间的数量变化关系。当用户想表达两个数据点之间数量的演变过程时，即可使用瀑布图，如图 4-7 所示。

- 配置规则：1个维度和1个数值或0个维度和多个数值，不支持对比。
- 最大显示数据记录数量：1500。
- 应用举例：一个项目从开始至结束各阶段耗时，某年营业额各季度完成情况等。

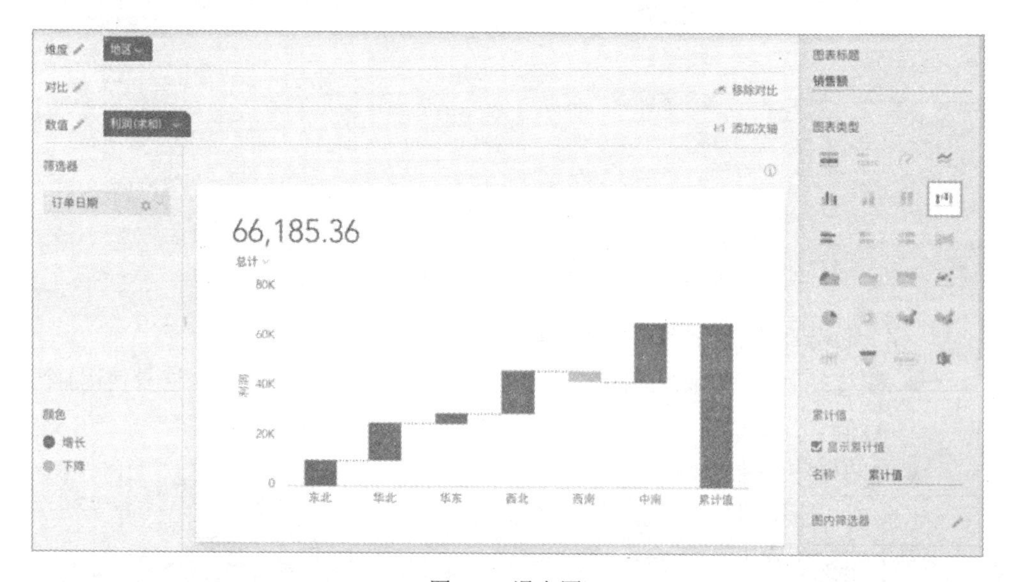

图 4-7　瀑布图

4.1.3　时间序列

时间序列就是表示事物按一定时间顺序发展的走势、趋势。通常，我们可以用折线图、双轴图、组间簇状柱形图、对比条形图、面积图或百分比堆积面积图来表示。

1. 折线图

折线图是将排列在工作表的列或行中的数据绘制成折线走势图，折线图可以显示随某个维度而变化的连续数据，因此非常适用于显示在相等时间间隔下数据的变化趋势。在折线图中，类别数据沿水平轴均匀分布，所有值数据沿垂直轴均匀分布，如图 4-8 所示。

- 配置规则：1个或2个维度，1个或多个数值，支持对比。
- 最大显示数据记录数量：1500。
- 应用举例：查看年度业绩走势、公众号每日关注人数走势等。

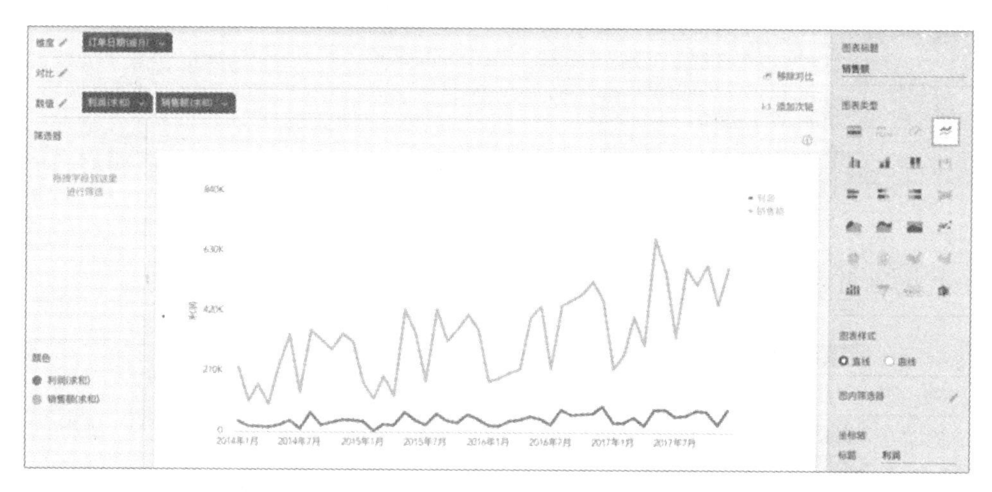

图 4-8　折线图

2. 双轴图、组间簇状柱形图及对比条形图

除了折线图，当我们在研究多个项目的时间趋势时，还可以使用双轴图、组间簇状柱形图或者对比条形图。

（1）双轴图有两个 Y 坐标轴，在双轴图中，表现的数值有 2 个，将 2 个数值放置于一个图表中，更便于查看数据之间的关系。

- 配置规则：0个或1个维度，多个数值，不支持对比。
- 最大显示数据记录数量：1500。

在标记图表页面，单击添加次轴按钮后，数值栏增为两栏，此时图表类型自动切换至双轴图，如图 4-9 所示。

图 4-9　双轴图 – 添加次轴

用户可通过单击数值栏图表符号旁的下拉箭头，选择该数值的图表类型。

可选择的图表有折线图、柱形图、堆积柱形图和百分比堆积柱形图，用户根据自身需要选择即可。

单击移除次轴，即可删除该数值栏，此时数值变为 1 个，如图 4-10 所示。

图 4-10　双轴图 – 移除次轴

以某电商订单的销售额和利润为例，作出的双轴图如图 4-11 所示。

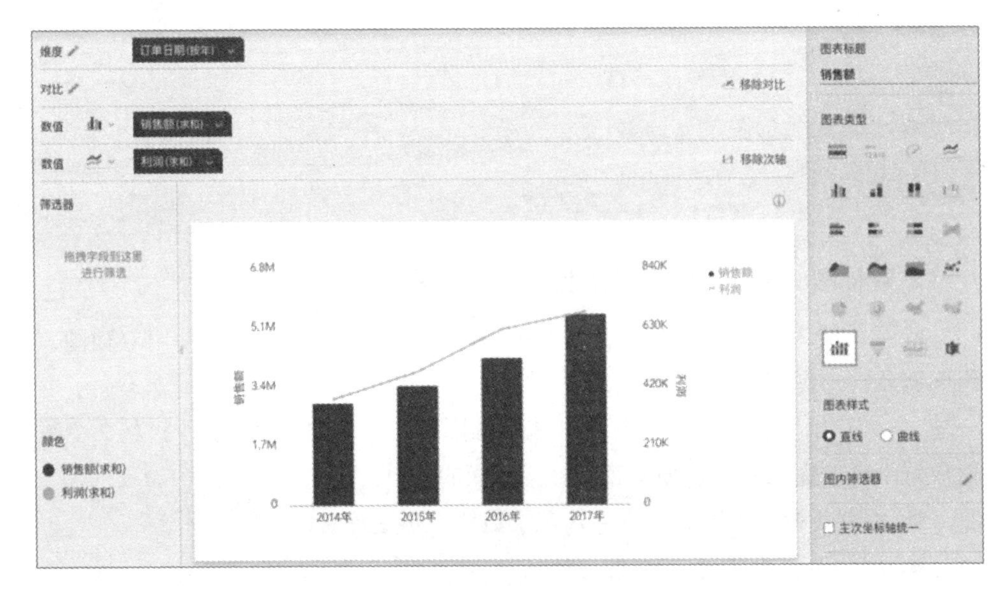

图 4-11　双轴图

（2）组间簇状柱形图，如图 4-12 所示。

- 配置规则：2个以内维度，1个或多个数值，支持对比。
- 最大显示数据记录数量：1500。

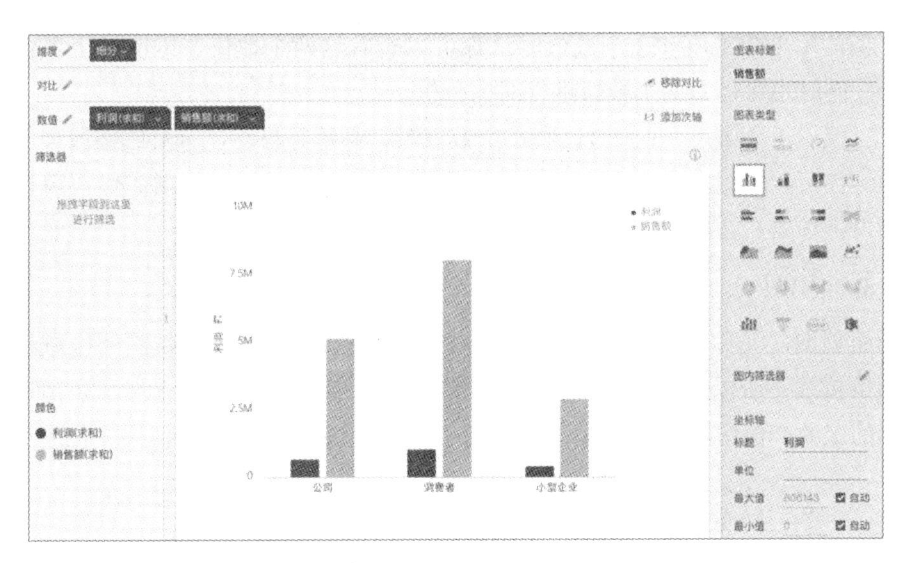

图 4-12 组间簇状柱形图

（3）对比条形图，如图 4-13 所示。

- 配置规则：1个维度和2个数值；或1个维度、1个对比和1个数值。
- 最大显示数据记录数量：1500。
- 应用举例：竞品同期的各年龄阶段用户数、“双十一”期间天猫与京东各部分的销售额对比等。对比条形图可以直观地反映竞品之间当前的差距和对比，便于用户做出更好的决策，为自己的产品争取更多的优势与市场。

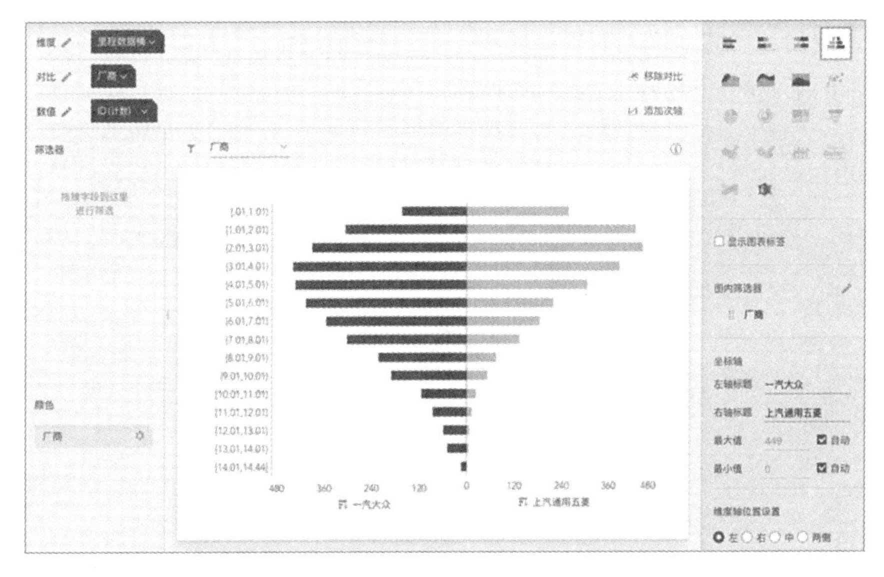

图 4-13 对比条形图

当使用 1 个维度和 2 个数值时，你可以查看这两个数值在维度轴上各自的分布，同时也可以对两个数值进行对比分析。

当使用 1 个维度、1 个对比和 1 个数值时，系统将自动显示对比字段中的前两项。你可以通过主筛选器或自定义排序设置默认被显示的两项；你还可以添加图内筛选器，让看图的用户自己在仪表盘页面设置对比的项。

3. 面积图

面积图，又称区域图，强调数量随时间而变化的程度。面积图的区域边界是一条折线，所以也可以用于展示时间趋势。图 4-14 用面积图来展示东部地区每年的工业产值情况，我们看区域面积的变化，就能发现工业产值的变化趋势。

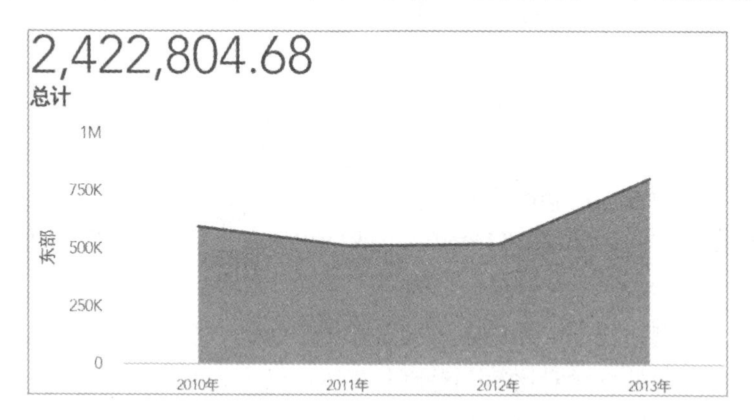

图 4-14　面积图

堆积面积图可以显示每个数值所占大小随时间变化的趋势线，还支持对比。比如，我们基于各地区工业产值数据，用堆积面积图来绘制东部、西部、南部和中部的工业产值趋势，如图 4-15 所示。

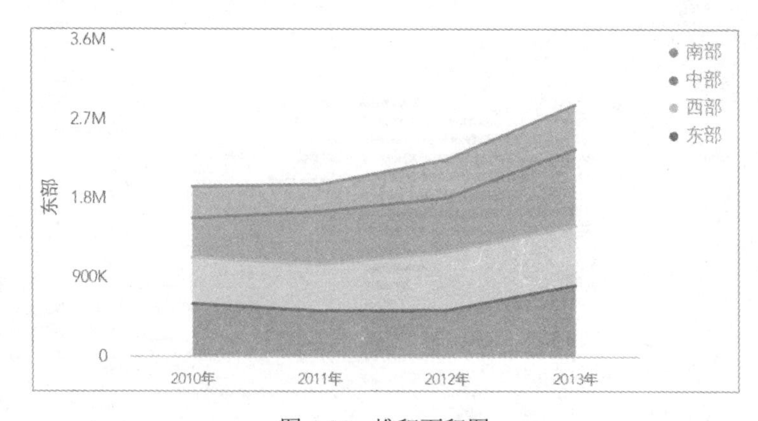

图 4-15　堆积面积图

百分比堆积面积图可以显示每个数值所占百分比随时间变化的趋势线，也支持对比。如果我们要分析各区域工业产值占比的发展趋势，就可以用百分比堆积面积图来绘制，如图 4-16 所示。

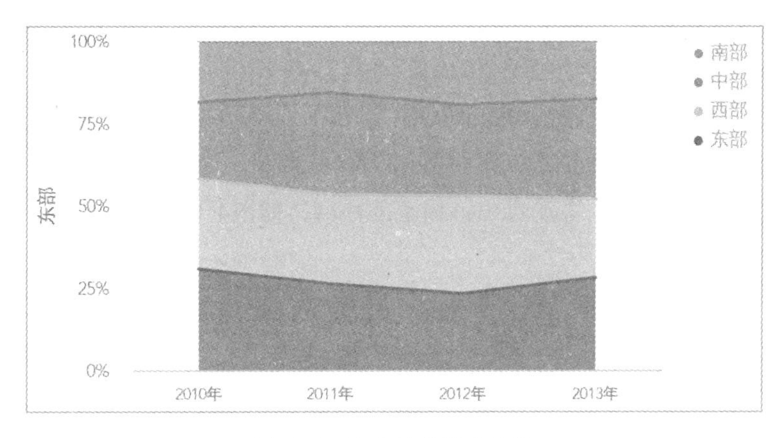

图 4-16　百分比堆积面积图

4.1.4　频率分布

频率分布一般用于统计分组，按分组条件进行频次统计，是特定顺序的一种分布，一般可以用柱形图、条形图、折线图等来表示。例如，用柱形图来展示不同年龄段的流动人口分布，如图 4-17 所示。

- 配置规则：2个以内维度，1个或多个数值，支持对比。
- 最大显示数据记录数量：1500。

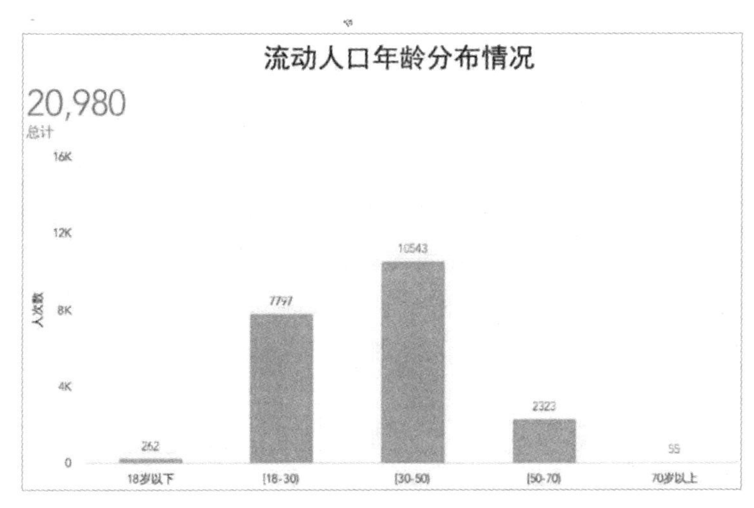

图 4-17　频率分布图

另外，还有一种特殊的频率分布展示图形，就是词云。

词云就是对网络文本中出现频率较高的关键词予以视觉上的突出，形成“关键词云层”或“关键词渲染”，从而过滤掉大量的文本信息，使浏览网页者只要一眼扫过文本就可以领略主旨。

- 配置规则：1个维度，0个数值，不支持对比。
- 最大显示数据记录数量：100。
- 应用举例：本周热点词汇、旅游出行城市等。词云便于做出汇报，由词汇的字号大小，直观看出该词汇的热度，如图4-18所示。

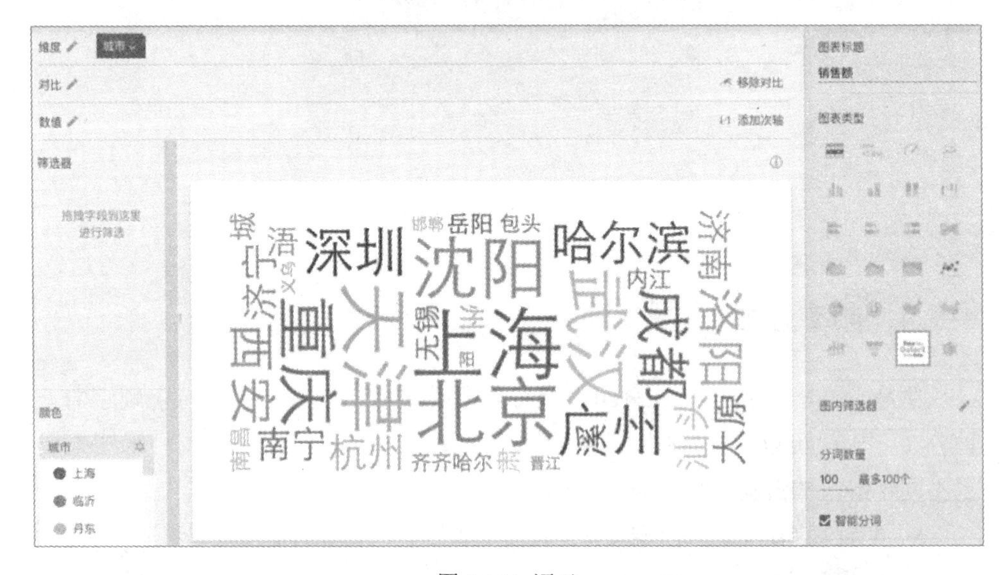

图 4-18　词云

4.1.5　相关性

相关性用于展示两个元素之间的关系，主要用来展示线性变化关系、多项式相关关系、非线性相关关系等，可以用点线图表示。

散点图是指在回归分析中，数据点在直角坐标系平面上的分布图。散点图表示因变量随自变量而变化的大致趋势，据此可以选择合适的函数对数据点进行拟合，可通过图表上点的密度及区域的颜色深度，直观看出重点信息，如图 4-19 所示。

- 配置规则：0个或多个维度，2个数值，不支持对比。
- 最大显示数据记录数量：10000。

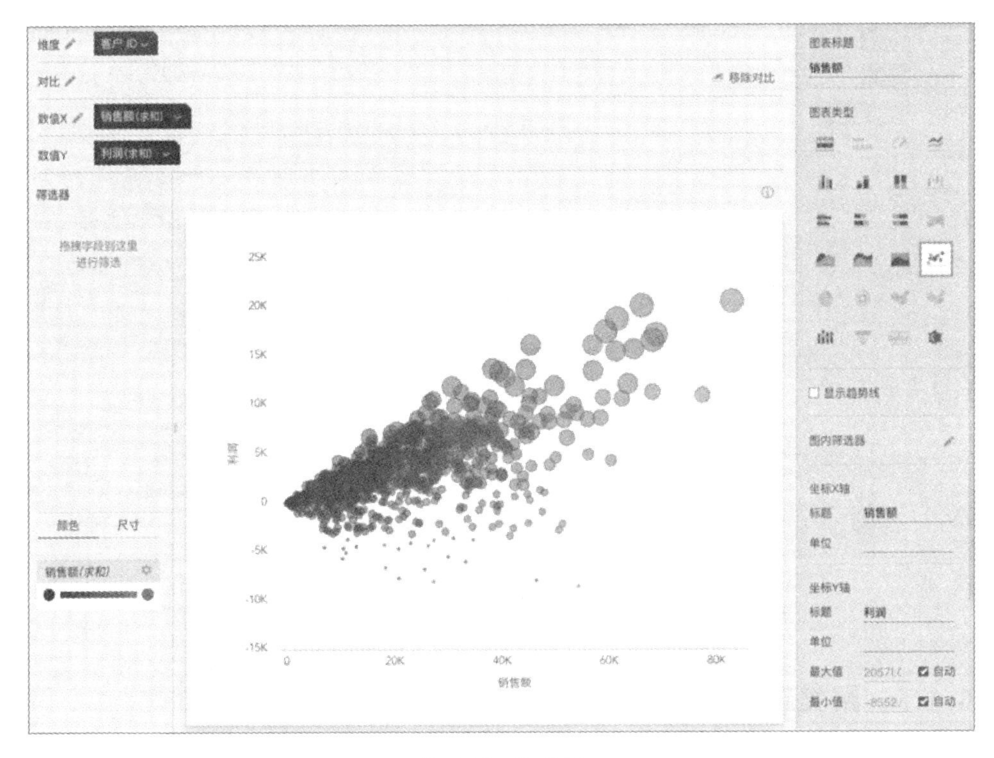

图 4-19　散点图

4.1.6　多重数据比较

多重数据比较，是指两种及两种以上不同数据之间进行比较。进行多重数据比较通常会用到雷达图。

雷达图，又可称为戴布拉图、蜘蛛网图，将各部分的数值集中在一个圆形的图表上，来表现各部分数值及所占比率的情况，使用者能一目了然地看到当前业务的侧重点，了解各部分的变动情形及其好坏趋向。

- 配置规则：1个维度和多个数值（支持对比）或1个或多个对比，3个及以上数值。
- 最大显示数据记录数量：1500。
- 应用举例：查看各区域销售额，查看一周内七天的营业额等。雷达图便于查看当前业务的重心，比如哪个地区营业额高，哪个时段收入高等，便于制定相应策略，如图4-20所示。

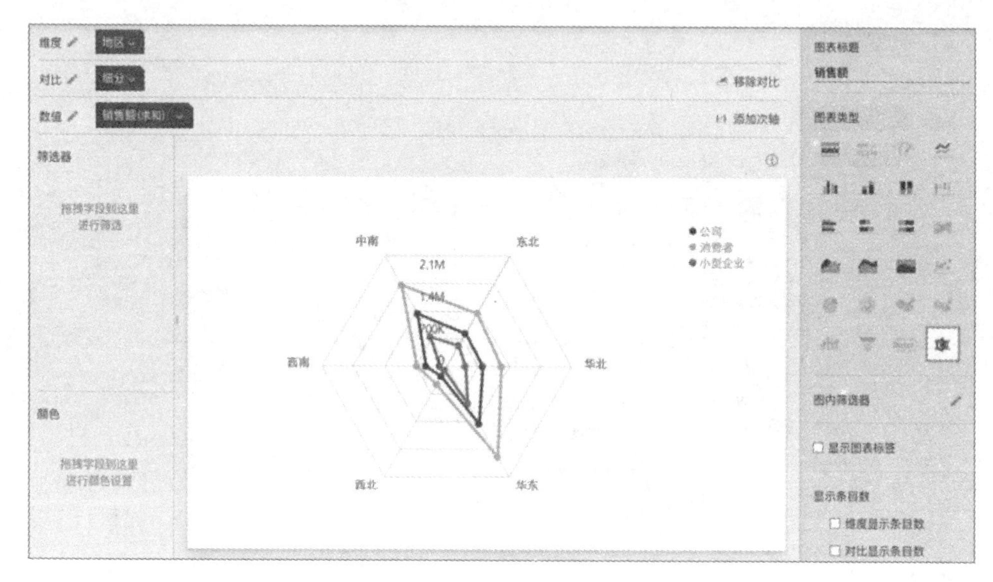

图 4-20　雷达图

4.1.7　聚类趋势图

聚类趋势图是按照一定分类分组规则，展示随时间序列变化或相互之间转换关系的分布图。展示流程的图表多为桑基图和漏斗图，下面结合具体示例讲解应用场景。

1. 桑基图

桑基图，全称为桑基能量分流图，也叫桑基能量平衡图。它是一种特定类型的流程图，图中延伸的分支的宽度对应数据流量的大小，通常应用于能源、材料成分、金融等数据的可视化分析。

桑基图最明显的特征就是，始末端的分支宽度总和相等，即所有主支宽度的总和应与所有分出去的分支宽度的总和相等，保持能量的平衡，如图 4-21 所示。

- 配置规则：2个维度，1个数值，不支持对比。
- 横向维度项最大数量：20。

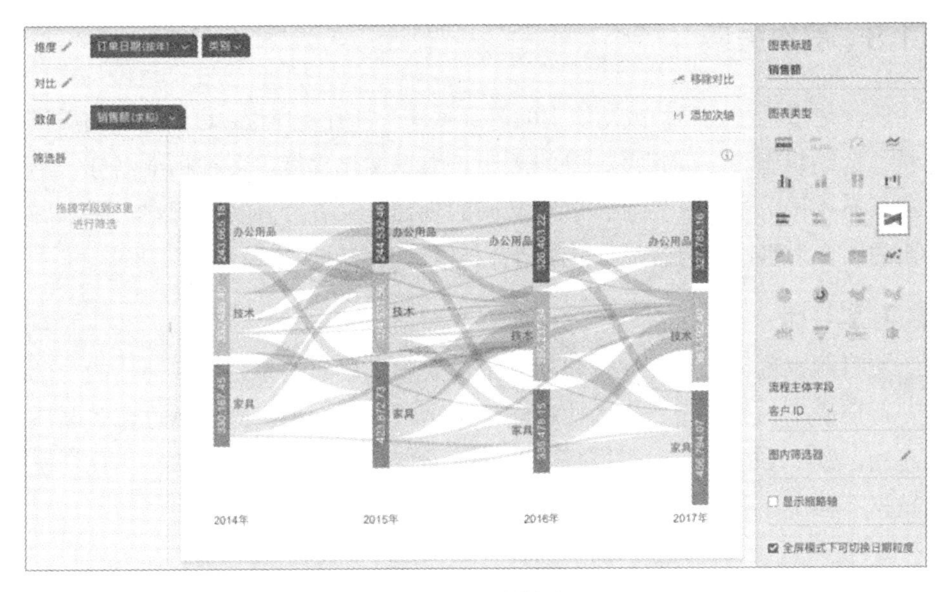

图 4-21 桑基图

2. 漏斗图

通过漏斗图对业务流程进行分析，可以看到从开始到结束各个环节的关键数值和转化情况，如图 4-22 所示。

- 配置规则：1个维度和1个数值或0个维度和多个数值，不支持对比。
- 最大显示数据记录数量：1500。
- 应用举例：用户留存率、各渠道引流注册转化率等。

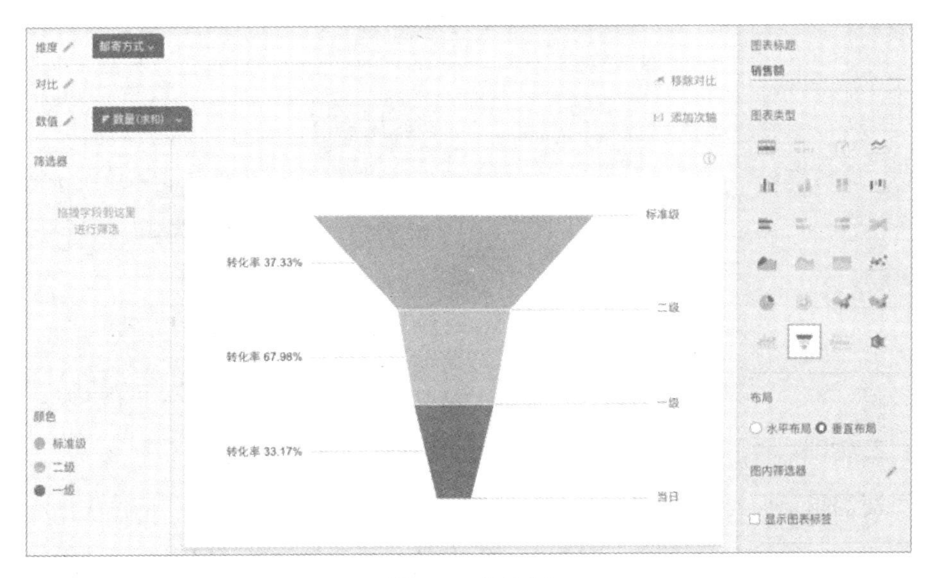

图 4-22 漏斗图

4.1.8 层次关系

层次是指系统在结构或功能上的等级秩序，具有多样性，可按物质的质量、能量、运动状态、空间尺度、时间顺序、组织文化程度等多种标准划分。不同层次具有不同的性质和特征，既有共同的规律，又各有其特殊规律。展示层次关系的图多为旭日图和树图。下面结合具体示例讲解应用场景。

1. 旭日图

旭日图也称为太阳图（形状的确很像太阳，层级关系也很像地球的内部结构），层次结构中每个级别的比例通过 1 个圆环表示，离圆心越近代表圆环级别越高，最内层的圆表示层次结构的顶级，然后一层一层去看数据的占比情况。当数据不存在分层，这时旭日图就等于环形图，如图 4-23 所示。

- 配置规则：2个或多个维度，1个数值，不支持对比。
- 最大显示数据记录数量：1500。

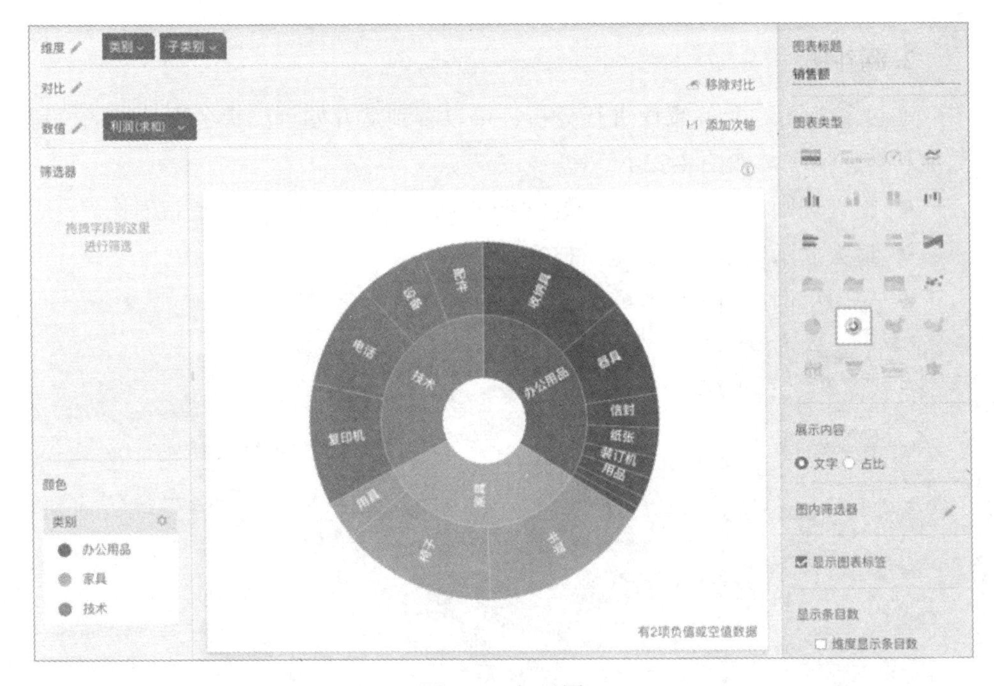

图 4-23 旭日图

2. 树图

树图指矩形式树状结构图，是一种有效地实现层次结构可视化的图表结构。在树图中，各个小矩形的面积表示每个子节点的大小，矩形面积越大，表示子节点在父节点中的占比越大，整个矩形的面积之和表示整个父节点。通过矩形树图及其钻取情况，可以很清晰地知道数据的全局层级结构和每个层级的详情，如图 4-24 所示。

● 配置规则：一个或多个维度，0个或1个数值。

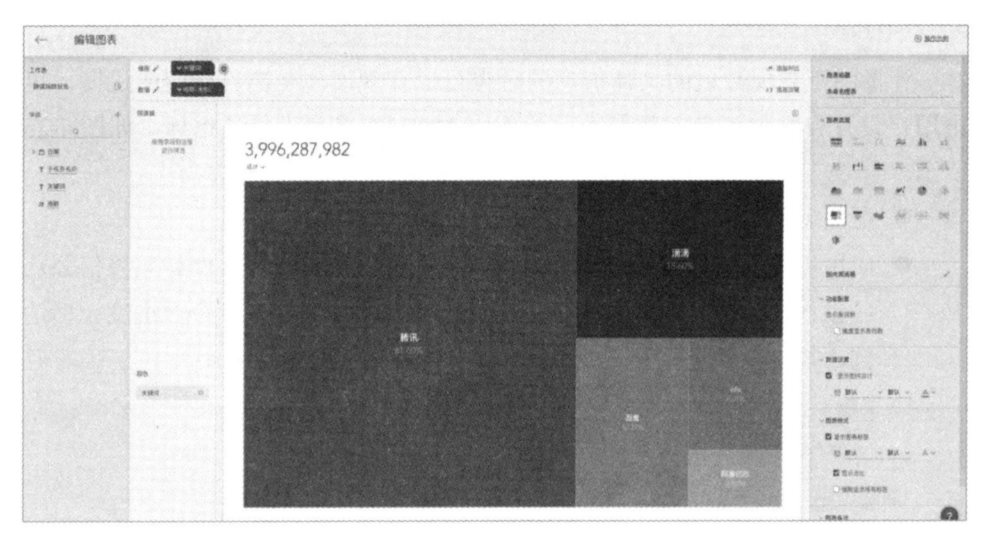

图 4-24　树图

4.1.9　位置相关

智慧城市数据中具有很多精确的行政区划分布或经纬度信息，可结合行政地图和 GIS 地图进行展示。

1. 行政地图

行政地图，是指以省、市等行政区划为单位划分的地图。行政地图多以面积地图和气泡地图的方式展现。面积地图以颜色深浅来展现数量，气泡地图以气泡大小来展现数量。

● 配置规则：1个维度（行政区划字段），1个数值，不支持对比。

● 最大显示数据记录数量：1500。

2. GIS 地图

GIS，即地理信息系统。我们通过经纬度撒点的方式在地图上标明位置信息，用密度强弱展示分布规律。GIS 地图类型有气泡图、热力图、海量点图、统计图、轨迹图等。

4.1.10　数值

数值图可直观展示数值大小，通常用作人员计数，一般以计量图和指标卡来展示。

1. 计量图

计量图可展现数值的具体值，同时也可以直观展现距离目标值的进度。可由用户设置目标值，当前数值 / 目标值 ×100% 即得到当前的指标，如图 4-25 所示。

- 配置规则：0个维度，1个或2个数值，支持对比。
- 应用举例：电商营业额指标、公众号关注人数指标等。例如某微信公众号预计达到粉丝数为××个，可显示当前关注人数××个，进度指标达到××%。

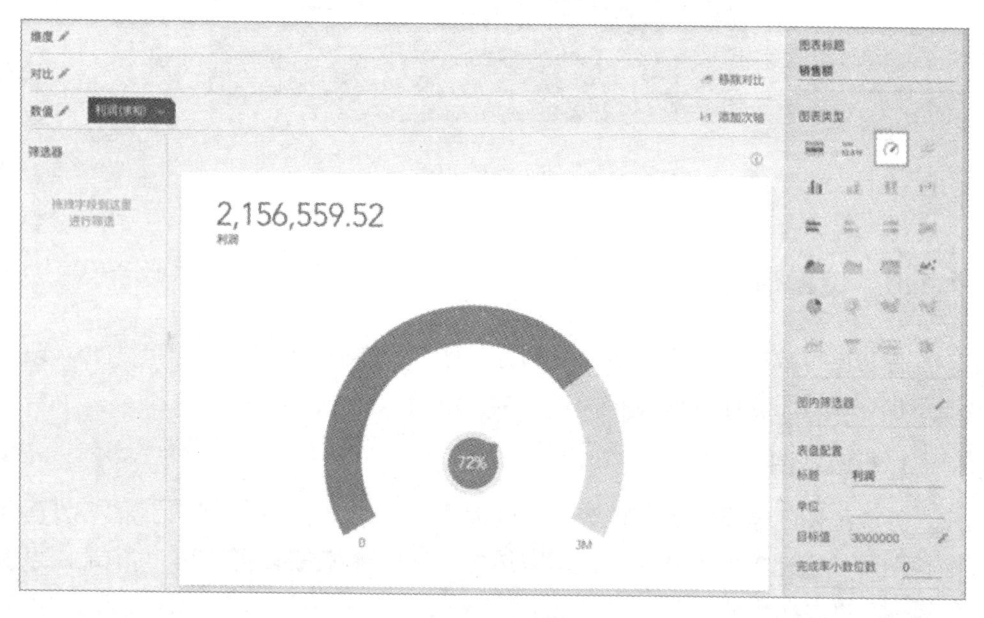

图 4-25　计量图

在左侧菜单栏的表盘配置中，你可以设置目标值、完成率的小数位值等。图表的条件格式有一套默认的配色方案，当完成率对应不同区间时显示不同的颜色，如图 4-26 所示。

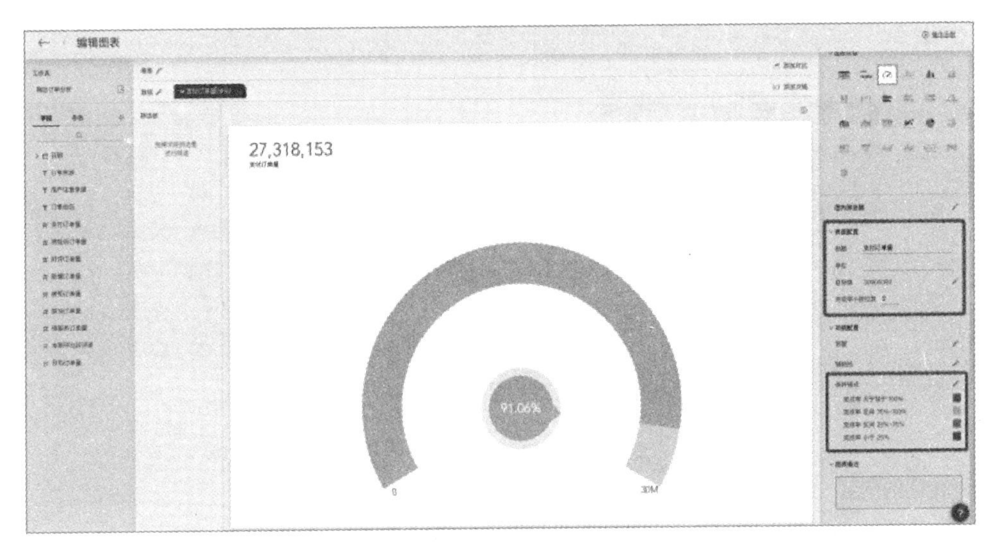

图 4-26　计量图配置

你可以单击编辑按钮，修改条件格式的相关颜色，如图 4-27 所示。

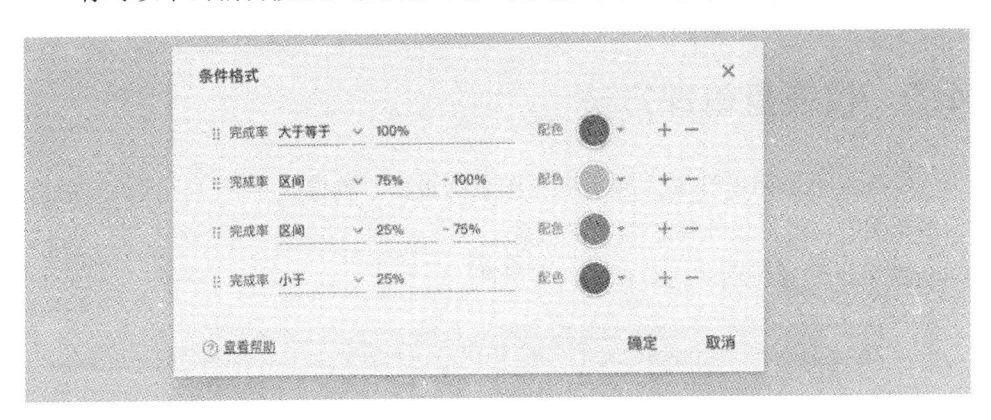

图 4-27　计量图颜色配置

2. 指标卡

指标卡包括主指标和副指标，主指标可直接展现数值的具体值，副指标直观展现主指标在同比、环比下的计算值。指标卡图表的主指标和副指标分别添加条件格式。

系统默认副指标的条件格式为小于零、等于零、大于零的 3 段式颜色，因为最常用的场景是主指标为数值，副指标为增长率。指标卡应用举例如图 4-28 所示。

图 4-28　指标卡应用举例

在指标卡中，如果需要计算同比 / 环比增长率，需要在数值栏重复拖入需要计算的数值，并且选择高级计算的同比 / 环比。

4.2　仪表盘管理方法

仪表盘可以简单理解为展示工作图表的页面，就像画布一样。因为一般展示多个图表，就形象地称之为“仪表盘”。

图 4-29 边框里面的内容就是仪表盘图。

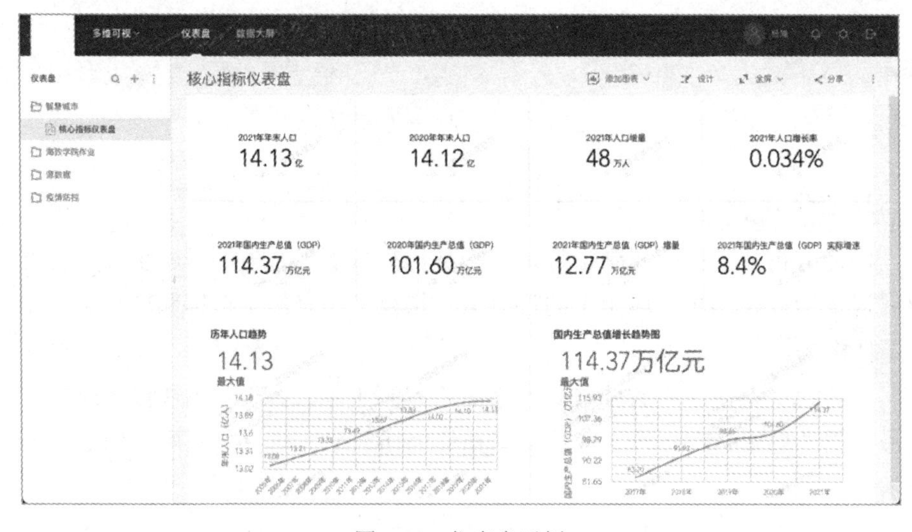

图 4-29　仪表盘示例

提示： 仪表盘在本平台是单独的模块，和工作表是分开的，是多维可视的重要组成部分。

该模块具有创建图表的功能，即可视化分析并展示分析结果。

下面具体介绍如何创建仪表盘。

4.2.1 新建仪表盘文件夹

新建仪表盘文件夹的入口在仪表盘模块的左侧上部“+”处，如图 4-30 所示。

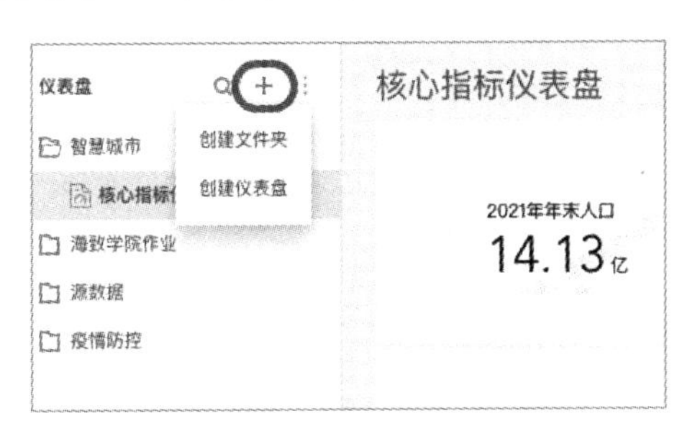

图 4-30 新建仪表盘文件夹 1

仪表盘文件夹，顾名思义，就是存放仪表盘的文件夹，如图 4-31 所示。

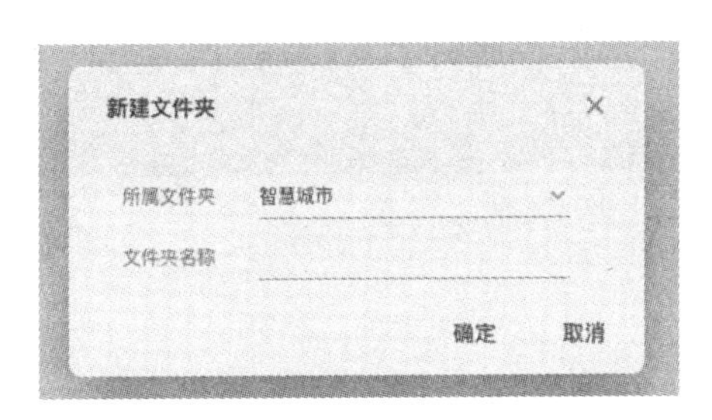

图 4-31 新建仪表盘文件夹 2

新建仪表盘文件夹时，需要选择所属文件夹（上级目录）和给新建的文件夹命名。

提示： 文件夹名称不能重复。

4.2.2 新建仪表盘

新建仪表盘需要选择存放仪表盘的文件夹和给新建的仪表盘命名，如图 4-32 所示。

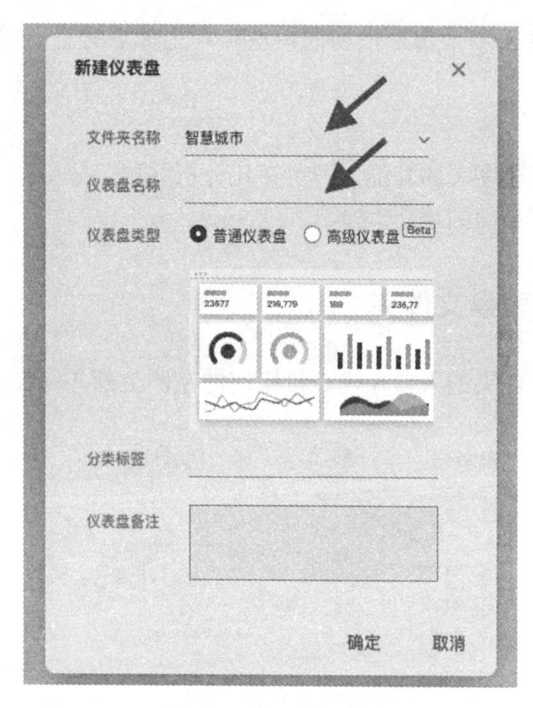

图 4-32　新建仪表盘

普通仪表盘：指常用的各种图表分析，只能选择既定的图例，如图 4-33 所示。

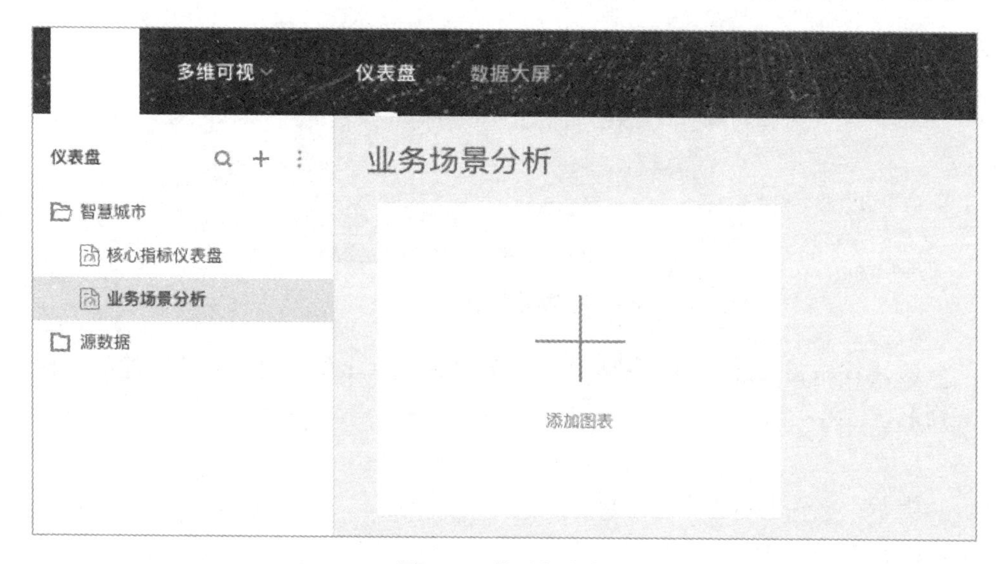

图 4-33　普通仪表盘

高级仪表盘：可以添加视频，添加图层，自定义页面大小，也可以添加普通仪表盘里面的各种图表。

4.2.3　仪表盘管理

每个仪表盘名称后面有“三个点”图标，下置编辑、共享、复制、移动、删除等按钮，如图 4-34 所示。

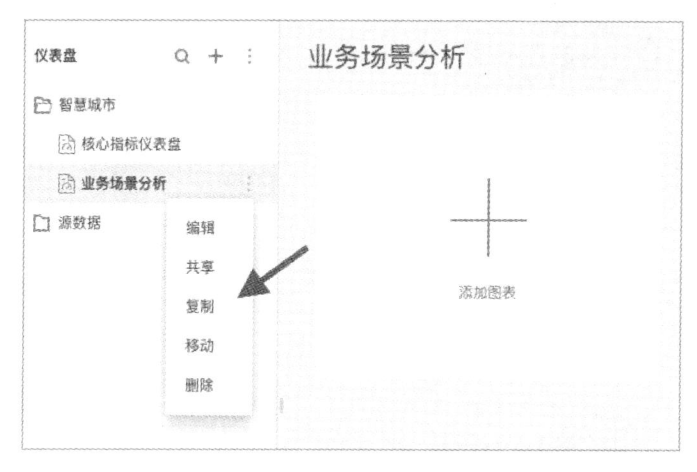

图 4-34　仪表盘管理

- 编辑：修改仪表盘文件名称。
- 共享：把本仪表盘分享给其他账号【需要管理员授权“分享”】。
- 复制：复制一个副本仪表盘，便于快速编辑和备份。
- 移动：移动仪表盘到新的仪表盘文件夹。
- 删除：删除仪表盘【删除后无法恢复，谨慎操作】。

4.2.4　仪表盘导出

支持将仪表盘导出为图片、PDF 和 WORD 三种格式。

- 导出仪表盘：可将当前仪表盘导出为.png格式的图片，保存至本地。
- 导出PDF：可将当前仪表盘导出为PDF文档，保存至本地。
- 导出WORD：可将当前仪表盘导出为WORD文档，保存至本地。

单击仪表盘右上角“三个点”按钮，选择导出仪表盘、导出 PDF 或导出 WORD 即可将仪表盘导出，如图 4-35 所示。

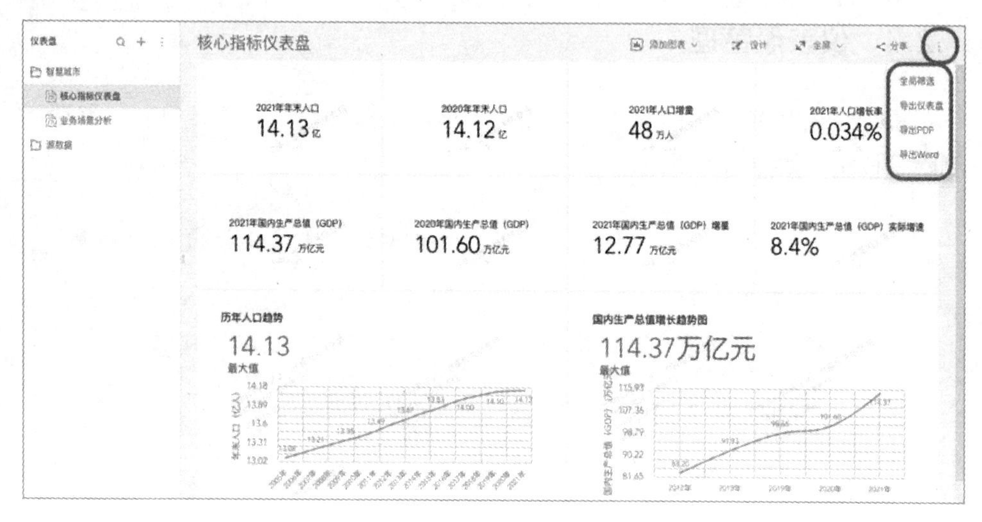

图 4-35　仪表盘导出

4.3　分析图表的创建方法

当完成工作表文件夹创建、数据上传、仪表盘文件夹创建、仪表盘创建后，就正式开始图表创建了。

创建图表就是根据分析需求和分析任务，依托上传的工作表数据，应用平台进行数据分析，并将分析结果用图表展示出来。

提示：创建图表是方法和技巧，不是目的。创建图表的目的是展示分析的结果，或让数据分析结果通过可视化图表展示出来。

4.3.1　添加图表

添加图表有两个入口，如图 4-36 所示。

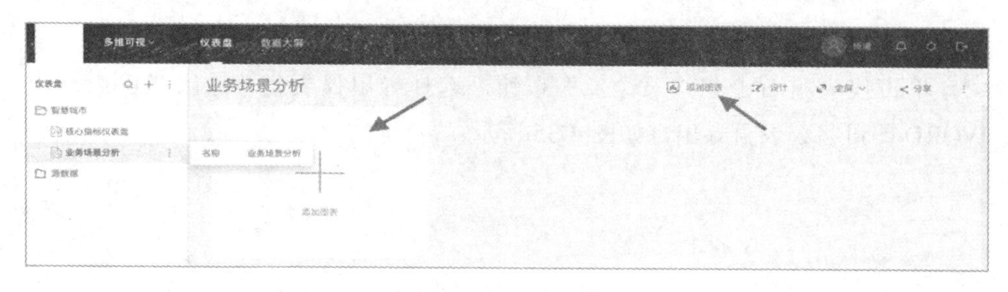

图 4-36　添加图表

添加图表时，需要选择图表类型，如图 4-37 所示。

图 4-37　选择图表类型

- 普通图表：指常用的基础图表，如柱形图、饼图、折线图、行政区划地图、树图、词云等。
- 经纬度地图：根据经纬度字段数值来进行的地图数据分析。
- 自定义图表：根据数据分析需求自定义建立多样化的图表，如实体关系图等。

4.3.2　选择数据表

创建图表的前提是必须有数据。

新建图表的时候系统会提示选择需要分析的数据。系统会自动显示工作表模块里面的所有数据目录。

每次只能选择一张表作为分析的数据源。

4.3.3　图表创建工作区操作

图表创建工作区如图 4-38 所示。

- 左侧为数据区域，显示数据表和数据表的全部字段。
- 右侧为工具栏，显示图表名称、图表类型和图表属性。
- 中间上部分为图表维度设置区域，显示维度和数值。
- 中间下部分为图表预览区域，具体显示分析图表的各种形态和数值。

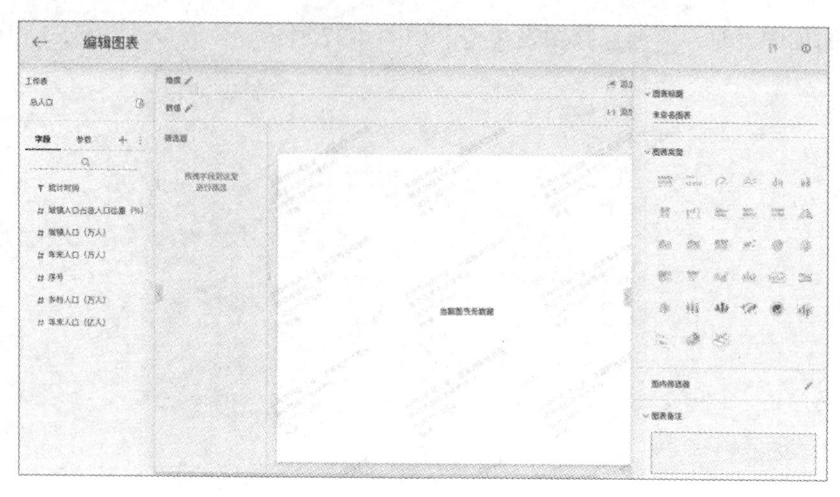

图 4-38　图表创建工作区

4.3.4　配置维度和数值

维度：分析的对象。如人口增长趋势分析，趋势就是对象。要展示趋势，就必须有时间的维度，“时间”字段就应作为维度。

数值：反映位置特征或属性的数量。如人口增长趋势分析中，需要知道每年人口数量，人口数量就是数值。

配置维度和数值示例如图 4-39 所示。

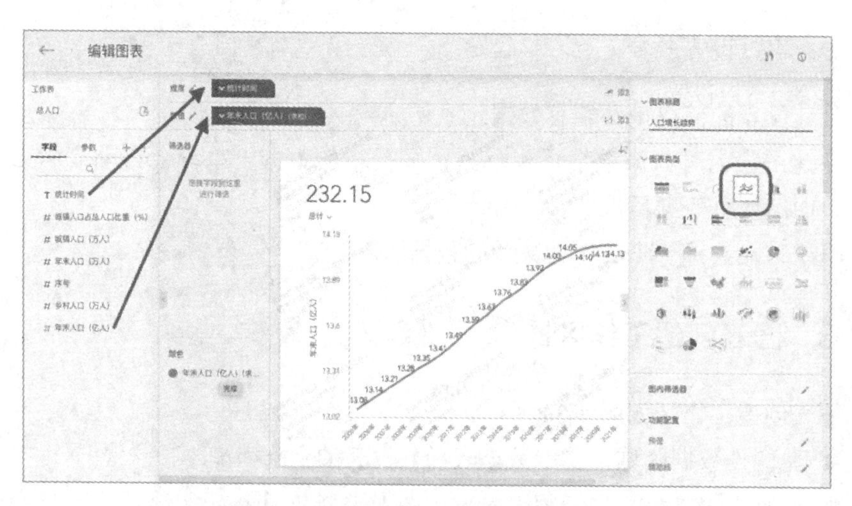

图 4-39　配置维度和数值

数值设置一般分为计数、去重计数、高级计算（同比、环比等）和设置字段等。单击数值字段的下拉箭头，如图 4-40 所示。

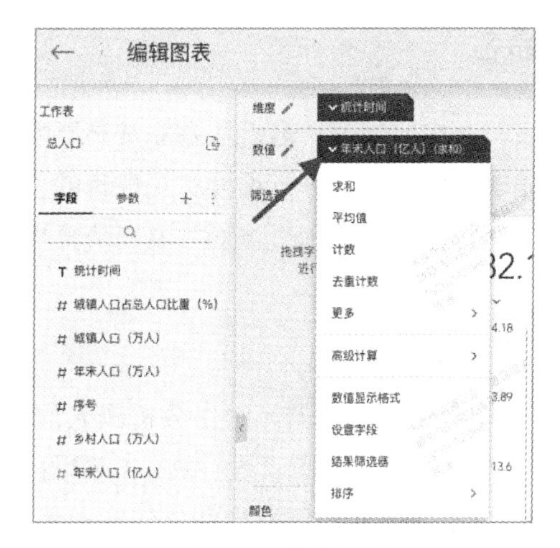

图 4-40　数值设置

计数和去重计数：根据同一字段的计数方法，根据分析的实际需求进行选择。

设置字段：可以修改字段名称，使其更符合分析需求，如将“气温”修改为“平均气温”。【注意：修改数值字段的名称仅对图表显示有用，不会对工作表字段进行修改。】

提示：确定维度和数值字段后，从左侧字段列表可以拖曳至维度和数值栏。

维度可以设置多个；维度越多，分析的颗粒度越细。

数值也可以设置多个。增加多个数值，就是增加次轴。增加后的效果如图4-41 所示。

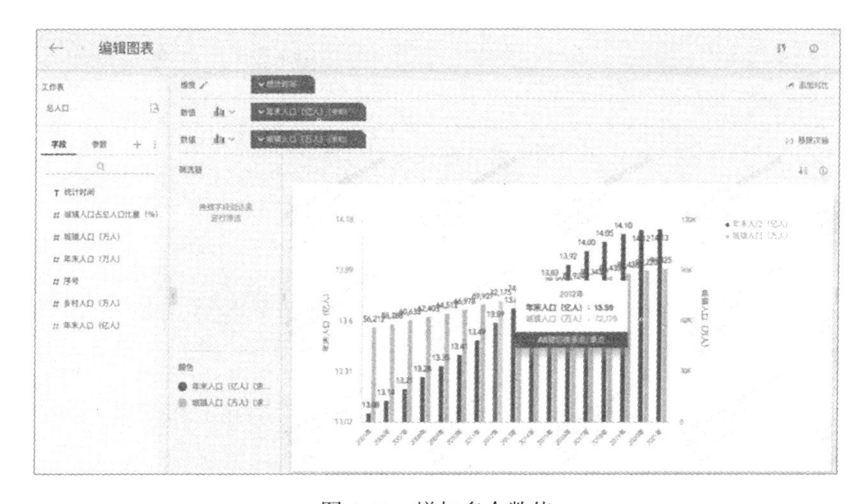

图 4-41　增加多个数值

4.3.5 图表名称命名

每个小的分析图表，都需要规范命名，这是非常必要的。

命名的规则：准确表达该图表的分析维度和实现目的。

如：“气温分析”太宽泛，修改为“平均气温趋势分析”就更规范。

4.3.6 图表类型选择

本平台预置了十多种常用图表类型。制作分析图表的时候，根据维度和数值的字段类型，可以选择不同类型的图表进行展示。如图 4-42 所示，在进行气温分析的时候，选择时间作为维度、气温平均值作为数值，系统自动判断可以使用的图表类型就会呈蓝色，不适用的类型就呈灰色。

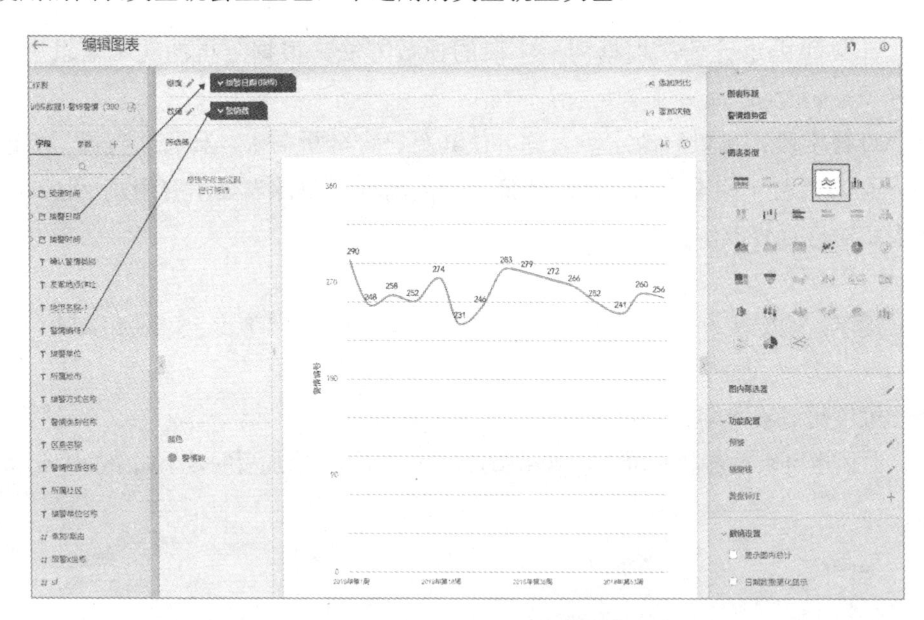

图 4-42　图表类型选择

图表类型不同，适用的场景也不同。

- 表格：需要展示多字段数据列表时应用。
- 指标卡：显示单一字段的合计数值，只需要数值即可。
- 折线图：显示趋势、走势、波动情况。
- 簇状柱形图：显示不同类型（城市、单位、类别等）的数值。
- 堆积柱形图：一个维度显示两个以上数值的占比情况。
- 瀑布图：显示一个维度多个数值，或只显示多个数值；一般用于直观显示与总数的对比。

- 条形图：与柱形图相似，展示方式为横向。
- 饼图：显示占比情况。
- 树图：用面积大小显示占比情况。
- 词云：显示文本字段中数值（分词和不分词）占比，用文本字体大小展示。
- 地图：这里主要指行政区划地图（一个维度和一个数值）。

提示：根据分析需求，合理选择图表，不要盲目追求图表的多样性。

4.4　分析图表的设置方法

4.4.1　图表颜色设置

颜色作为数据可视化中重要的标记属性，可以直观表达丰富的数据信息。在平台中，你可以通过颜色来表示数据，从而更高效地区分和对比数据。

你可以直接在颜色面板中设置数据对应的颜色，也可以在某些图表类型（目前支持表格、指标卡、计量图）中使用条件格式，为每种条件设置对应的颜色。

1. 单颜色

在颜色面板中，你可以设置全局的单一颜色，如图 4-43 所示。

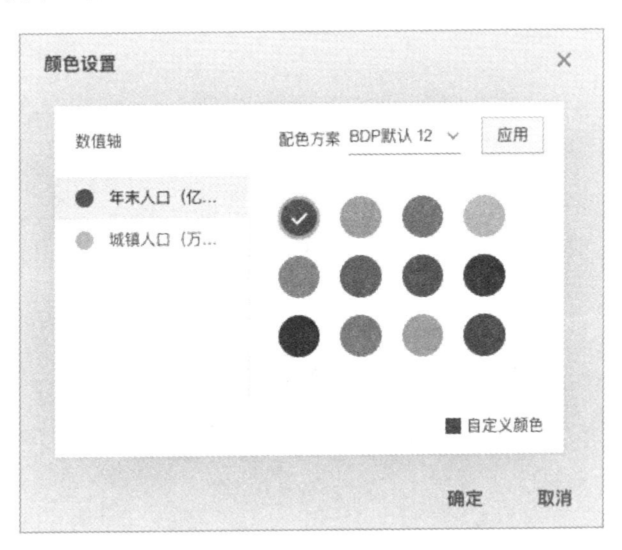

图 4-43　图表单颜色设置

你可以从系统推荐的颜色主题中选择，若需要的颜色不在主题中，你也可以进行自定义设置，如图 4-44 所示。

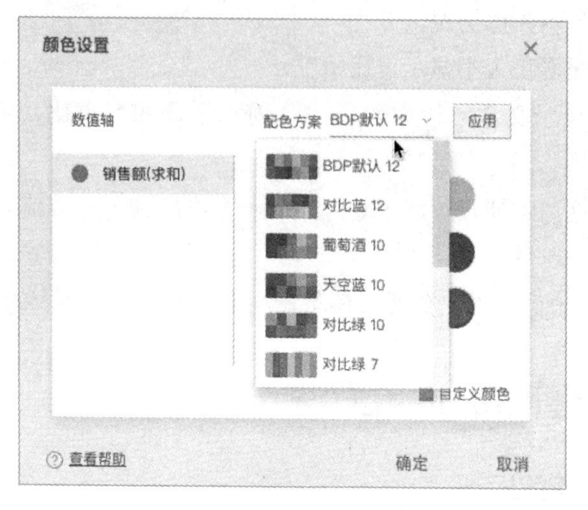

图 4-44　图表颜色主题设置

2. 枚举颜色

你也可以为维度中的每项设置对应的颜色，一方面可以通过颜色直观地了解数据信息，另一方面方便统一查看相同颜色的数据，或对比不同颜色的数据。

你可以将当前图表已有的维度从左侧的数据列表中拖曳到颜色面板，就完成了对这个维度的枚举颜色设置，如图 4-45 所示。

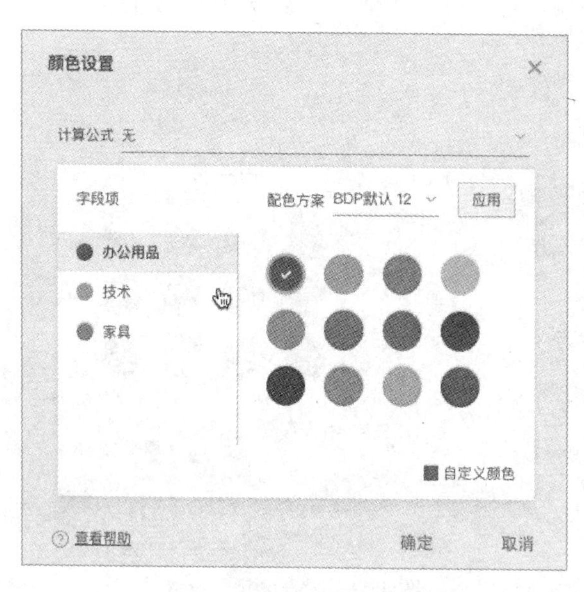

图 4-45　图表枚举颜色设置

与单颜色设置相同，你可以从推荐的颜色主题中选择一套颜色并选择应用，则此维度的各项会使用主题中的颜色表示。

若希望进行更细致的调整，你也可以单击左侧列表中的单个项，并在右侧选择此项对应的颜色。

当前图表中没有的维度，你也可以直接拖曳到颜色面板，系统会自动使用颜色将该维度在原图表中数据进行区分。

当你将维度拖曳到维度和对比区域的时候，系统不但会自动为你推荐合适的图表类型，还会自动使用颜色对你的数据进行区分。

已设置的枚举颜色，你可以通过单击左侧颜色面板中的维度进行编辑，同样你也可以编辑其他类型的颜色。

当图表中存在多个数值时，系统会自动使用颜色区分数值。你可以单独设置每个数值对应的颜色。

当有多个维度同时使用颜色时，系统会取多个维度的交叉枚举项，为每项分配一个颜色。

例如维度 A（包含 a1 和 a2）与维度 B（包含 b1 和 b2）同时使用颜色，则 a1b1，a1b2，a2b1，a2b2 会分别使用不同的颜色进行区分。

若存在多个数值，则其他使用颜色的维度也会和不同数值组成交叉枚举项。

若你希望取消数据对应的颜色，只需要将颜色面板中的维度移除即可。

当颜色被移除时，数据中的粒度划分并不会被自动移除，保证查看数据的一致性。

但假如你移除维度或对比区域中的字段，则无法继续使用颜色表达信息，进而颜色也将被移除。

3. 渐变颜色

当数值字段被拖曳到颜色面板表示时，由于数值的连续性，系统会自动使用渐变颜色表示数据，如图 4-46 所示。

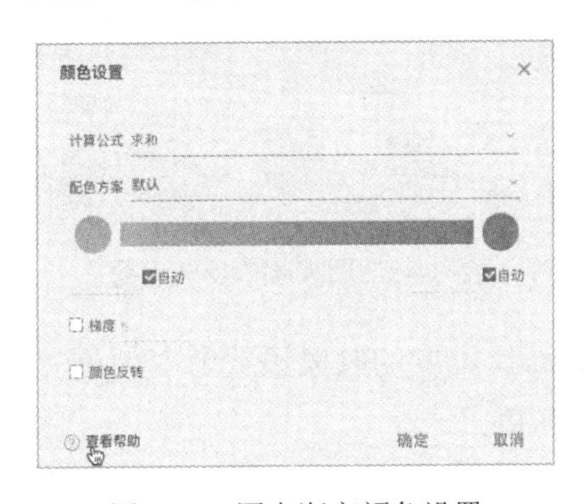

图 4-46　图表渐变颜色设置

与其他颜色类型相同，你也可以选择不同的渐变颜色主题，如图 4-47 所示。

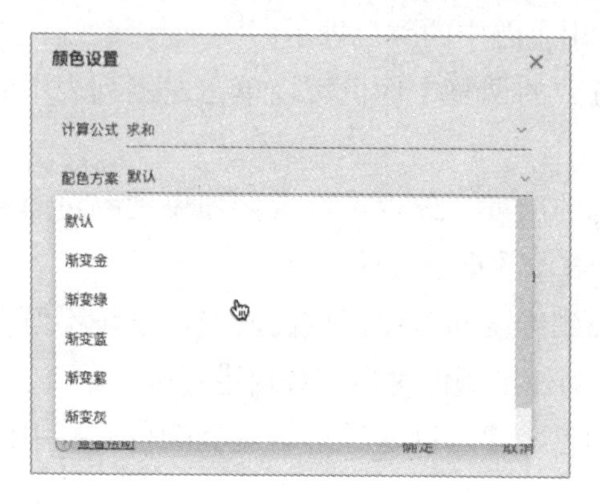

图 4-47　图表渐变颜色主题设置

若主题颜色不满足你的要求，你也可以自定义渐变的首尾颜色。

默认情况下，系统会自动将你数据中的最大最小值与渐变的首尾颜色进行对应。

你也可以自定义对应，例如可以选择颜色从 1,000,000 开始渐变，小于 1,000,000 均使用蓝色。

若不希望颜色渐变过于细腻，只需要几个有限的颜色表示几个数值区间，则可以使用颜色渐变中的梯度设置，设置具体梯度数值，即从起始颜色至终止颜色中划分出固定的几个颜色，数值根据所在区间来确定显示颜色。

若颜色与数值对应的方向与你预期的不一致，也可以使用“颜色反转”将首尾颜色对调，如图 4-48 所示。

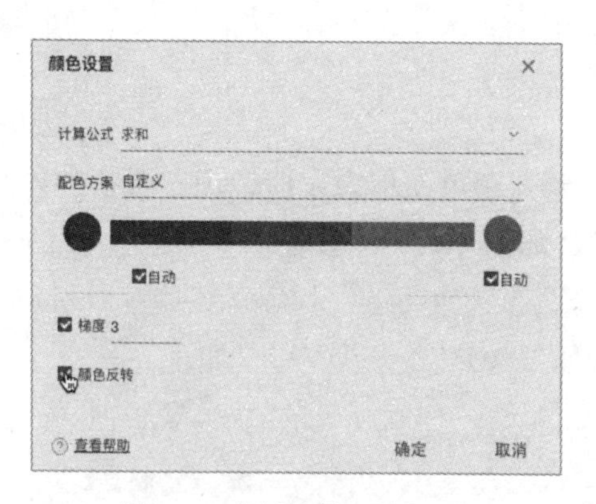

图 4-48　图表颜色反转设置

目前还不支持在有对比维度的时候设置渐变颜色，某些特殊图表类型（如饼图）同样不支持渐变颜色。

4.4.2　预警线设置

在使用大部分图表时，你都可以单击右边功能配置栏中的预警进入预警线设置，如图 4-49 所示。

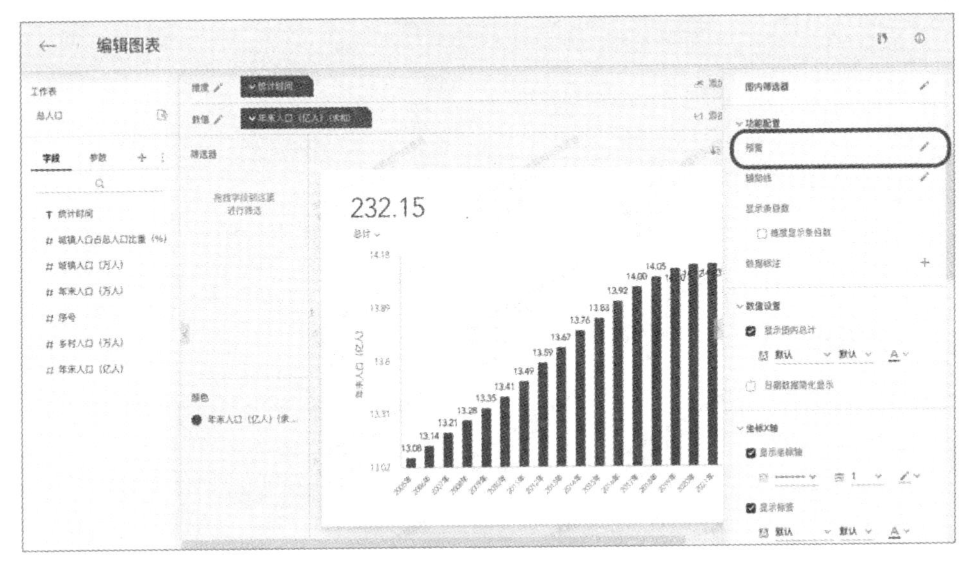

图 4-49　图表预警线设置

注意：部分图表不支持预警，包括指标卡、百分比堆积柱形图、百分比堆积条形图、百分比堆积面积图、瀑布图、桑基图、饼图、旭日图、面积地图、漏斗图、词云、雷达图等。

在打开的预警设置对话框中，你可以查看之前设置的预警项。若要添加新的预警，单击添加自定义预警，进行进一步设置，如图 4-50 所示。

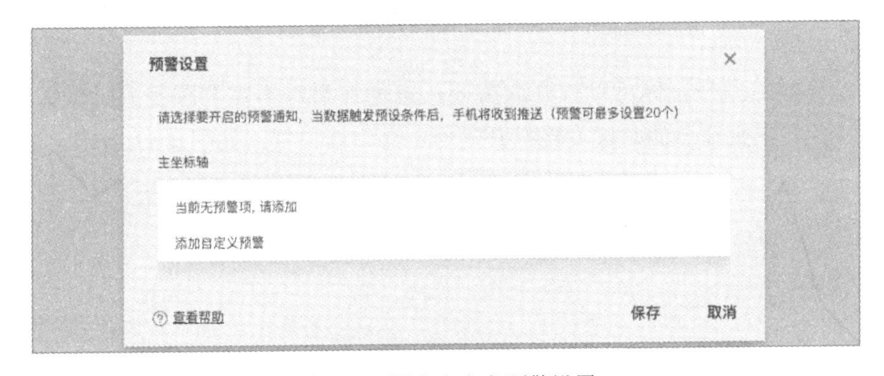

图 4-50　图表自定义预警设置

此时，你可以设置预警的名称，为该预警增加条件，在每个条件中，你可以选择图表中使用的数值，并设置条件，例如大于 300，或在 100 和 200 之间，等等，如图 4-51 所示。

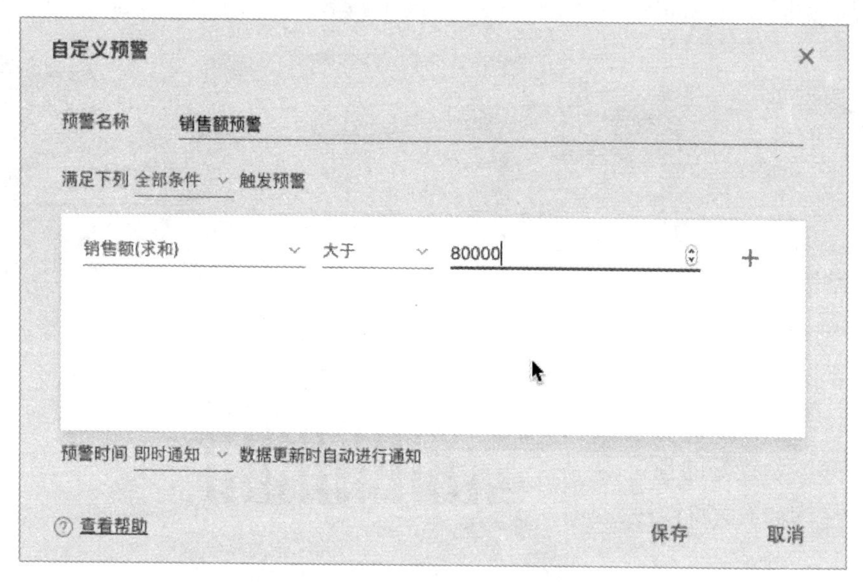

图 4-51　图表预警条件设置

你可以为一个预警添加多个条件，且可以选择当这多个条件中的任意条件满足或全部满足时才触发预警。

你可以选择预警为即时通知，即当数据更新时立即发送通知；也可以选择定时通知，并设置每日的检测时间，如图 4-52 所示。

图 4-52　图表预警即时通知设置

设置好的预警，你可以打开或关闭，方便在暂时不需要预警的时候关闭该功能，并在未来需要的时候直接打开，而不必重新设置，如图 4-53 所示。

图 4-53　图表预警开关设置

每张图表最多可增加 20 个预警，帮助你同时对所有需要关注的重要数据了如指掌。设置好的预警将显示在图表中，在表格中，触发预警的单元格还会被高亮标记。下面将以柱形图、表格和计量图为例，进行预警效果的示例。

1. 柱形图

例如，设置预警值为 5M，当数值高于 5M 时，平台将向你发送预警提醒，预警值为一条明显的红线，用户可直观地看到当前数值与预警值的距离，如图 4-54 所示。

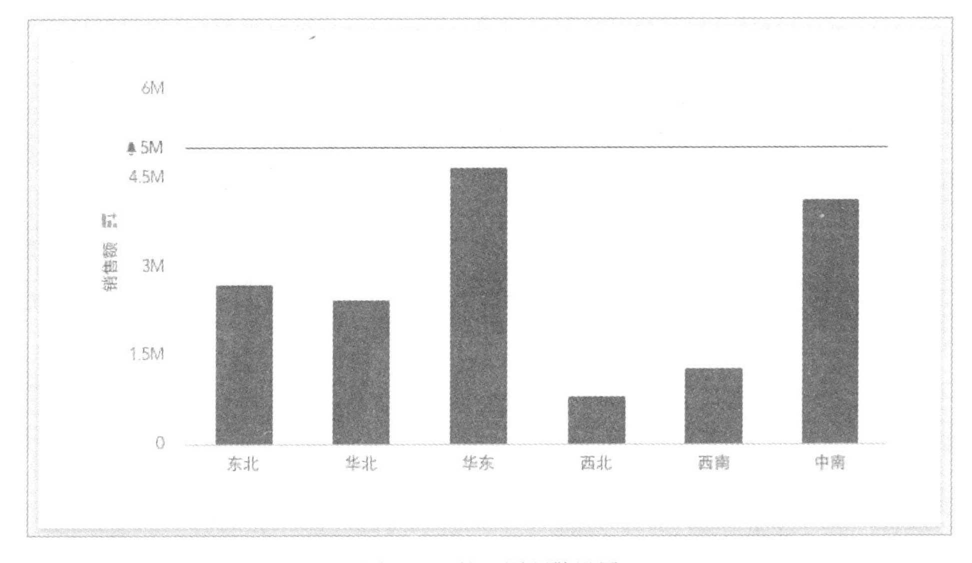

图 4-54　柱形图预警设置

2. 表格

表格没有直观的图形展示，当数值高于预警值时，数值将红色高亮显示，销售额字段上也有预警的图标显示，如图 4-55 所示。

地区	销售额
东北	2,711,223.39
华北	2,447,301.02
华东	4,692,464.99
西北	815,550.32
西南	1,303,124.51
中南	4,147,884.01

图 4-55　表格预警设置

3. 计量图

计量图预警设置如图 4-56 所示。

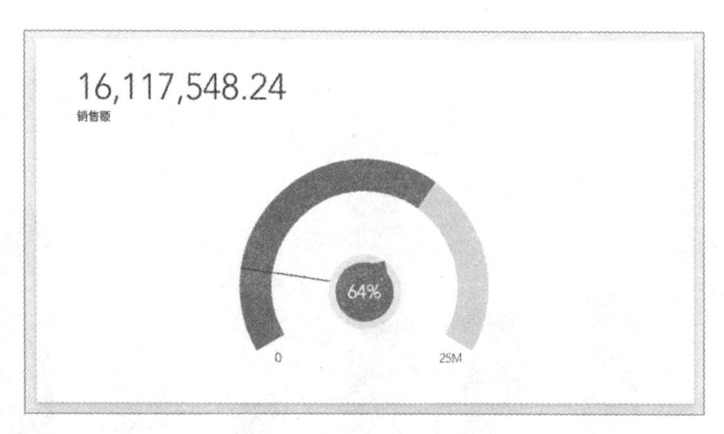

图 4-56　计量图预警设置

当预警被触发，网页端的右上方会进行提示，你可以进入查看所有预警的情况，如图 4-57 和图 4-58 所示。

图 4-57　预警入口

图 4-58　预警消息

4.4.3　辅助线设置

你可以使用辅助线帮你对比原始数据和目标数据，也可以通过辅助线计算一些统计值，例如平均值或最大最小值，等等。

支持辅助线的图表类型包括：计量图、折线图、柱形图、条形图、面积图、散点图，以及双轴图（你可以分别为两根轴设置辅助线）。

设置辅助线的入口同样在右边栏功能配置中，如图 4-59 所示。

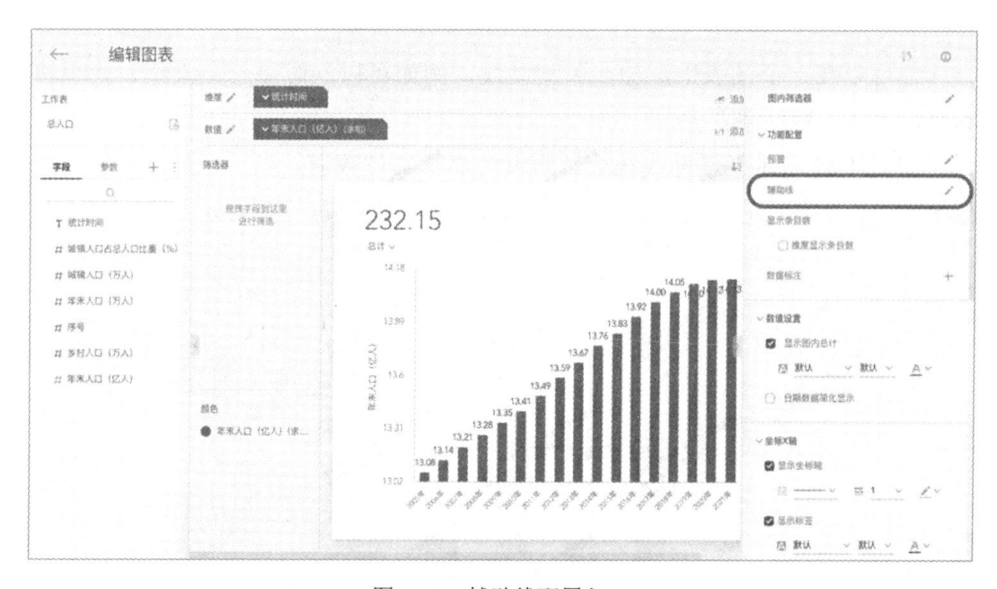

图 4-59　辅助线配置入口

在打开的对话框中，你可以设置辅助线的名称，并选择使用固定值或计算值。若使用固定值，你可以手动输入一个数值，确定后便可以得到一条符合你提供数值的辅助线，如图 4-60 所示。

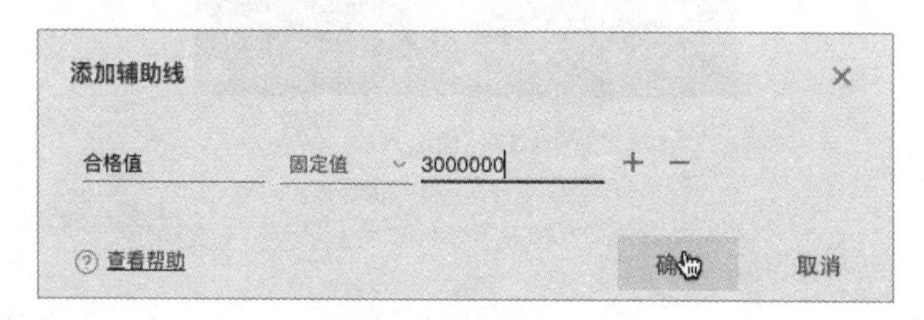

图 4-60　辅助线固定值配置

若使用计算值，你可以选择一个当前图表使用的数值字段，并根据需要，选择计算方式为平均值、最大值或最小值。确定后便可以得到一条根据所提供数值计算的辅助线，如图 4-61 所示。

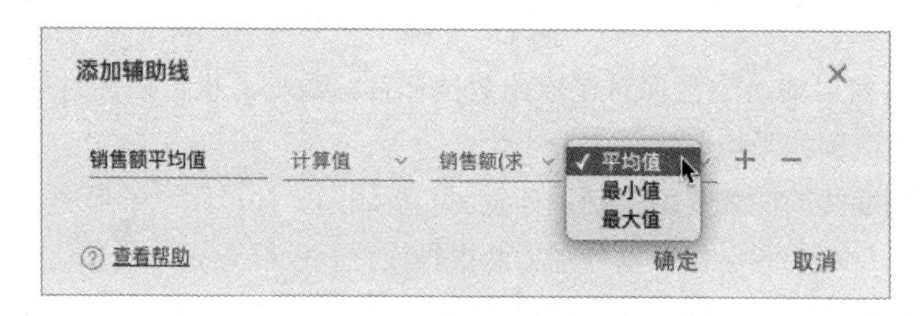

图 4-61　辅助线计算值配置

你可以在一个图表中添加多条辅助线，例如可以同时显示最大值、最小值和平均值 3 条辅助线。

如图 4-62 所示，辅助线在数轴附近会显示具体数值。当鼠标悬浮在辅助线值上方时，会显示辅助线的名称。设置完成后的辅助线信息将显示在右边栏中。

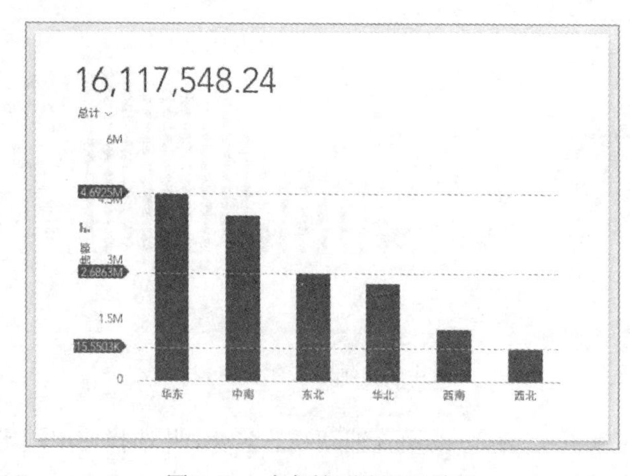

图 4-62　多条辅助线显示效果

4.4.4　图内总计设置

你可以使用图内总计功能直接在左上方显示当前图表的总计、平均值、最大值、最小值或最新值，如图 4-63 所示。

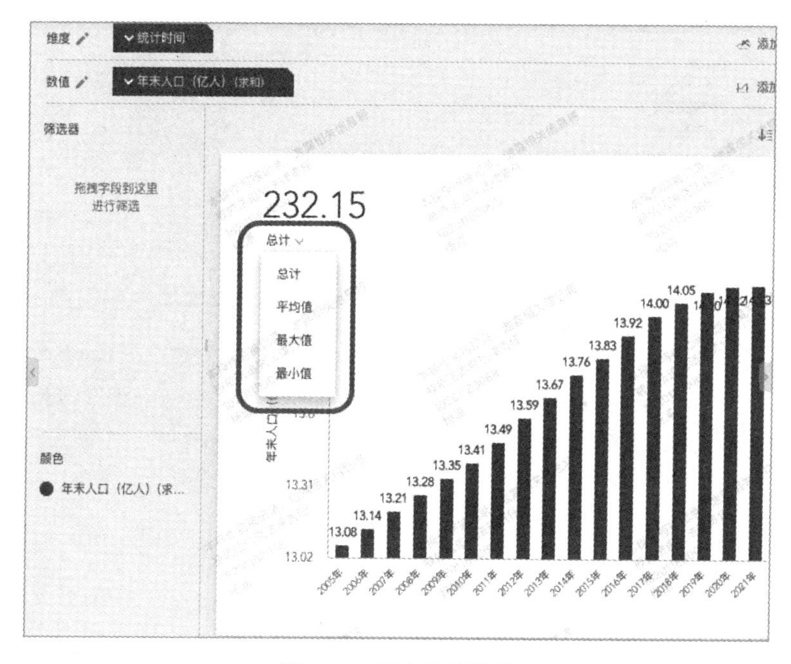

图 4-63　图内总计设置

4.4.5　图表标签设置

你可以设置图表中是否显示标签，如图 4-64 所示。

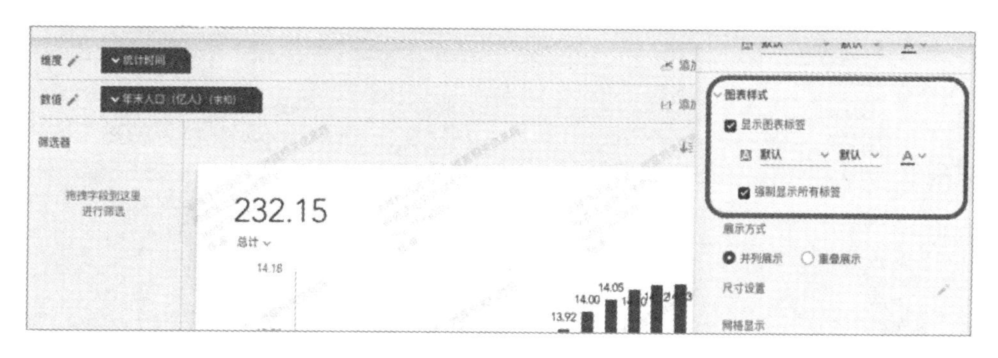

图 4-64　图表标签设置

4.4.6 缩略轴设置

当显示的图表中存在过多项时，可以使用缩略轴功能，帮你缩小范围并以合适的密度查看数据，你还可以拖动固定范围进行阅览，如图 4-65 所示。

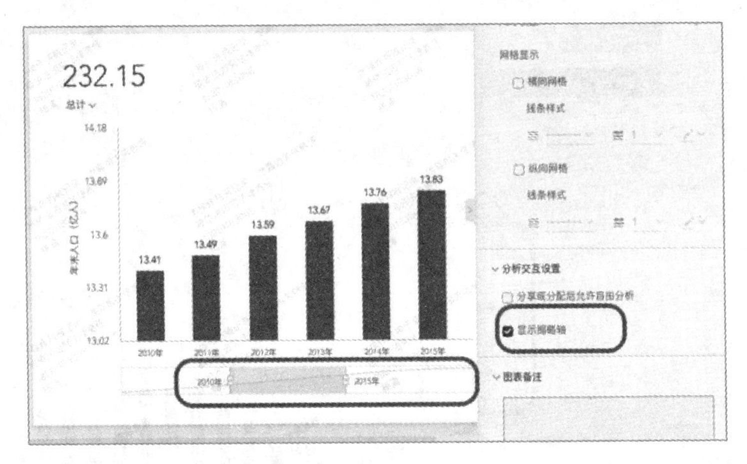

图 4-65　图表缩略轴设置

4.4.7 图表联动设置

图表联动功能可以将某个图表作为筛选器，在单击这个表格中某一个数据项时，与其关联的图表将会筛选出你所选择的这一项的数据内容。如图 4-66 所示。

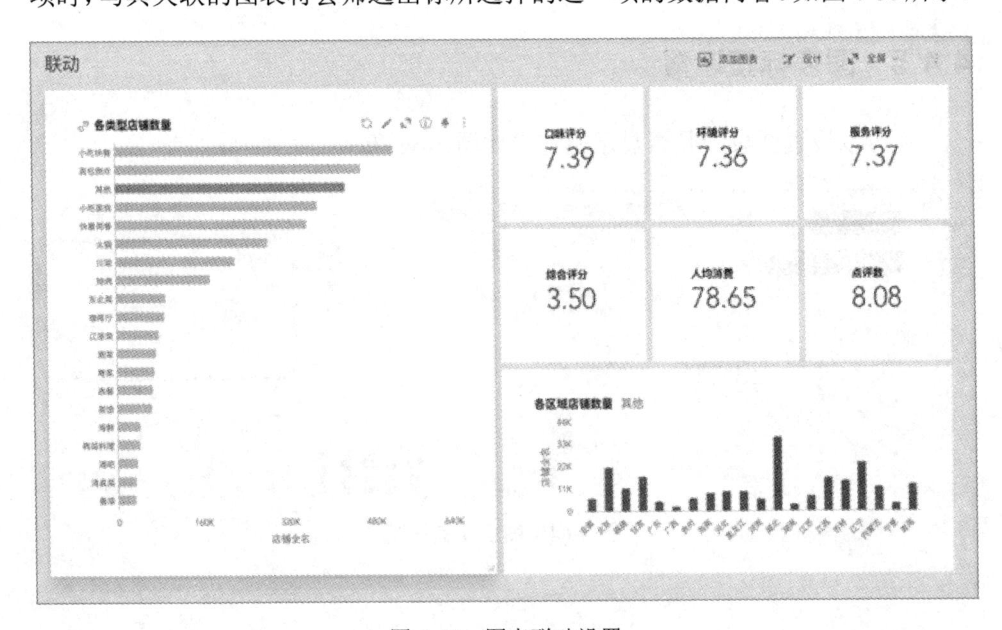

图 4-66　图表联动设置

选择要作为筛选项的图表，在右侧更多菜单中选择联动设置，在弹出的窗口中选择要与之联动的图表，如图 4-67 所示。

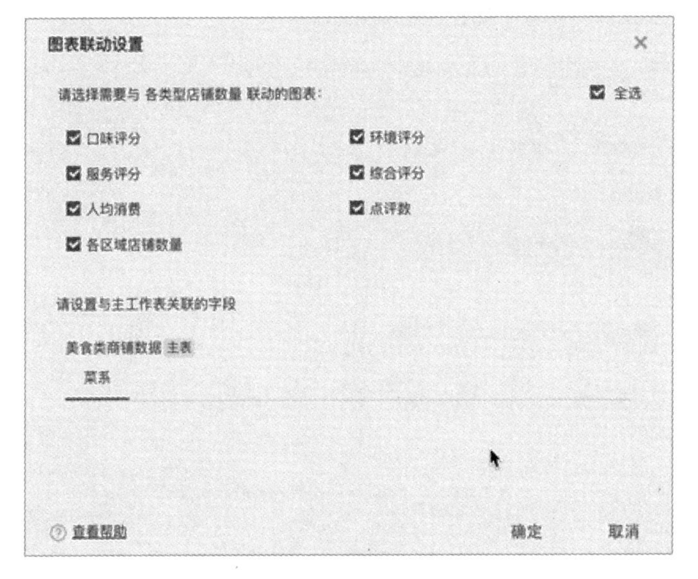

图 4-67　图表联动设置 – 图表选择

如果联动图表使用的不是同一张工作表，则须设置一个与主表关联的字段。

你可以设置多个图表为联动图表，这样可以进行交叉选择分析。

注意：

（1）可以设置联动的图表包括柱形图、折线图、条形图、面积图、饼图、地图、双轴图。

（2）当不能使用图表联动时，联动设置会置灰显示，不能设置联动的图表包括：表格、计量图、散点图、雷达图、桑基图、瀑布图、指标卡、漏斗图、词云及设置多层钻取的图表。

（3）所有图表都可以被其他图表联动。

4.4.8　图表筛选设置

筛选器可以帮助你在分析过程中排除不关心或不正确的数据的干扰，将注意力聚焦在关键数据上。图表分析界面中提供 3 种筛选器：普通筛选器，图内筛选器和结果筛选器。

1. 普通筛选

你可以将需要进行筛选操作的字段拖曳到左侧的筛选器区域，打开筛选器设置对话框。不同的字段类型对应不同的筛选器。

（1）文本字段：当字段为文本类型时，你可以选择精确筛选、条件筛选、表达式三种方式进行筛选，如图 4-68 所示。

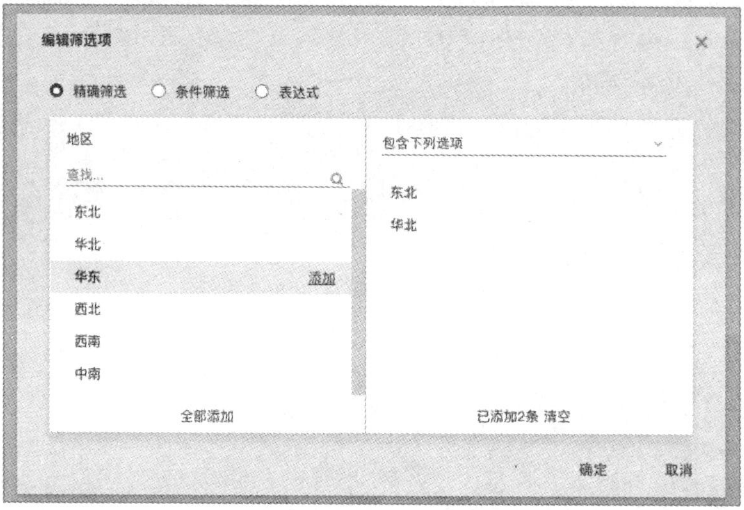

图 4-68　普通筛选 – 文本字段

精确筛选允许你从此字段中选择部分或全部项，并对这些项进行包含或排除操作。

在条件筛选中，你可以设置一个或多个根据文本判断的条件，筛选结果为符合所有条件的数据，如图 4-69 所示。

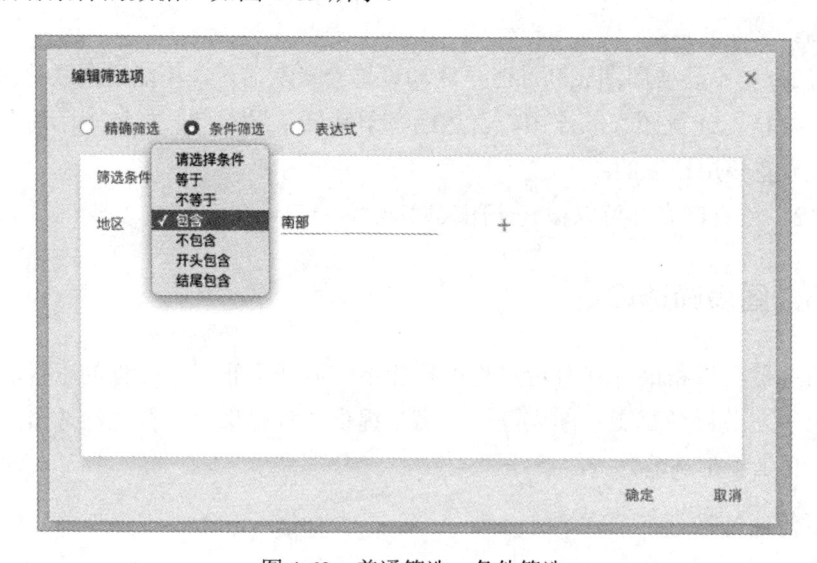

图 4-69　普通筛选 – 条件筛选

若前两种筛选方式无法满足你的具体需求，你可以使用表达式筛选设置更精准更复杂的筛选条件。填写表达式后你可以让系统帮你检查语法是否正确，如图 4-70 所示。

图 4-70　普通筛选 – 表达式筛选

（2）日期字段：当字段为日期类型时，系统默认会为你提供一个可选日期范围的列表，包括“今天”“昨天”“最近 7 天”“最近 30 天”“最近一年”等常用的动态时间范围或自定义的时间段。通过选择动态时间范围，平台将根据你使用的当前时间进行动态筛选，保证数据结果符合你的业务需求，如图 4-71 所示。

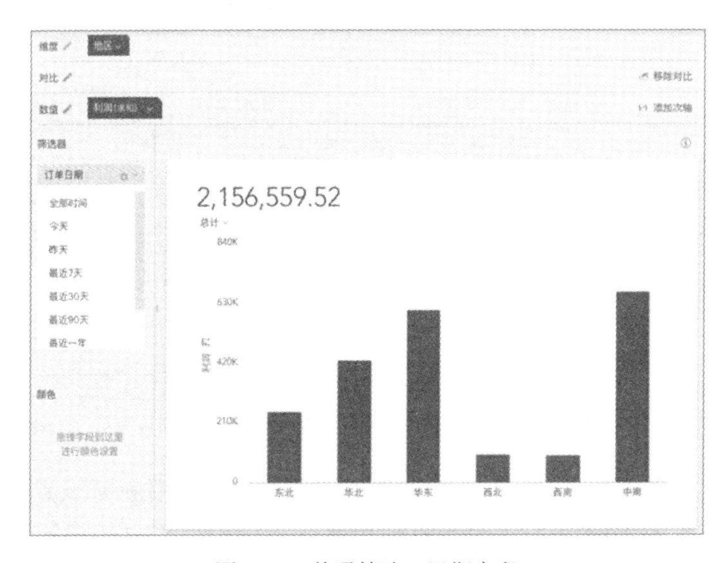

图 4-71　普通筛选 – 日期字段

若你需要的日期范围未列在列表中，你也可以自定义日期筛选范围，例如“本年至今”“最近 3 个月”或使用表达式设置固定的日期范围。对于某些常用的日期范围，你可以设置为全局选项，方便你在其他图表中进行日期筛选时可以直接使用，如图 4-72 所示。

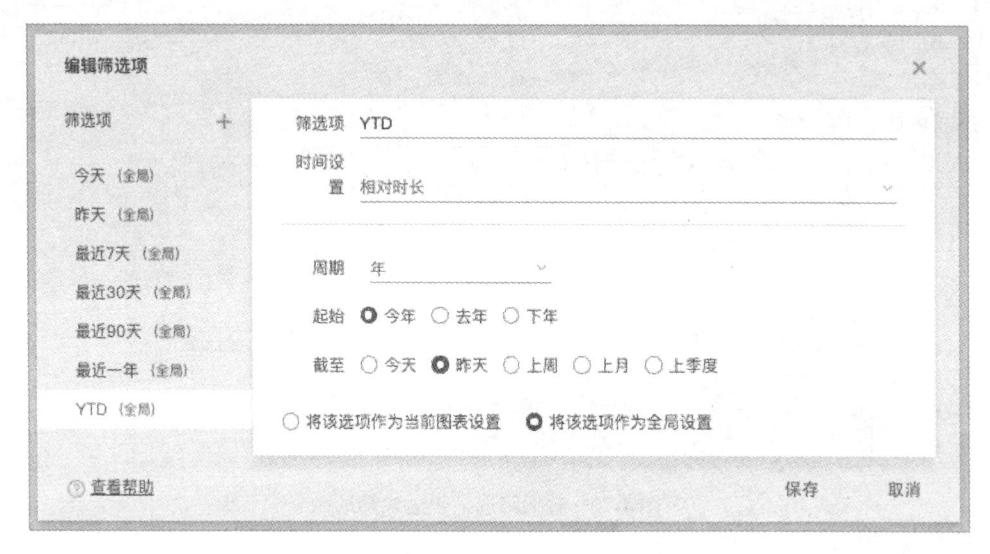

图 4-72　普通筛选 – 日期字段 – 自定义筛选范围

若你不希望筛选条件按照你使用时的日期动态进行调整，可以使用自定义时间段进行筛选，如图 4-73 所示。

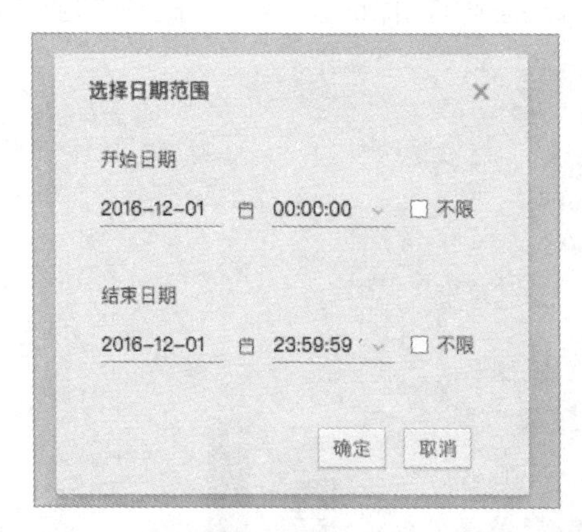

图 4-73　普通筛选 – 日期字段 – 自定义时间段

（3）数字字段：当字段为数字型时，你可以使用条件筛选设置一个开区间或闭区间，如图 4-74 所示；也可以使用表达式以实现更灵活的筛选条件，如图 4-75 所示。

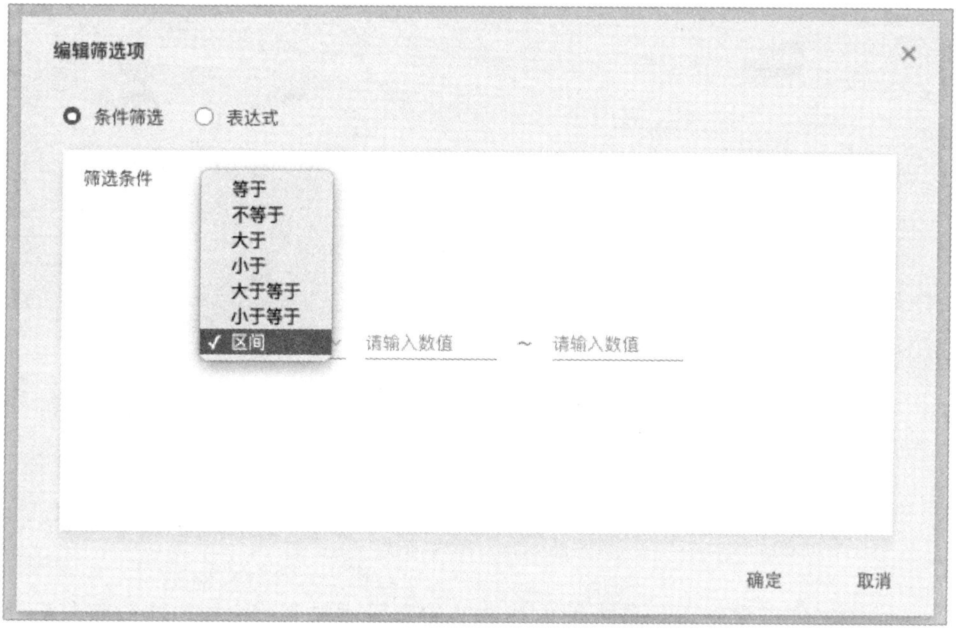

图 4-74　普通筛选 – 数字字段

图 4-75　普通筛选 – 编辑筛选项 – 表达式

2. 图内筛选

普通筛选器只能在图表分析中使用，在操作上比较复杂。对于频率比较高的筛选操作，或你希望自己或其他用户在仪表盘可以直接进行的筛选操作，可以使用图内筛选器，直接将筛选设置添加在图表上。图内筛选器在图表类型的下方，如图 4-76 所示。

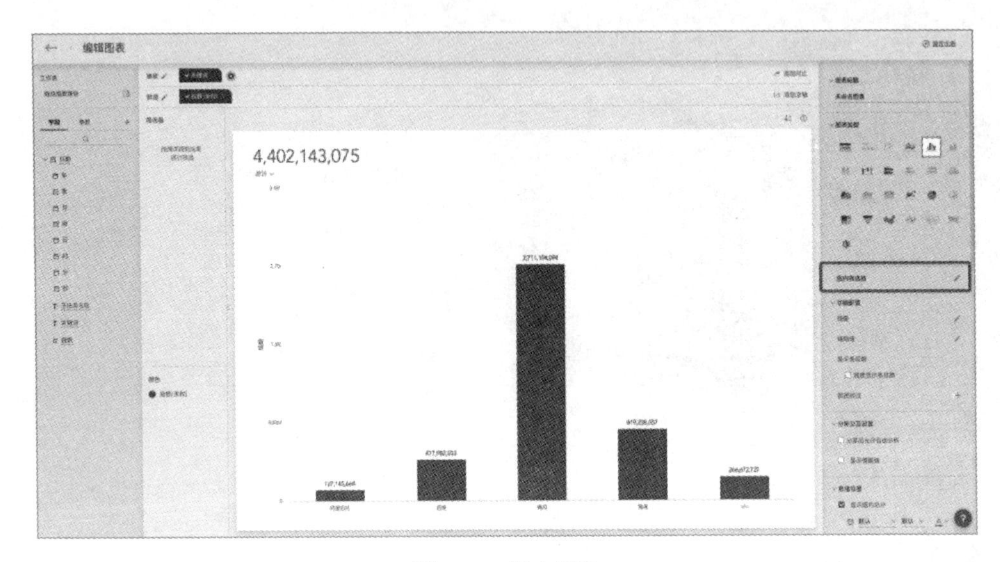

图 4-76　图内筛选

首先，你需要将希望作为图内筛选器的字段添加到列表中，当你将鼠标移至字段名称上时，左侧会出现“添加”字样，单击后字段会显示在已添加一栏中。对于每个字段，你可以手动调整各项的顺序。在“选项”一栏，你可以通过单击右侧选择是否开放“全部”选项，若关闭“全部”，用户在查看时只可进行单选，如图 4-77 所示。

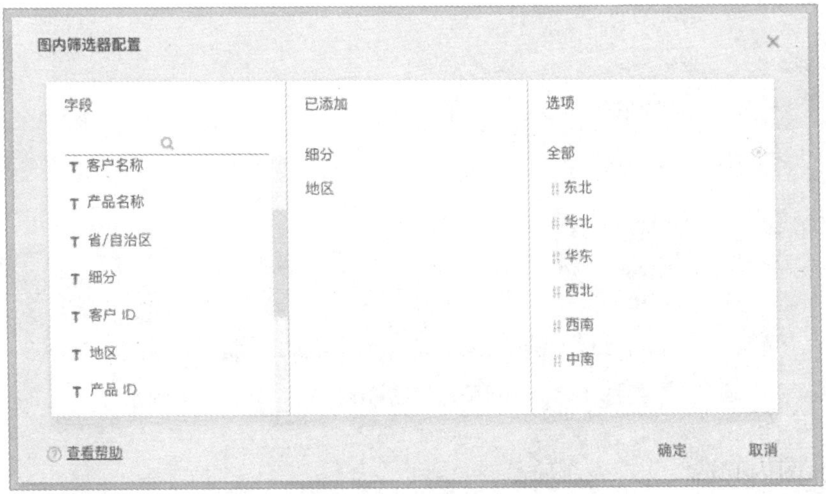

图内筛选器配置

字段
T 客户名称
T 产品名称
T 省/自治区
T 细分
T 客户 ID
T 地区
T 产品 ID

已添加
细分
地区

选项
全部
东北
华北
华东
西北
西南
中南

查看帮助　确定　取消

图 4-77　图内筛选 – 字段添加

与普通筛选器相同，图内筛选器同样会根据不同字段类型来提供不同的功能，如图 4-78 所示。

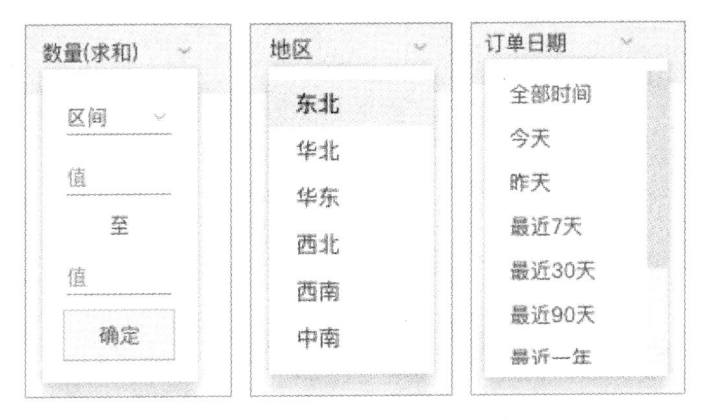

图 4-78　图内筛选支持各字段类型显示

若你添加了多个图内筛选器，可以根据场景需求，设置筛选器之间的层级分布。

例如，在图 4-79 中，若设置 3 个筛选器按照地理位置的层级关系依次影响，则当选择北京后，下一个筛选器不会显示所有区域，而只会显示北京内的区域。

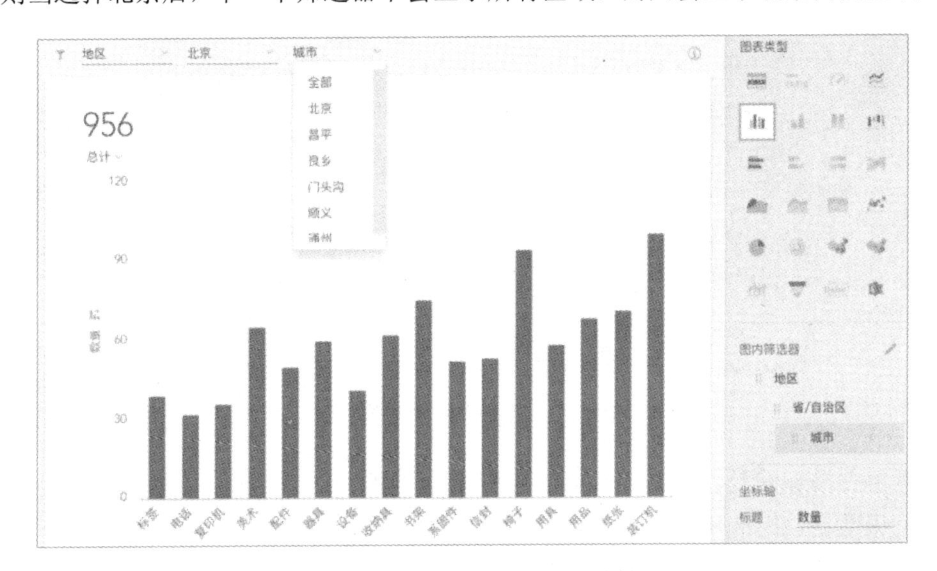

图 4-79　图内筛选－层级设置

3. 结果筛选

普通筛选器中的数字筛选会在原始数据表中未进行聚合的数据上应用筛选条件。若你需要在图表中的结果数据上进行筛选，则需要使用结果筛选器。

你可以通过数值字段的下拉菜单找到结果筛选器的选项，并设置筛选条件，如图 4-80 和图 4-81 所示。

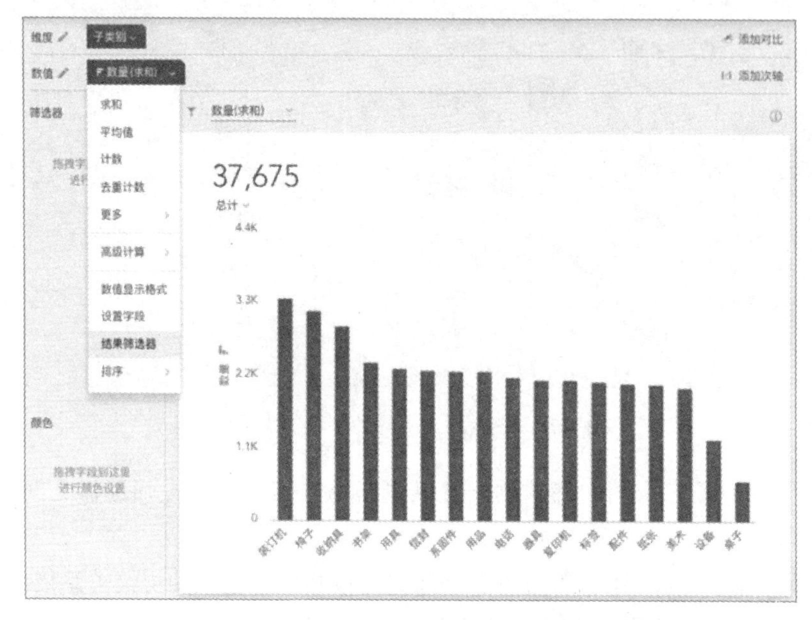

图 4-80　结果筛选

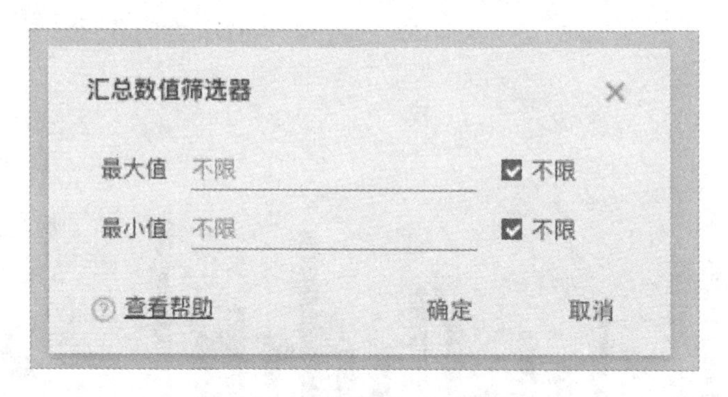

图 4-81　结果筛选 – 最值设置

值得注意的是，图内筛选器的应用对象全部是结果数据，因此所有应用于数值字段的图内筛选器都是结果筛选器，如图 4-82 所示。

图 4-82　结果筛选 – 参数设置

4.4.9　图表钻取设置

当数据有多个层级关系，需要展现总体关系及下一层级数据的关系时，可使用多层钻取的功能。多层钻取可以帮助你更高效地分析多维度数据，当维度间存在层级关系的时候，你可以逐层单击图示，进入到下一层级，查看更细粒度的下层数据。

例如，你的数据存在“地区”“城市”“区县”等字段，你可以先选择关心的地区，查看此地区的城市，再聚焦到重要的城市并查看区县级别的信息。

设置多层钻取的方法非常简单，你只需要将低层级的维度拖曳到高层级的维度上即可创建层级。

你会注意到上方出现了“图层”区域，其中维度的顺序就代表了由高到低的钻取粒度。你还可以拖曳调整维度层级的顺序，如图 4-83 所示。

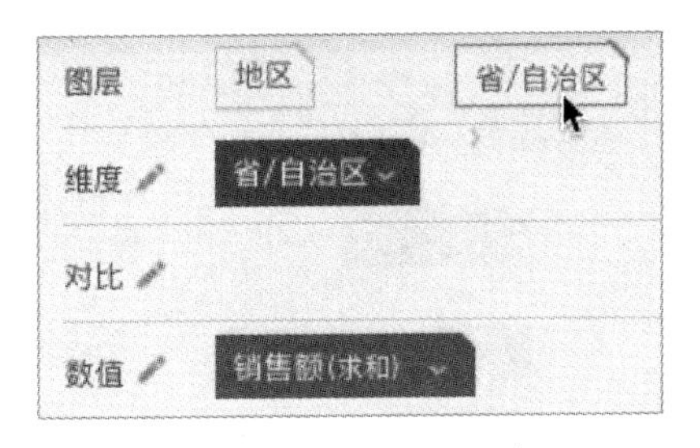

图 4-83　钻取层级设置

创建好层级关系后，你可以在图表中直接单击一个“地区”，钻入“省 / 自治区”层级，还可以通过下方的导航回到更高的层级。

根据业务需求，你可以为每个钻取层级的图层设置不同的图表样式和分析粒度。例如，你可以在第一层只显示“地区”，但在第二个层级“省 / 自治区”的图层中添加“细分”维度并使用簇状柱形图进行对比分析。

另一个比较常用的钻取设置是针对日期。例如，你可以先查看某个年份，再选择月份，最后查看具体日期的数据。

4.4.10　图例设置

你可以在图表编辑页面中选择图例样式，平台提供无图例、右侧图例、顶部图例、底部图例 4 种图例展示形式，如图 4-84 所示。

图 4-84　图例设置

4.4.11　排版设置

仪表盘中各个图表的位置和大小均可以自由设置，你可以通过拖曳图表表头区域来进行位置调整，通过图表右下角的小箭头设置图表尺寸，如图 4-85 所示。

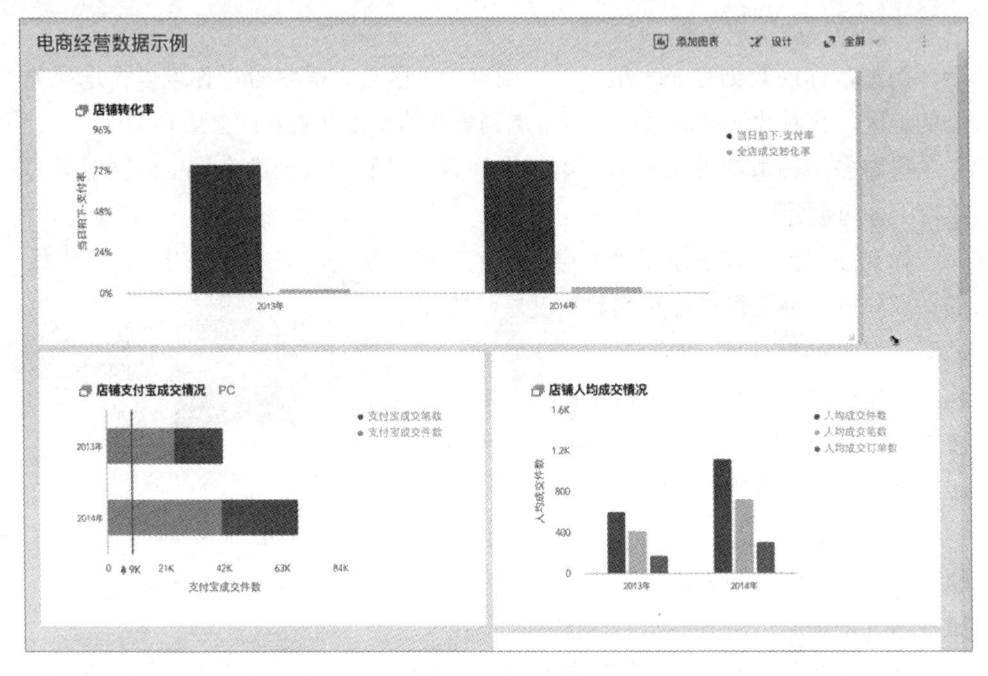

图 4-85　排版设置

4.5 图表数据导出

用户可在仪表盘中进行图表数据导出，导出的数据为当前图表前端展示的最新数据。例如，当前图表使用筛选器进行过滤，或通过全局筛选器过滤，或通过图表联动更新了数据，或钻取到下层展示数据时，导出的数据即为图表在经过过滤、联动、钻取后的数据，如图 4-86 所示。

在安全管理模块中，管理员可在线设置图表数据导出权限，进行数据导出权限的开启或者关闭操作。开启后，图表默认导出数据量为 10 万条，支持选择需要导出的数据量。

图 4-86　图表数据导出

4.5.1 导出到Excel

支持按照当前图表逻辑进行实时计算，再进行前端渲染，再将结果数据导出到 Excel。支持导出最多 10 万条图表数据，如果 10 万数据量不符合需求，可选择需要开启的数据导出上限。

4.5.2　导出到图片

支持按照当前图表逻辑进行实时计算，再进行前端渲染，再将结果数据导出到图片，图片格式为 PNG。以图片形式导出时，支持对导出图片的尺寸进行设置，包括 1 倍、2 倍、3 倍、4 倍和固定宽高的设置等，如图 4-87 所示。

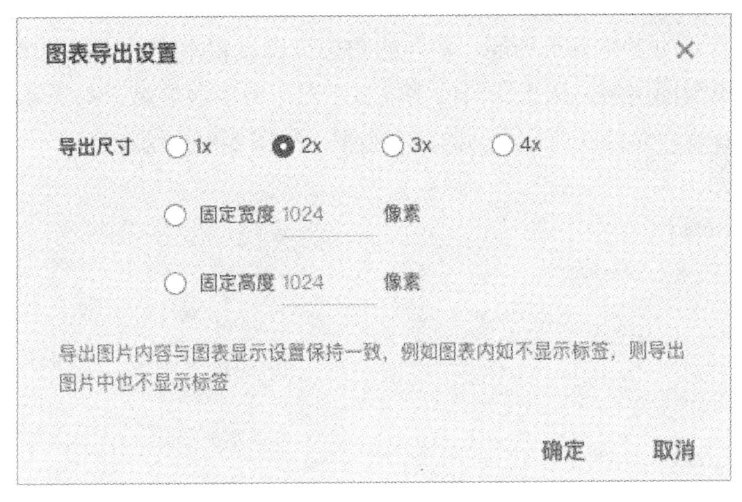

图 4-87　图表数据导出到图片

4.6　GIS 地图创建方法

本平台提供基于地理位置的可视化分析能力。

- 要求数据中含有经度和纬度字段，可得到不同地域的数据情况。
- 如果没有经纬度数据，但记录了地址信息，可以使用地图类工具内部的地址转经纬度功能进行数据转换。

4.6.1　选择图表类型

首先在创建图表时，选择经纬度地图。GIS 地图的图表支持多个图层叠加，在选择工作表时可选择多个工作表，相同工作表可建立多个图层。

4.6.2 设置字段及坐标

添加工作表后，需要用户手动设置经纬度字段，单击工作表旁边的编辑按钮，设置经纬度分别对应的字段。还可以设置坐标系及地图，可选择的有百度地图、腾讯地图、高德地图等多种类型。

单击确定后生成图，地图中每个坐标点代表每个数据的经纬度。

4.6.3 设置图层及工作表类型

拖曳需要的工作表至图层，不同的图层可以设置不同的可视化效果。在将工作表拖曳至图层后，该工作表的字段显示左下方字段区域，如图 4-88 所示。在地图的右侧，你可以选择不同的图表类型，如图 4-89 所示。

图 4-88　图层数据及其字段显示

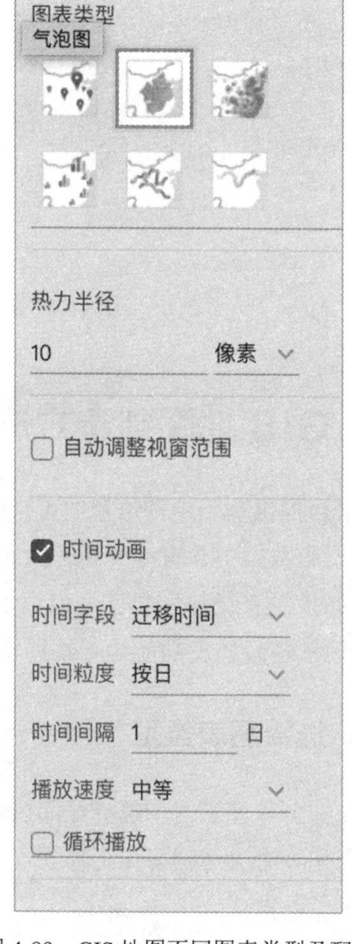

图 4-89　GIS 地图不同图表类型及配置项

4.6.4 拖曳字段

这时，需要你从左侧字段列中，拖曳你需要分析的维度和数值字段到图表配置中。

在 GIS 地图中，你可以根据需求，选择是否对数值字段的数据进行聚合计算，具体如下：

- 默认情况下，数值字段无聚合方式，即会将原始数据中的每一条记录作为地图上的一个点进行展示；
- 如果在数值字段中选择计算方式，则会根据维度字段进行聚合，聚合后的点位置取自聚合前各个项目内的数据点集的中心点。

4.6.5 颜色与尺寸设置

设置完维度和数值后，可进一步进行个性化设置。你可以拖曳需要进行配色或尺寸设置的字段到指定配置区域，即可对 GIS 地图中点的颜色和尺寸进行设置。

4.6.6 可视化效果类型设置

下面将分别介绍几种 GIS 地图的使用场景。

1. 气泡图

气泡图适用于各类标记点的可视化展示，平台中内置有多种图形符号可供选择，单击右侧不同的图形符号即可。

2. 热力图

热力图可以表示各个区域中指标的高低分布情况，颜色越深，则表明数值越高。

热力图不支持自定义颜色设置，可在右侧设置热力半径，默认为 10 像素。

当数值栏不放置任何数值时，将根据点分布的密集程度来进行热力分布渲染。

当然，也可以针对数值的大小来进行热力渲染，将对应的数值字段放入数值栏即可。

3. 海量点图

如果需要显示海量数据点，可以使用 GIS 地图中的海量点图。

海量点图支持自定义颜色设置，目前最多支持显示 10 万个点。

4. 统计图

GIS同时支持在地图中显示各类统计图表，便于你快速了解各区域数据情况。

分别将不同的指标字段拖曳至数值栏，并在字段下拉列表中选择需要的统计方式，即可根据维度字段形成统计图，目前统计图支持饼图、柱形图和条形图三种类型。

5. 轨迹热力图

轨迹热力图适用于进行运行轨迹频率分析的可视化展示，切换至轨迹热力图，在右侧设置栏中设定正确的轨迹主体字段即可。

轨迹主体字段：是指用来标示统计实体的字段，例如统计车流量情况，就用车辆ID或车牌号来作为实体的唯一标识。

时间序列字段：指定时间序列字段后，动画会按照该字段的顺序播放动画。

动画效果：勾选右侧列表的动画，设置播放规则后即可生效。

6. 动态轨迹图

动态轨迹图可以动态显示实体的运行轨迹，例如车辆的行驶路径等效果。切换至动态轨迹图，在右侧设置栏中设定正确的轨迹主体字段即可。

动态轨迹图默认包含动画效果。

4.7 图表配置相关概念

4.7.1 维度、对比和数值的概念

下面以智慧城市数据分析作为示例，介绍这三个基础元素的概念。

假设第一个目标是“查看一个城市各区域的人口数量”。

在这句话中，最后要查看的对象“人口数量”就是数值，类似可以作为数值的还有“汽车保有量”“用电量”“流动人口数量”等等。

用来描述所查看数值的角度或者所属类目，就是维度，比如上文中的“各区域”代表以“地区”作为查看的角度，来查看各个地区的数据。

如果希望使用某些维度，将可视化的图形细分到更细粒度，并重点对比这个维度中的每项彼此之间的差异，可以将数据加入到“对比”。比如在上述分析基础上，若在每个地区仔细对比各个年龄段的人口数量，可以将“年龄段”加入“对比”。

有些情况下，非数值字段也可以通过计数和去重计数的聚合方式得到数值

结果用于分析。例如希望分析 1 月至 12 月中每个月乘坐公共交通的人数，就需要将“月份”作为维度，并将“居民”作为数值，将居民的聚合方式设置为“去重计数”，此时统计结果为不重复的居民数量，即乘坐公共交通的人数。

被设置为维度、对比和数值的字段支持各类操作。

1. 维度字段

对于维度字段，一般来讲可以在分析场景中设置别名，也可以增加详细描述，方便用户更清晰地理解此字段的含义。

同时，维度字段应当支持排序操作，即升序、降序、默认顺序等，如果对顺序有明确的要求，也可以使用自定义顺序，精准设置维度中每一项的位置。

2. 对比字段

对比字段支持排序操作，具体操作与维度字段排序相同。

3. 数值字段

数值字段支持的操作更加丰富。上文提到，支持切换不同的聚合类型得到对应的结果。此外，也可以在数值上应用各类常用的高级计算，下文会提供更详细的介绍。

与维度字段类似，支持设置数值字段的数据格式、别名、单位和详细描述，让数据以最合适的方式进行展示和解释，也可以对数值进行排序操作。

针对数值字段，还可进行结果筛选，即在获得数据结果的基础上应用筛选条件，而不是在原始数据表中进行筛选。

4.7.2　钻取、联动和筛选的区别与联系

当数据有多个层级关系，需要展现总体关系及下一层级数据的关系时，可使用多层钻取。多层钻取可以帮助用户更高效地分析多维度数据，当维度间存在层级关系的时候，用户可逐层查看更细粒度数据。

例如，你的数据存在“地区”“城市”“区县”等字段，你可以先选择关注的地区，查看此地区的城市，再聚焦到重要的城市并查看区县级别的信息。

联动可以将某个图表作为筛选器，在选择这个图表中某一个数据项时，与其关联的图表将会筛选出所选择的这一项的数据内容。

筛选器可以帮助用户在分析过程中排除不关心或不正确的数据的干扰，将注意力聚焦在关键数据上。

4.7.3 同比和环比的区别与联系

1. 同比

同比增长率在报表中通常缩写为 YoY+%，一般是指和上年同期相比较的增长率。同比增长指和上一时期、上一年度或历史相比的增长（幅度）。

某个指标的同期比 =（当年的某个指标的值 - 上年同期这个指标的值）/ 上年同期这个指标的值

同比增长率 =（当年的指标值 - 上年同期的值）/ 上年同期的值 ×100%

下面以居民消费价格指数（CPI）为例，分析其环比增长率及同比增长率的计算方法。

1）当期环比增长（下降）率计算公式

根据居民消费价格分析需要，环比分为日环比、周环比、月环比和年环比。

当期环比增长（下降）率（%）=[（当期价格 / 上期价格）-1]×100%

说明：①如果计算值为正值（+），则称增长率；如果计算值为负值（-），则称下降率。

②如果当期指当日、当周、当月和当年，则上期相应指昨日、上周、上月和上年。

2）当期同比增长（下降）率计算公式

当期同比增长（下降）率（%）=[（当期价格 / 上年同期价格）-1]×100%

说明：①如果计算值为正值（+），则称增长率；如果计算值为负值（-），则称下降率。

②如果当期指当日、当周和当月，则上年同期相应指上年同日、上年同周和上年同月。

同比增长率与增长率的区别：

（1）同比增长率含有增长率的意思，是另一种方式的增长率。

（2）同比增长率计算时，有特定的时间限制，不像增长率那样范围大、定义宽泛，同比增长率一般是指和上年同期相比较的增长率。

2. 环比

环比即与上期的数量作比较，环比有环比增长速度和环比发展速度两种方法。例如 2021 年 7 月份与 2021 年 6 月份相比较称其为环比，反映本期比上期增长了多少。

计算方法如下所示。

环比增长速度 =（本期数 - 上期数）/ 上期数 × 100%

环比发展速度 = 本期数 / 上期数 ×100%

环比发展速度是报告期水平与前一期水平之比，反映现象在前后两期的发展变化情况。

例：本期工业产值为 500 万元，上期工业产值为 350 万元。

环比增长速度 =（500 - 350）÷350×100%=42.86%

环比发展速度 =500/350×100%=142.86%

4.7.4 高级计算介绍

1. 百分比计算

平台支持快速计算出一列数据中各自所占的百分比数，如图 4-90 所示。

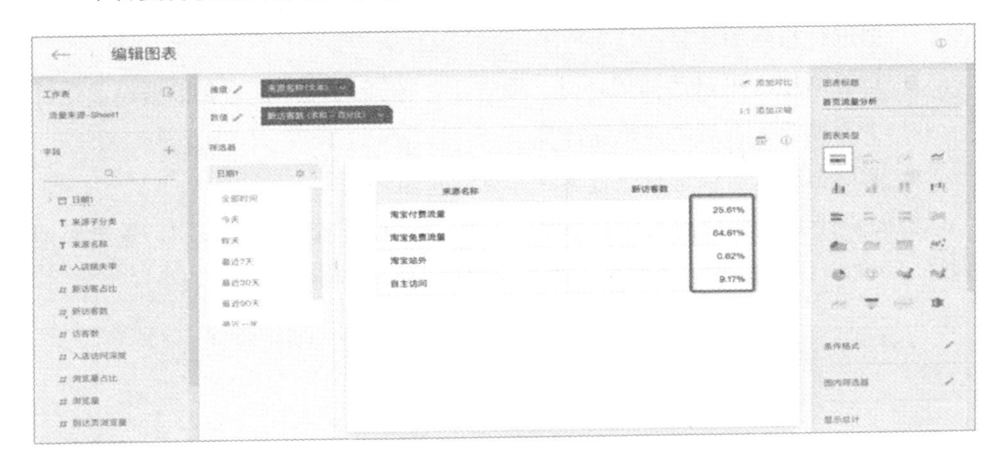

图 4-90　百分比计算

2. 留存率

留存率是用于反映网站、互联网应用或网络游戏的运营情况的统计指标，其具体含义为在统计周期（周 / 月）内，每日活跃用户数在第 N 日仍启动该 App 的用户数占比的平均值。其中 N 通常取 2、4、8、15、31，分别对应次日留存率、三日留存率、周留存率、半月留存率和月留存率。

留存率常用于反映用户黏性，当 N 取值越大、留存率越高时，用户黏性越高。

实际应用：在资本的扶持下游戏直播行业稳定增长，斗鱼、虎牙双巨头格局形成。受短视频进军游戏直播的冲击，斗鱼、虎牙新安装用户规模同比有下降趋势，但斗鱼新安装转化率同比微增。提高用户留存率成为游戏直播行业发展的关键，斗鱼、虎牙活跃用户留存率同比均有不同程度的提高。游戏直播行业逐渐完善收入模式，变现能力不断增强。

3. 活跃率

活跃率是用于反映网站、互联网应用或网络游戏的运营情况的统计指标。

受统计方式限制，互联网行业使用的活跃率指在统计周期（周 / 月）内，该 App 的日均活跃用户数与其活跃用户数的比值。

4. 累计计算

累计计算只在维度为日期字段时有效，可以对一定时间范围内的数据进行累计计算，计算方式包括：求和、平均值、最小值、最大值。维度的字段必须为日期字段，当维度字段不符合要求时，累计计算与移动计算不可用。

配置参数说明如下。

- 计算方式：可以选择求和、平均值、最小值、最大值，会对周期内的数据进行相应的计算；
- 重置周期：可以选择周、月、季、年，选择后，计算时会根据设置在每个周期的起点清零并重新计算；
- 起始日期：可以选择进行累计计算的起始时间。

例如要计算每个月的累计订单数，则可以设置计算方式为求和，重置周期为月，起始时间选择默认（数据中的最早时间），如图 4-91 所示。

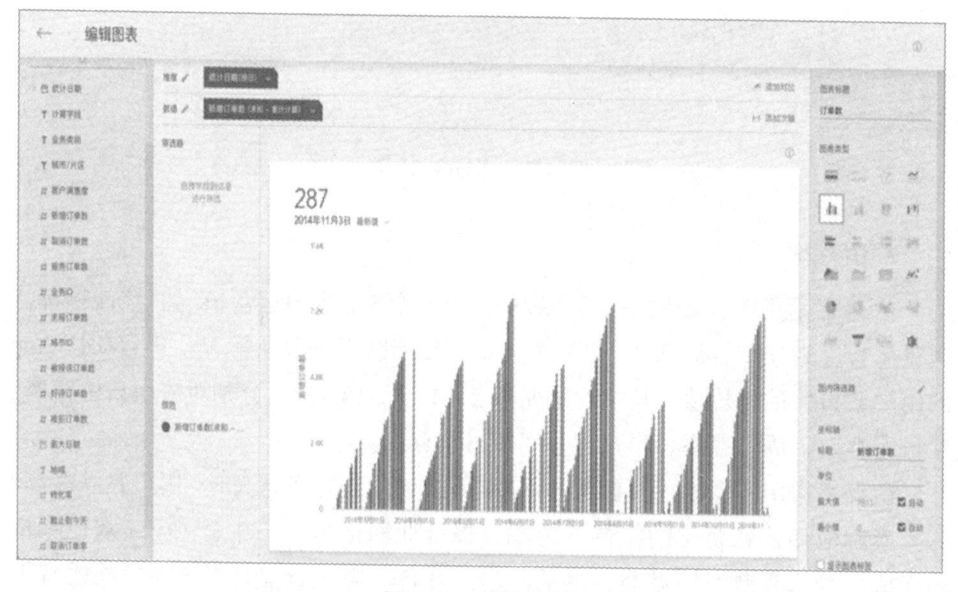

图 4-91　累计计算

5. 移动计算

移动计算只在维度为日期字段时有效，可以根据时间序列，逐项推移，依次对一定项数进行统计，计算方式包括：求和、平均值、最小值、最大值。

配置参数说明如下。

- 计算范围：可以设置当前数据项的前后几日的数值共同参与计算；
- 计算方式：可以选择求和、平均值、最小值、最大值，会对周期内的数据进行相应的计算。

例如要计算每天订单数 5 日内的移动平均值，则可以设置计算范围为前 2 项～后 2 项，计算方式为平均值，如图 4-92 所示。

6. 重复率

重复率可以用于计算在一定时间段内，重复计数项的占比或次数，例如统计复购率指标。

重复率计算方式分为两种，按条件与按次数，下面将对两种方式分别进行说明。

图 4-92　移动计算

按条件计算重复率：此时会根据设置条件，统计出在统计周期内符合条件的重复值。例如，设置条件大于等于 1，统计周期为近 30 天，平台将统计最近 30 天的数据中出现次数大于等于 1 次的数据，并计算其占总数的百分比，如图 4-93 所示。

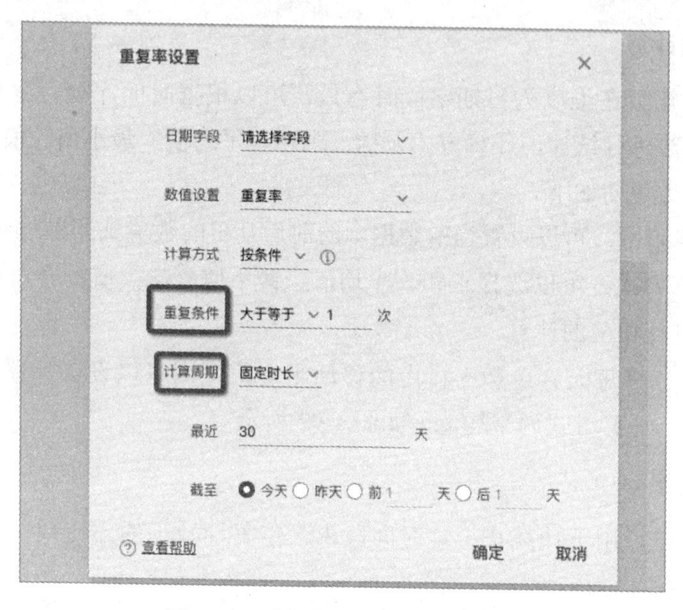

图 4-93　重复率配置－按条件计算

按次数计算重复率：按次数计算重复率即统计出所有重复项，并对重复次数进行汇总，如图 4-94 所示。例如，某数据在 A 项中出现了 2 次，在 B 项中出现了 3 次，则重复数为 2 + 3 = 5 次。

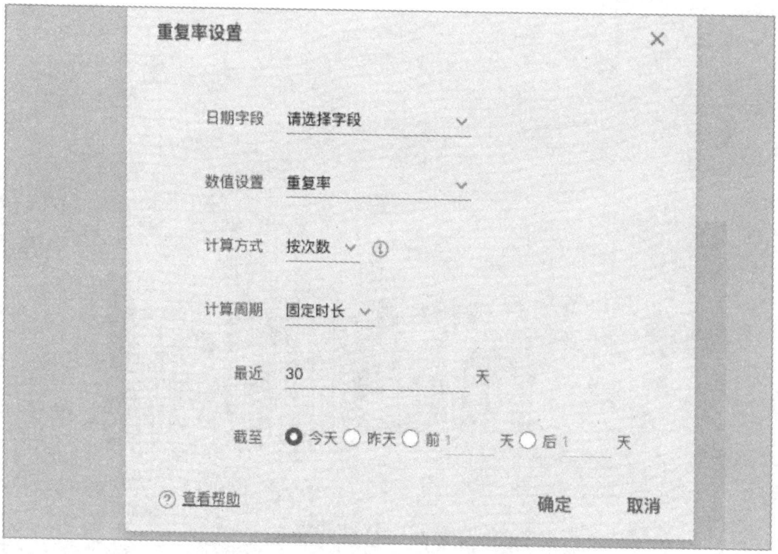

重复率设置
日期字段 请选择字段
数值设置 重复率
计算方式 按次数
计算周期 固定时长
最近 30 天
截至 今天 昨天 前 1 天 后 1 天
查看帮助
确定 取消

图 4-94　重复率配置－按次数计算

第 5 章　自主建模应用

5.1　通用算子基本概念

通用算子就是针对数据处理常用方法而封装的算子，如交集、左连接、差集、数据聚合、全部合并、数据去重等，也包括添加字段、输出等功能算子。这些基本的算子我们统称为通用算子。

5.2　算子的主要特征及应用规则

算子就是数据计算的基本规则和逻辑，而通用算子顾名思义就是经常使用的算子，通过编程封装成一个独立的计算工具，如加减乘除一样，供数据分析员直接调用，以降低应用门槛，提高应用效率。

5.3　模型创建

5.3.1　添加模型

第一步：在数据建模应用模块的左上角，单击直接创建模型，如图 5-1 所示。

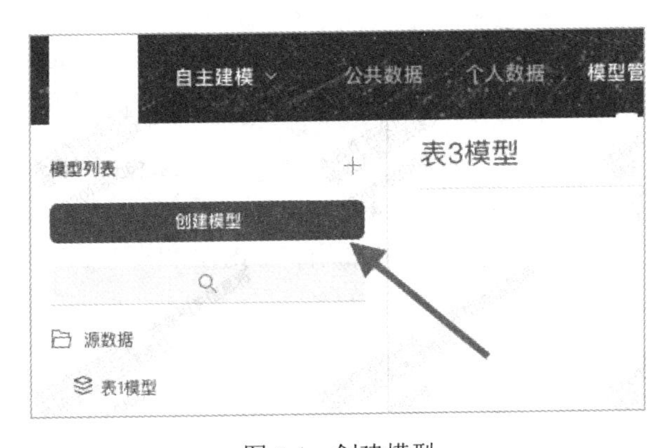

图 5-1　创建模型

第二步：添加模型名称，同账户下模型名称不能重复，如图 5-2 所示。

图 5-2　添加模型名称

第三步：可以修改模型保存的路径文件夹。

5.3.2　选择数据

第四步：选中数据拖曳到模型创建的工作区域。可以选择已经上传的个人数据，也可以选择已经授权给登录账户的标准表、关系表、主题表和标签表，进行数据建模，如图 5-3 所示。

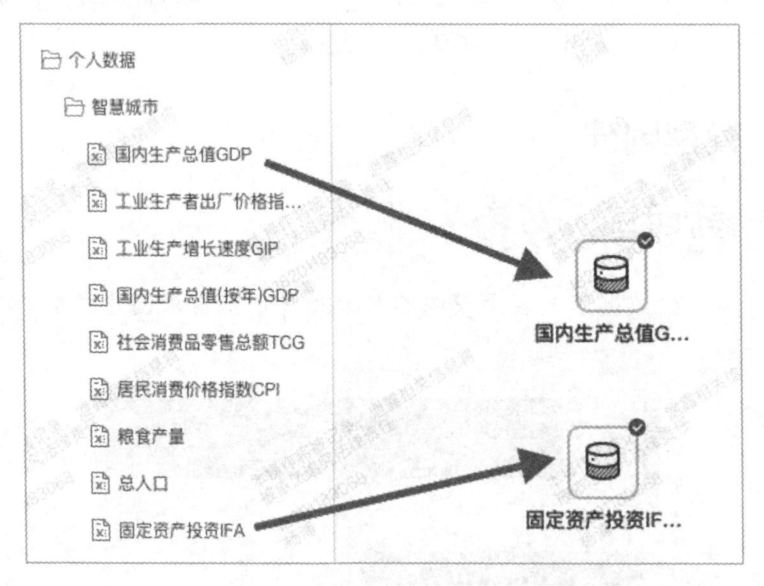

图 5-3　拖曳数据到模型创建工作区

5.3.3　模型设计

第五步：构建数据计算关系。

根据数据处理的需求，选中左侧的算子工具，将需要用的具体算子拖曳到建模过程区域，并将工作表与算子建立计算关系（单击工作表，连接到算子），如图 5-4 所示。

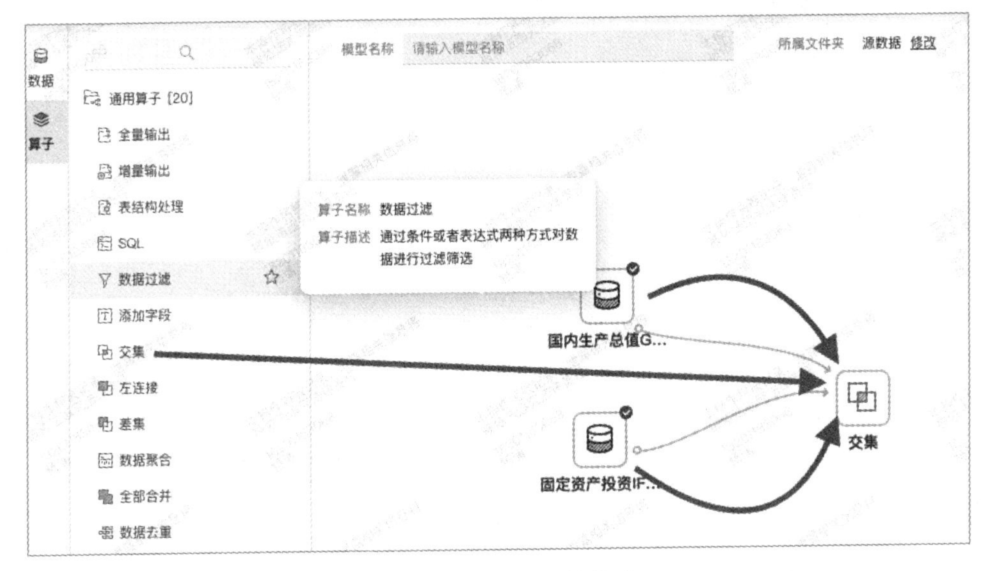

图 5-4　构建数据计算关系

算子的具体应用，在后面章节将详细讲述。

第六步：设置算子计算规则，如图 5-5 所示。

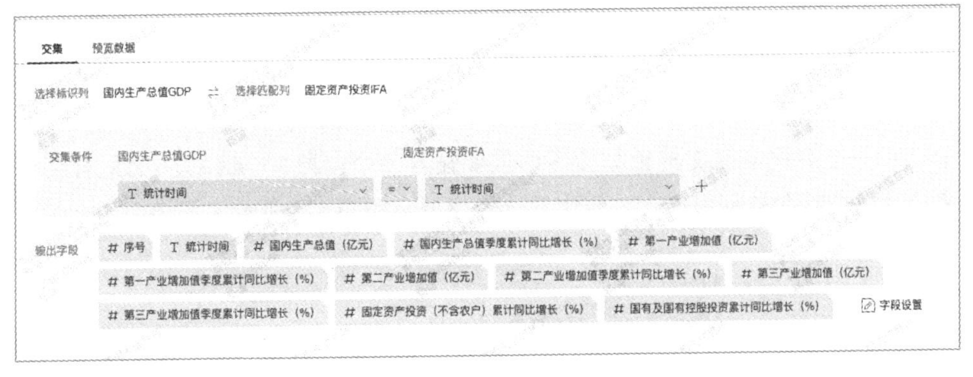

图 5-5　设置算子计算规则

如图 5-5，当选择了“国内生产总值 GDP”和“固定资产投资 IFA”进行交集计算的时候，可以单击交集算子，进行计算规则设置。计算规则设置包括条件设置、字段设置和数据预览。

条件设置：设置输出的结果表字段。

字段设置：选择对应的字段名称与之匹配。

数据预览：查看数据计算是否正常。

5.3.4 结果输出

第七步：输出计算结果表，如图 5-6 所示。

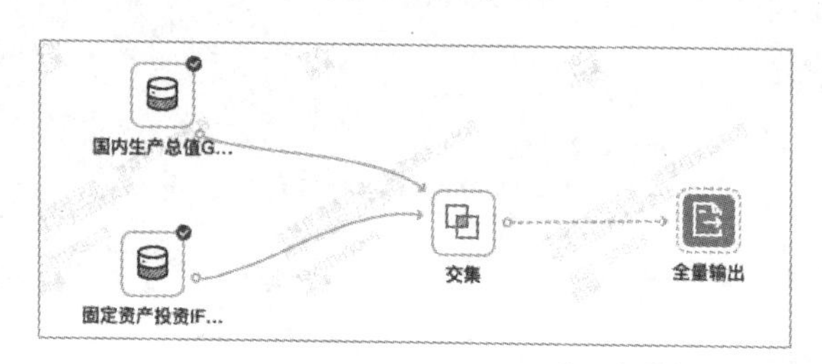

图 5-6 结果输出

通过简单的 7 步，就完成了一个最基本的数据分析模型的数据处理过程。

提示：

- 工作表与算子未建立计算关系前，显示为虚线。
- 未运行该模型前，输出算子与工作表或者算子之间也显示为虚线。

5.4 模型管理

5.4.1 模型搜索

左上方的搜索框支持模糊搜索，只要输入某个字段，与之相关的所有文件夹以及模型都会被列出来，方便用户选择模型，如图 5-7 所示。

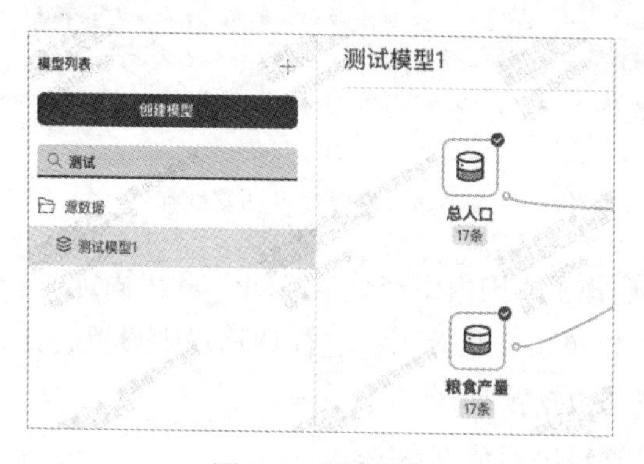

图 5-7 模型搜索

5.4.2　模型运行

单击运行按钮后，模型就会从基础表开始，对模型数据逐一更新，直到模型数据全部更新完成，如图 5-8 所示。

注意：模型中要有输出表才可以执行模型的运行操作。

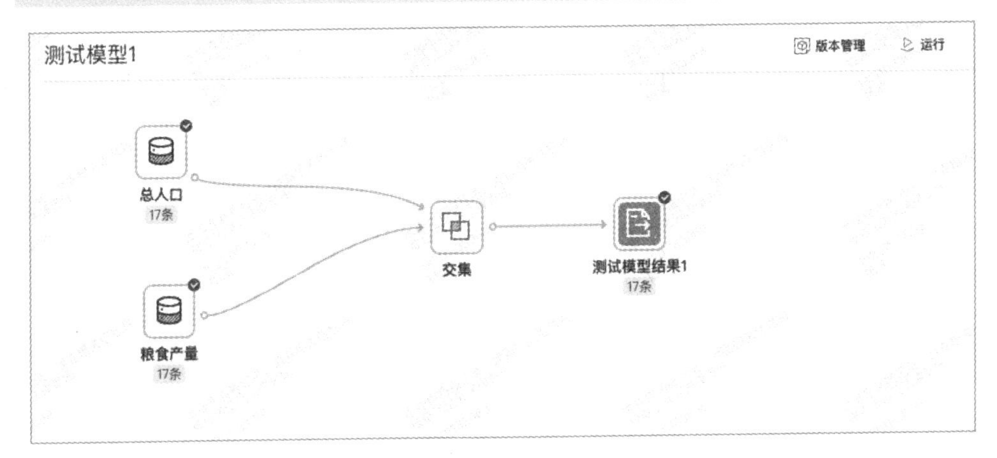

图 5-8　模型运行

5.4.3　模型编辑

对新建的模型以及原本已经创建好的模型可以进行编辑操作，在这个编辑页面中，用户可以根据自己的意愿自行重设模型，如图 5-9 所示。

模型编辑主要包括以下操作。

- 增加、减少数据：可根据需求调整；
- 增加、修改算子：重新规划算子计算关系；
- 修改算子的计算规则：增加字段对应关系；
- 增加输出表：可根据需要增加或减少。

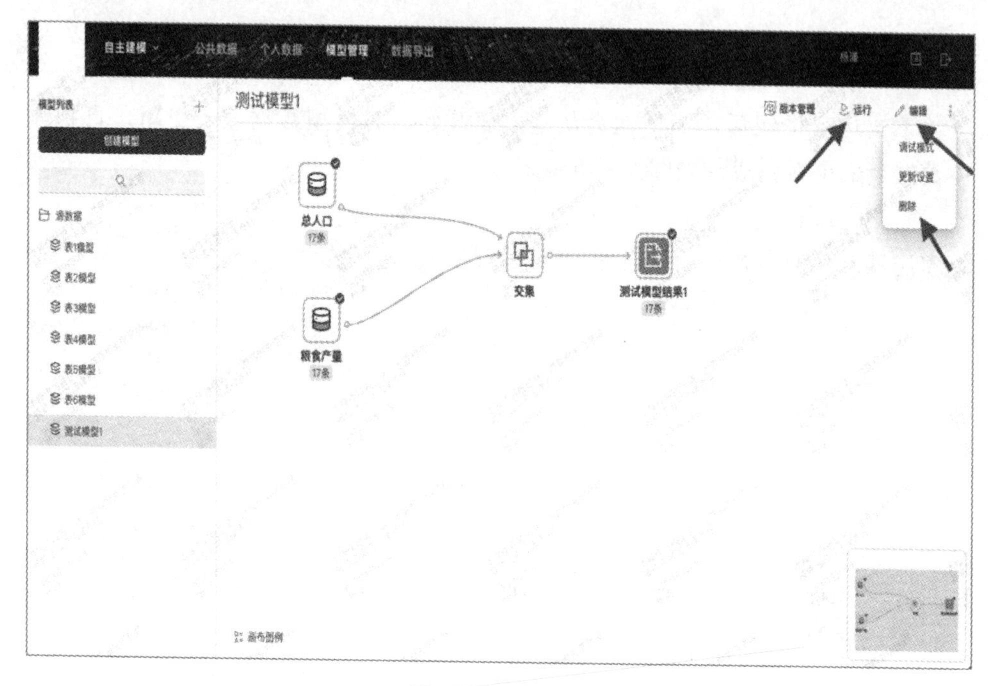

图 5-9　模型编辑

5.4.4　字段设置

可以根据需求修改字段名称和设置字段类型，如图 5-10 所示。

图 5-10　字段设置

5.4.5　数据预览

对于模型的算子而言，只要配置好了算子参数（单击完成后再次单击该算子 icon），就可以进行临时表的数据预览，如图 5-11 所示。

交集　预览数据

设置显示字段

基于抽样数据得出非全量数据，数据量过小时可能存在没数据的情况

# 序号	T 统计时间	# 年末人口（万人）	# 城镇人口（万人）	# 乡村人口（万人）	# 城镇人口占总人口比重（%）	# 粮食产量（万吨）	# 粮食产量比上年增
2	2006年	131448	58288	73160	44.3	49804.23	2.9
1	2005年	130756	56212	74544	43.0	48402.19	3.1
15	2019年	141008	88426	52582	62.7	66384.34	0.9
8	2012年	135922	72175	63747	53.1	61222.62	4.0
3	2007年	132129	60633	71496	45.9	50413.85	1.2
12	2016年	139232	81924	57308	58.8	66043.51	0.0
7	2011年	134916	69927	64989	51.8	58849.33	5.3
17	2021年	141260	91425	49835	64.7	68285.00	2.0

图 5-11　数据预览

完成上述操作，即可以单击结果表进行结果数据的预览、结果表名称的自定义、所属文件夹的选择等操作，如图 5-12 所示。

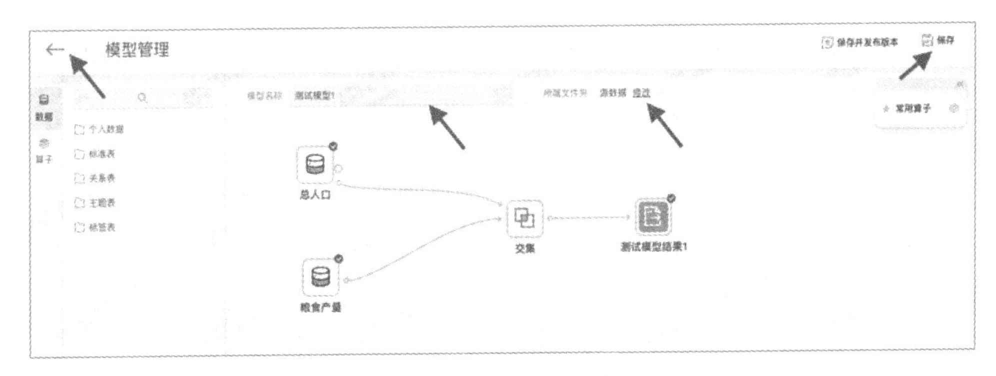

图 5-12　模型编辑操作

5.4.6　模型保存

单击退出按钮（左上角“←”图标），系统会弹出确认退出对话框：“当前操作尚未保存，确认要返回吗？”如图 5-13 所示。该操作是不会保存当前所做的模型，因此应该单击保存按钮（右上角）退出编辑界面。系统默认模型名字为“临时模型 + 当前时间”，默认所属文件夹为“根目录”，这两部分均可

以按照需求进行自定义修改。

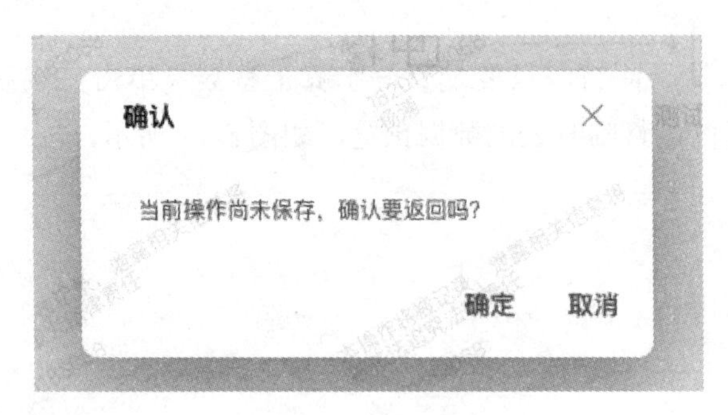

图 5-13　模型保存

5.4.7　模型删除

可以对已有的模型执行删除操作（单击右上角选择删除），如图 5-14 所示。

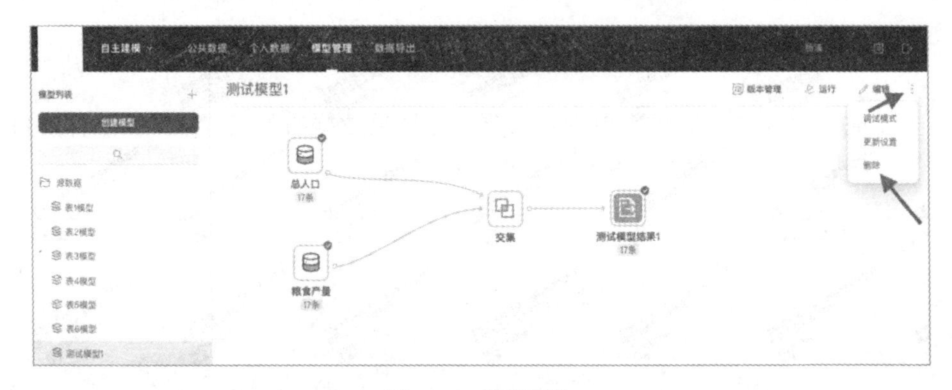

图 5-14　模型删除

当单击删除某一模型时，系统会提示用户是否确认删除此模型，单击确认直接完成模型的删除操作，如图 5-15 所示。一旦删除，无法恢复，请谨慎操作。

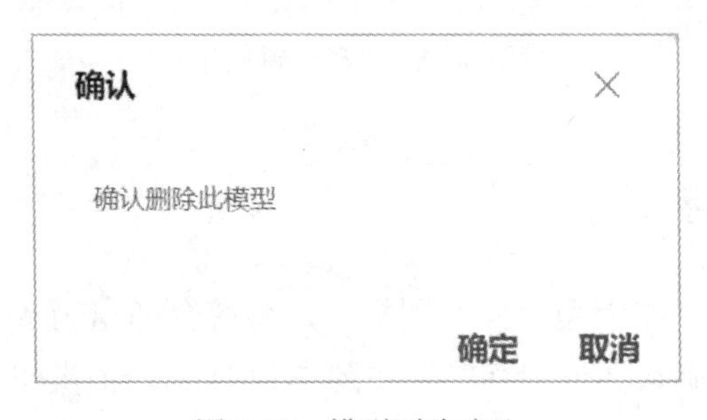

图 5-15　模型删除确认

5.4.8 模型更新

在“模型管理”面板的右上方，有一个更新设置按钮，单击该按钮可以对数据模型的运行更新进行设置，从而影响该按钮旁边的“最近更新时间”的显示结果，如图 5-16 所示。

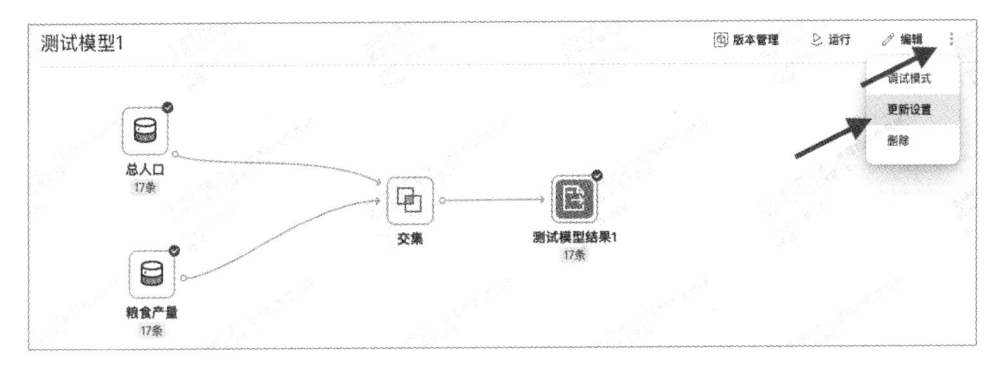

图 5-16　模型更新设置

模型的更新方式主要分为三种：自动更新、定时更新、暂停更新，如图 5-17 所示。

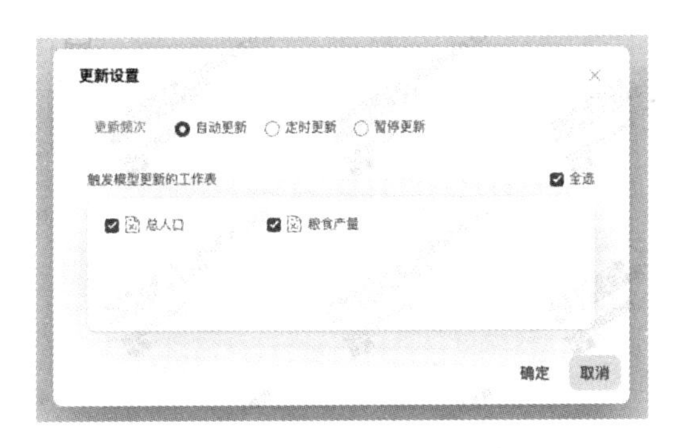

图 5-17　模型更新设置的三种方式

一是自动更新，指的是单击运行模型时对该模型的数据进行更新，这种更新某种意义上也叫作“运行更新”。

在介绍定时更新之前，先介绍一下定时更新的必要性。数据的处理主要包括采集和清洗，假定数据的采集时间间隔为每小时采集一次数据，那么采集数据更新了，我们就需要对更新后的采集数据进行定时清洗操作。这时清洗出的数据更新了，我们用来进行数据建模的数据也需要定时更新。

二是定时更新，定时更新的类型分为两种：相对时间更新以及自定义时间更新，如图 5-18 所示。

图 5-18　模型更新设置 – 定时更新 1

相对时间的更新设置，由“×× 天 ×× 点 ×× 分”组成，其中“×× 天”主要由“每天”和“每周几”组成，“×× 点”指的是从 0 点到 23 点，“×× 分”指的是从 0 分到 59 分。具体如图 5-19 和图 5-20 所示。

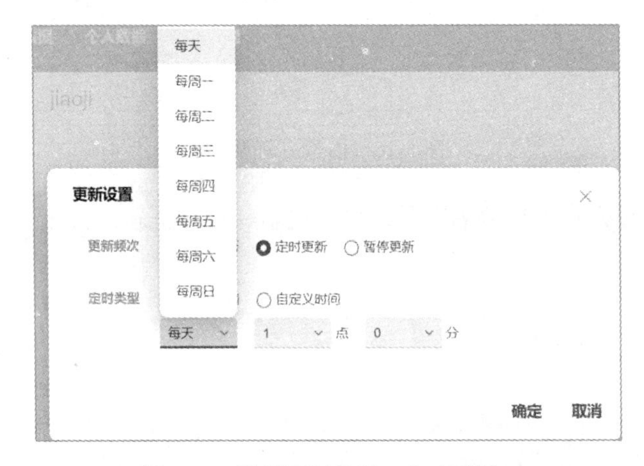

图 5-19　模型更新设置 – 定时更新 2

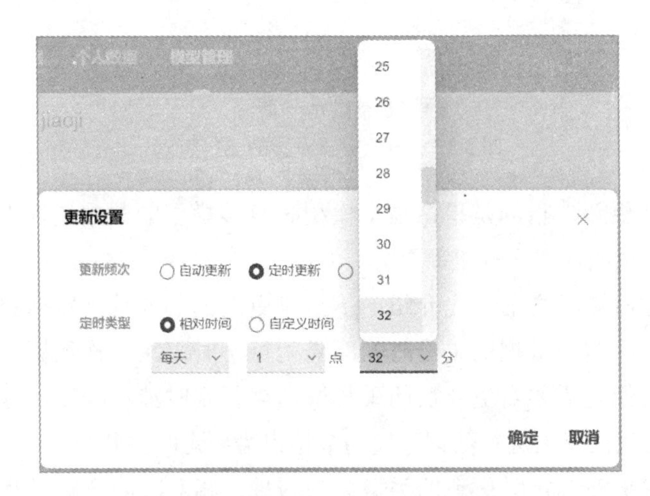

图 5-20　模型更新设置 – 定时更新 3

自定义时间更新设置，我们可以在 Crontab 中自定义表达式，表达式最多支持 5 个，中间用英文分号分割，如图 5-21 所示。

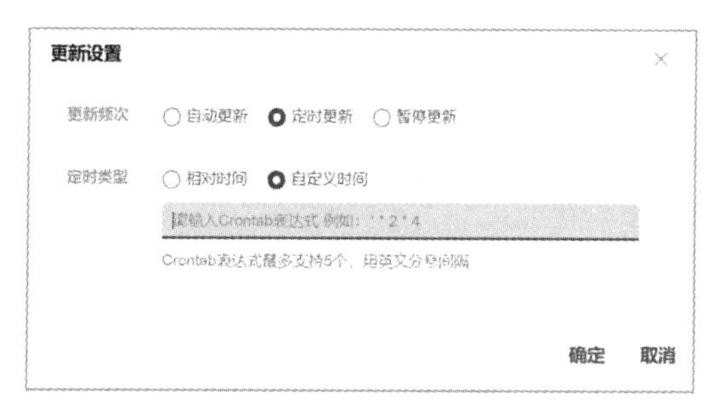

图 5-21　模型更新设置 – 定时更新 – 自定义时间

三是暂停更新。如果我们不想让模型更新，可以设置为“暂停更新”，如图 5-22 所示。

图 5-22　模型更新设置 – 暂停更新

5.5　单表级数据处理通用算子

5.5.1　通用算子-数据聚合

数据聚合算子通过预先设置好维度字段数据及数值字段数据来实现一些聚合功能，它可以对数值字段数据进行求和、平均值、计数、去重计数、最大值和最小值的操作，对非数值数据进行计数与去重计数的操作，如图 5-23 和图 5-24 所示。

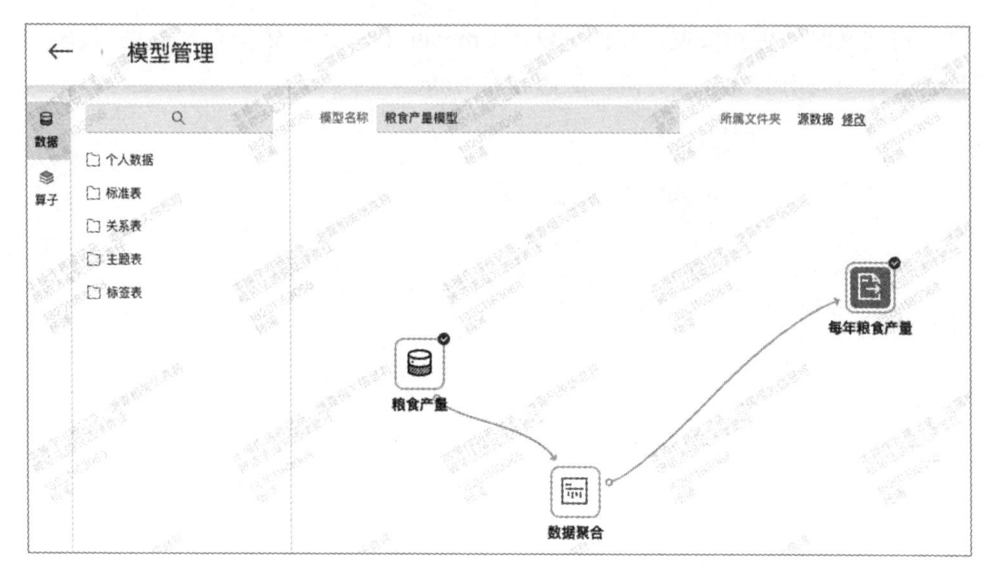

图 5-23　通用算子 – 数据聚合

在实战中的应用演示：选择分析的维度字段数据及数值字段数据，在算子下方区域会显示出这些字段数据，如图 5-25 所示。

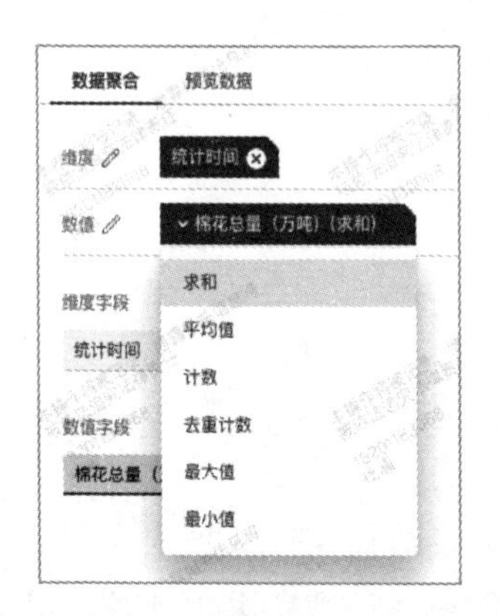

图 5-24　通用算子 – 数据聚合 – 聚合方式

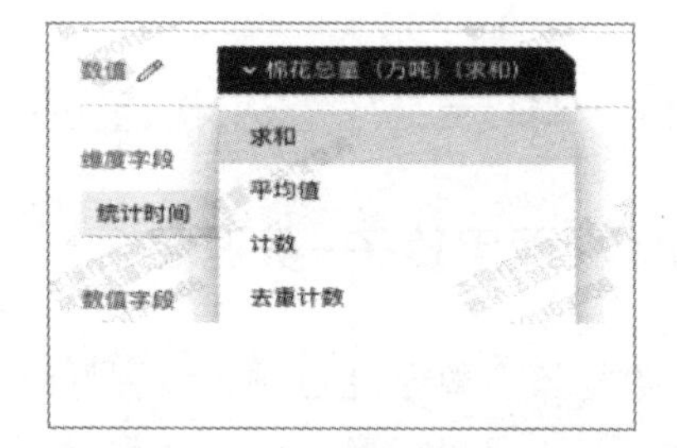

图 5-25　通用算子 – 数据聚合 – 字段聚合方式提示

通过数据聚合后的数据预览结果，如图 5-26 所示。

输出　预览数据

设置显示字段

T 统计时间	# 棉花总量（万吨）
2009年	623.58
2020年	591.05
2015年	590.74
2006年	753.28
2016年	534.28
2021年	573
2005年	571.42
2008年	723.23
2013年	628.16
2017年	565.25
2014年	629.94
2010年	577.04

图 5-26　通用算子 – 数据聚合 – 预览数据

5.5.2　通用算子–数据去重

（1）选择需要去重的字段，依据选择的去重规则，根据字段的排序规则进行去重提取。

首先将工作表和去重算子拖入，如图 5-27 所示。

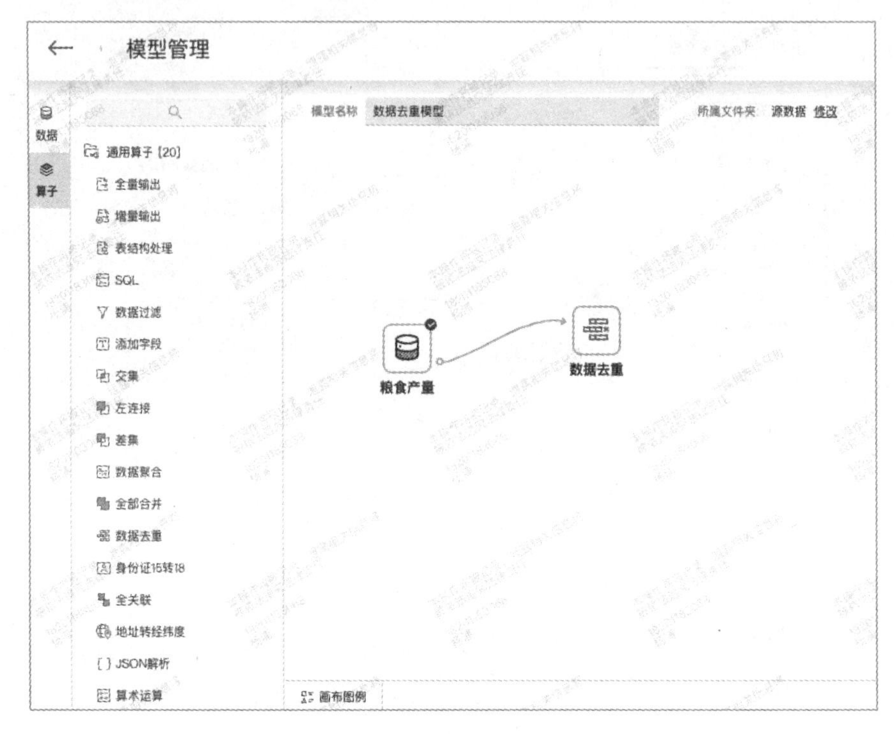

图 5-27　通用算子－数据去重

单击算子进入编辑，选择去重字段右上角的字段设置，如图 5-28 所示。

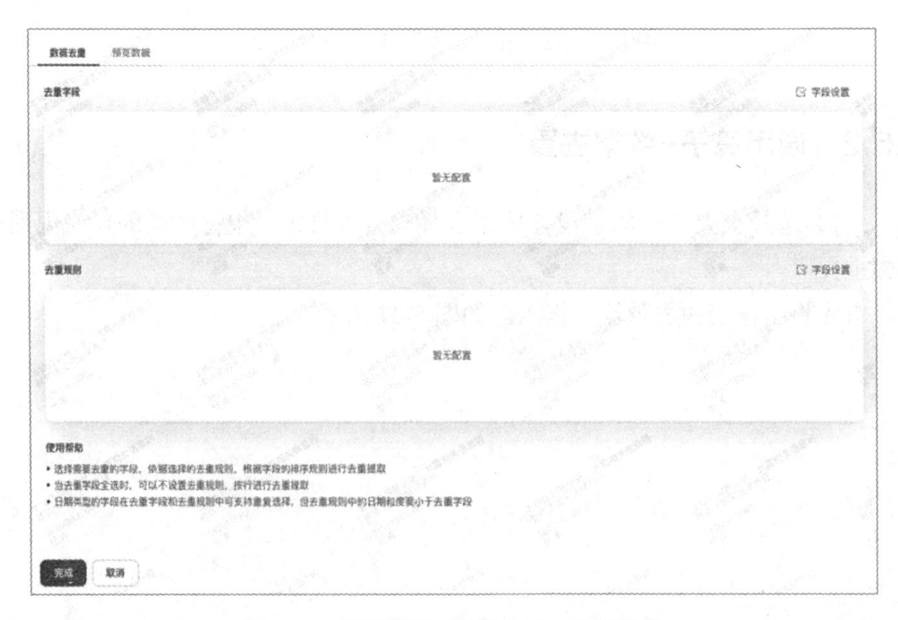

图 5-28　通用算子－数据去重－字段编辑

去重字段选择需要去重的字段。可以选择多个字段，选择去重字段越少，颗粒度越大，筛出的结果越粗糙；选择去重字段越多，颗粒度越小，筛出的结果越精细；去重规则选择需要按照规则排序的字段，然后选择按照选中字段进行“升序”“降序”排序，最后单击完成，如图 5-29 所示。

图 5-29　通用算子 – 数据去重 – 去重字段选择

这样指定字段按照去重规则去重的操作就完成了，预览结果如图 5-30 所示。

数据去重　预览数据

设置显示字段

序号	统计时间	粮食产量（万吨）	粮食产量比上年增长（%）	棉花（万吨）	棉花比上年增长（%）	油料（万吨）	油料比上年增长（%）
5	2009年	53940.86	0.9	623.58	-13.8	3139.42	3.4
16	2020年	66949.15	0.9	591.05	0.4	3586.4	2.7
11	2015年	66060.27	3.3	590.74	-6.2	3390.47	0.6
2	2006年	49804.23	2.9	753.28	31.8	2640.31	-14.2
12	2016年	66043.51	0	534.28	-9.6	3400.05	0.3
17	2021年	68285	2	573	-3.1	3613	0.7
1	2005年	48402.19	3.1	571.42	-9.6	3077.14	0.4
4	2008年	53434.29	6	723.23	-4.8	3036.76	9
9	2013年	63048.2	3	628.16	-4.9	3348	1.9
13	2017年	66160.73	0.2	565.25	5.8	3475.24	2.2
10	2014年	63964.83	1.5	629.94	0.3	3371.92	0.7
6	2010年	55911.31	3.7	577.04	-7.5	3156.77	0.6

完成　取消

图 5-30　通用算子 – 数据去重 – 预览结果

（2）当所用工作表中有完全相同的数据时，可全选去重字段，可以不设置去重规则，算子将自动按行进行去重提取。

首先将工作表和去重算子拖入，如图 5-31 所示。

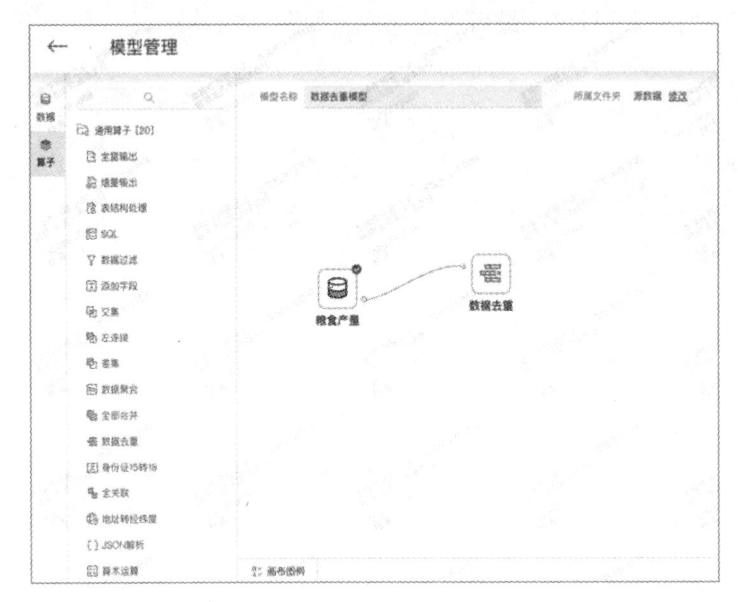

图 5-31　通用算子－数据去重－拖入数据和算子

单击算子进入编辑，选择去重字段右上角的字段设置，如图 5-32 所示。

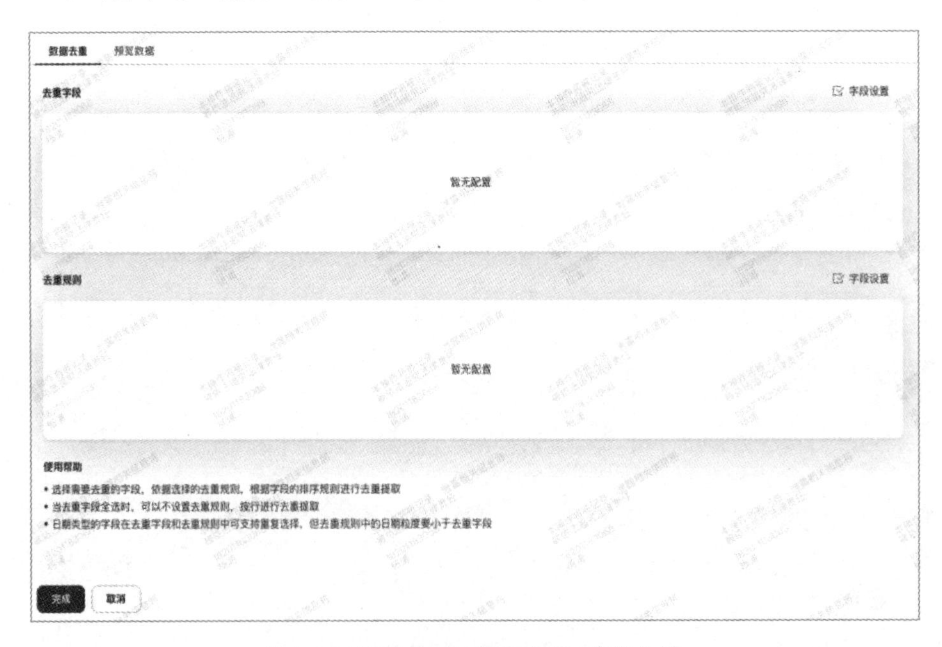

图 5-32　通用算子－数据去重－字段设置

选择全部字段，单击确定，单击完成，这样可在多行字段值完全相同的数据中保留唯一一行，常用于数据行去重处理，不适用于指定字段去重，如图 5-33 所示。

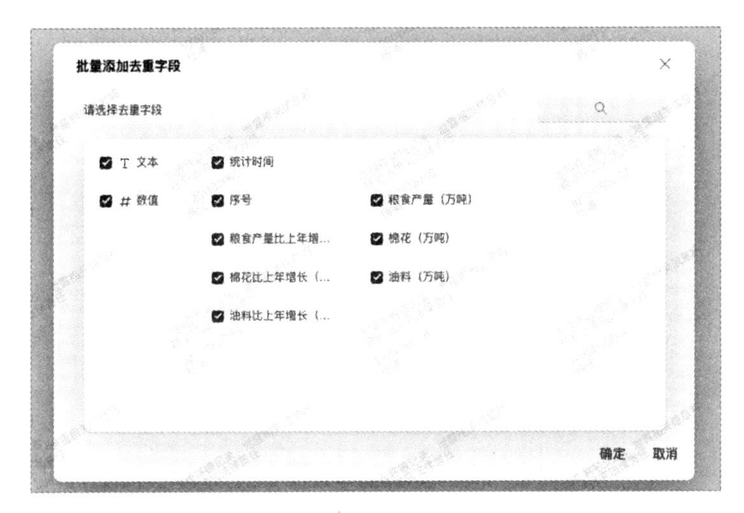

图 5-33　通用算子 – 数据去重 – 选择去重字段

这样全选去重字段按行去重的操作就完成了，预览结果如图 5-34 所示。

# 序号	T 统计时间	# 粮食产量（万吨）	# 粮食产量比上年增长（%）	# 棉花（万吨）	# 棉花比上年增长（%）	# 油料（万吨）	# 油料比上年增长（%）
16	2020年	66949.15	0.9	591.05	0.4	3586.4	2.7
6	2012年	61222.62	4	660.8	1.4	3285.62	2.3
12	2016年	66043.51	0	534.28	-9.6	3400.05	0.3
15	2019年	66384.34	0.9	588.9	-3.5	3492.98	1.7
11	2015年	66060.27	3.3	590.74	-8.2	3390.47	0.6
4	2008年	53434.29	5	723.23	-4.8	3036.76	9
14	2018年	65789.22	-0.6	610.28	8	3433.39	-1.2
13	2017年	66160.73	0.2	565.25	5.8	3475.24	2.2
1	2005年	48402.19	3.1	571.42	-9.6	3077.14	0.4
5	2009年	53940.86	0.9	623.58	-13.8	3139.42	3.4
3	2007年	50413.85	1.2	759.71	0.9	2786.99	5.6
10	2014年	63964.83	1.5	629.94	0.3	3371.92	0.7

图 5-34　通用算子 – 数据去重 – 预览结果

（3）当要求按照时间字段进行去重时，则需要选择日期类型字段去重的方式，日期类型的字段在去重字段和去重规则中可支持重复选择，但去重规则中的日期粒度要小于去重字段中的日期粒度。

首先将工作表和去重算子拖入，如图 5-35 所示。

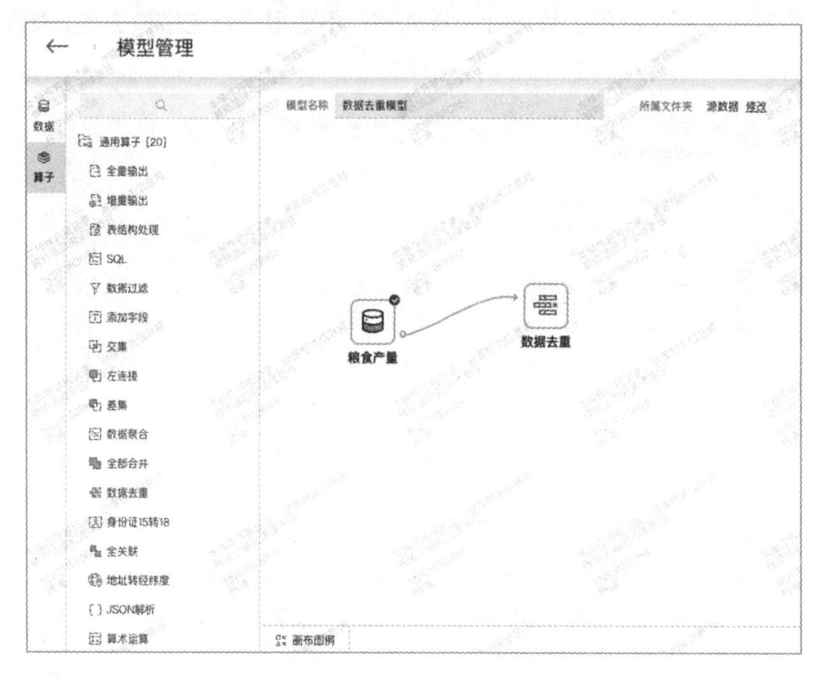

图 5-35　通用算子 – 数据去重 – 拖入数据和算子

单击算子进入编辑，选择去重字段右上角的字段设置，如图 5-36 所示。

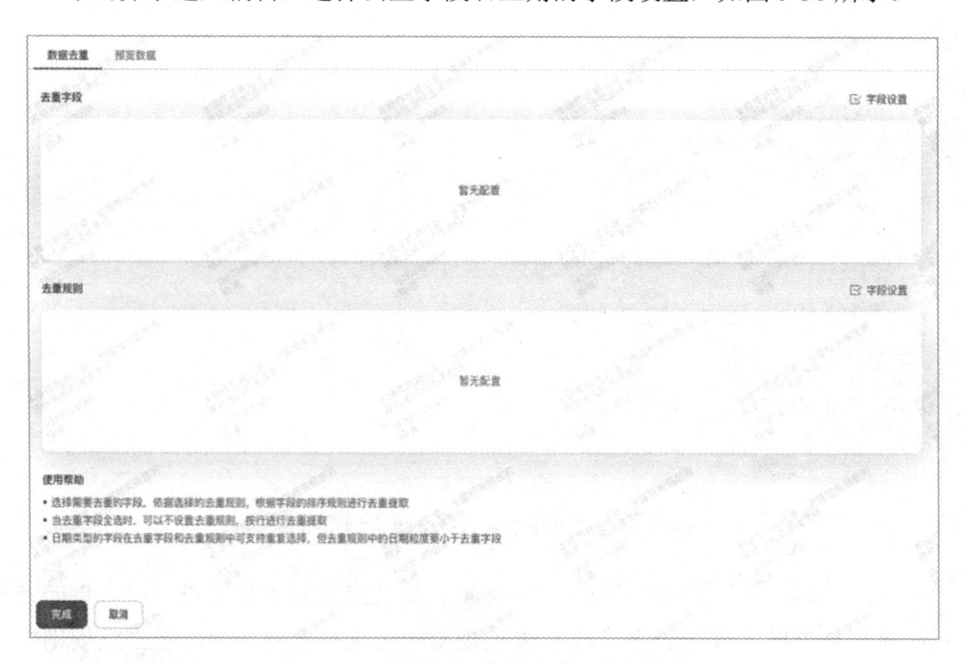

图 5-36　通用算子 – 数据去重 – 字段设置

去重字段和去重规则都选择日期字段，结果如图 5-37 所示。去重规则处的“统计时间”粒度为按月，去重字段处的“统计时间”粒度为按年，可以看出去重规则的时间字段比去重字段中的时间字段时间粒度要小。

图 5-37　通用算子 – 数据去重 – 字段设置和去重规则

这样以时间为去重规则按照时间字段去重的操作就完成了，预览结果如图 5-38 所示。

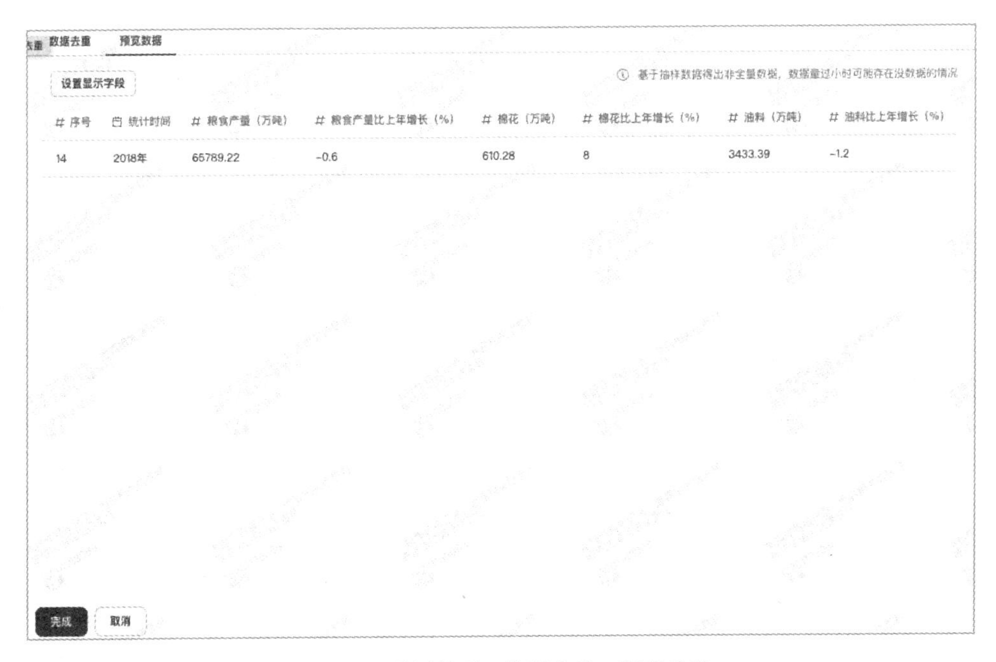

图 5-38　通用算子 – 数据去重 – 预览结果

5.5.3 通用算子-添加字段

添加字段算子是用来对尚未完全可用的数据表进行添加数据的操作，从而使数据表更能满足分析要求。

添加字段算子界面主要包括：字段添加区域可进行字段名称（1）的填写和字段类型（2）的选择；字段类型包括数值、文本、日期字段，可以根据分析的需求来进行选择；函数（3）可进行编辑及搜索；字段名（4）可根据分析的需求选择对应的字段名；添加字段的表达式（5）；完成以上 5 步可单击添加（6）按钮，如图 5-39 所示。

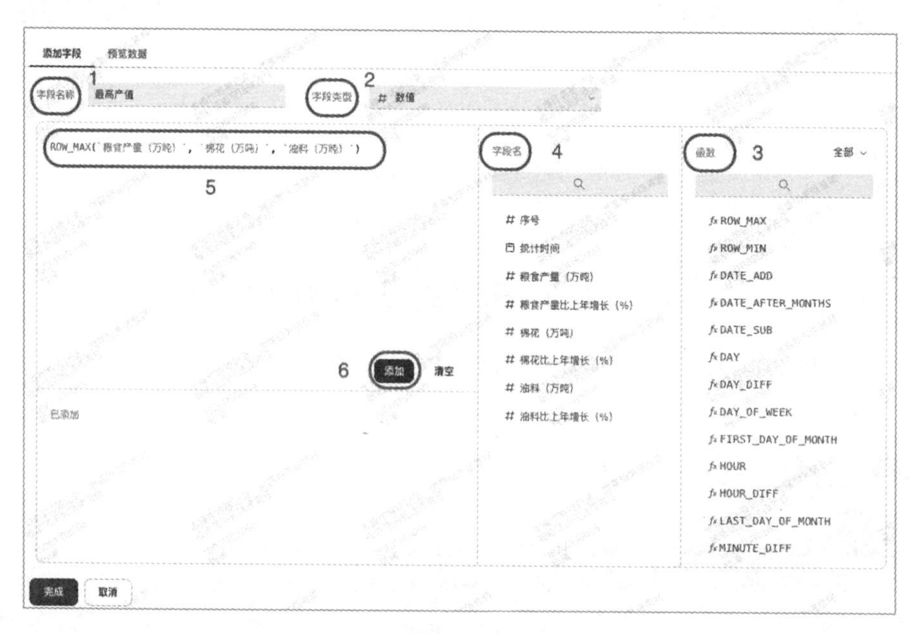

图 5-39 通用算子－新增字段

如添加字段成功，已添加（7）区域存放的是已经完成添加的字段目录，修改（8）可对字段继续修改，删除（9）可将编辑好的字段表达式删除后重新进行编辑，如图 5-40 所示。

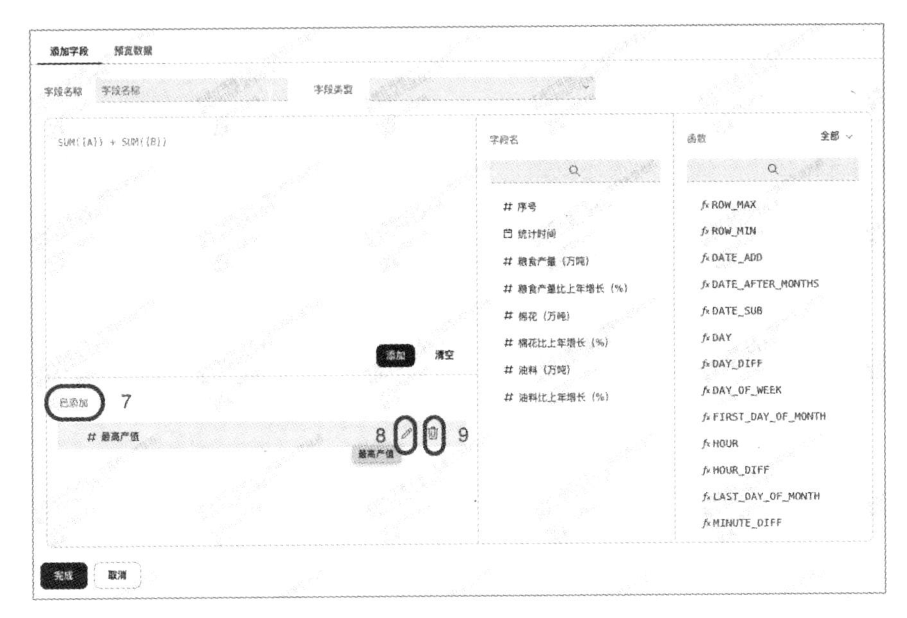

图 5-40　通用算子 – 新增字段的编辑

操作完成后可以单击预览数据，如图 5-41 所示。

添加字段　预览数据

设置显示字段

① 基于抽样数据得出非全量数据，数据量过小时可能存在没数据的情况

统计时间	# 粮食产量（万吨）	# 粮食产量比上年增长（%）	# 棉花（万吨）	# 棉花比上年增长（%）	# 油料（万吨）	# 油料比上年增长（%）	# 最高产值
2006年	49804.23	2.9	753.28	31.8	2640.31	-14.2	49804.23
2005年	48402.19	3.1	571.42	-9.6	3077.14	0.4	48402.19
2019年	66384.34	0.9	588.90	-3.5	3492.98	1.7	66384.34
2012年	61222.62	4.0	660.80	1.4	3285.62	2.3	61222.62
2007年	50413.85	1.2	759.71	0.9	2786.99	5.6	50413.85
2016年	66043.51	0.0	534.28	-9.6	3400.05	0.3	66043.51
2011年	58849.33	5.3	651.89	13.0	3212.51	1.8	58849.33
2021年	68285.00	2.0	573.00	-3.1	3613.00	0.7	68285.00
2015年	66060.27	3.3	590.74	-6.2	3390.47	0.6	66060.27
2014年	63964.83	1.5	629.94	0.3	3371.92	0.7	63964.83
2017年	66160.73	0.2	565.25	5.8	3475.24	2.2	66160.73
2013年	63048.20	3.0	628.16	-4.9	3348.00	1.9	63048.20

完成　取消

图 5-41　通用算子 – 新增字段的结果预览

其中，添加字段的表达式可能会用到一些功能函数以及输入表的字段，因此，系统内置了函数以及字段的选择。

5.5.4 通用算子-输出工作表

算子列表除了用作数据清洗处理的自运算算子和碰撞算子，还可将父节点的数据进行输出，保存为实体数据，生成一张新表。

输出工作表算子的添加方法与其他算子相同，仅需拉动拖曳即可添加到右侧空白区域。使用方法也比较简单，仅需将其与前面已设置好的算子连线，然后对其进行命名。

在实战中的输出应用演示，如图 5-42 和图 5-43 所示。

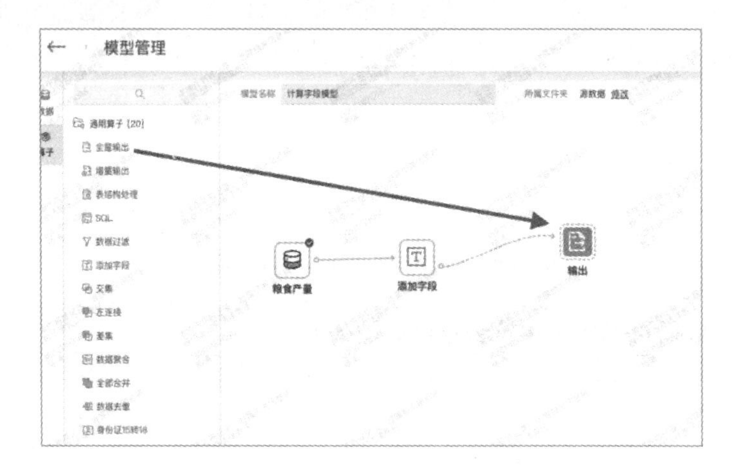

图 5-42　通用算子 – 输出工作表

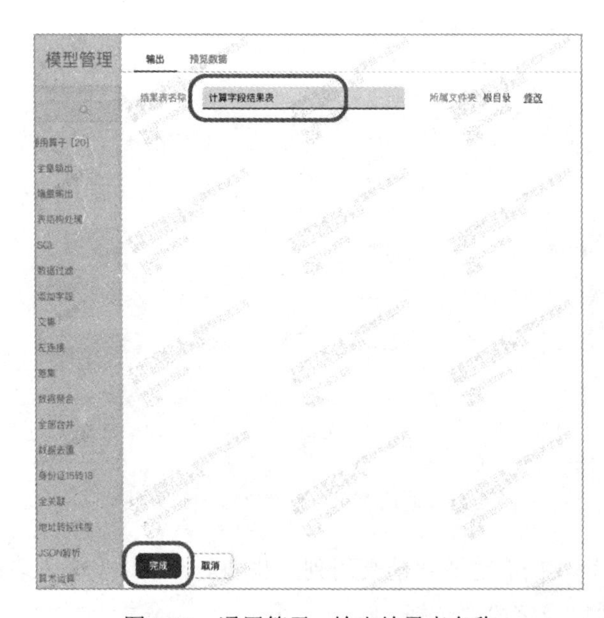

图 5-43　通用算子 – 输出结果表名称

提示：

- 命名之后的结果表一定要单击完成，否则将无效。
- 数据表未经过其他算子处理不可以直接输出。

数据预览结果如图 5-44 所示。

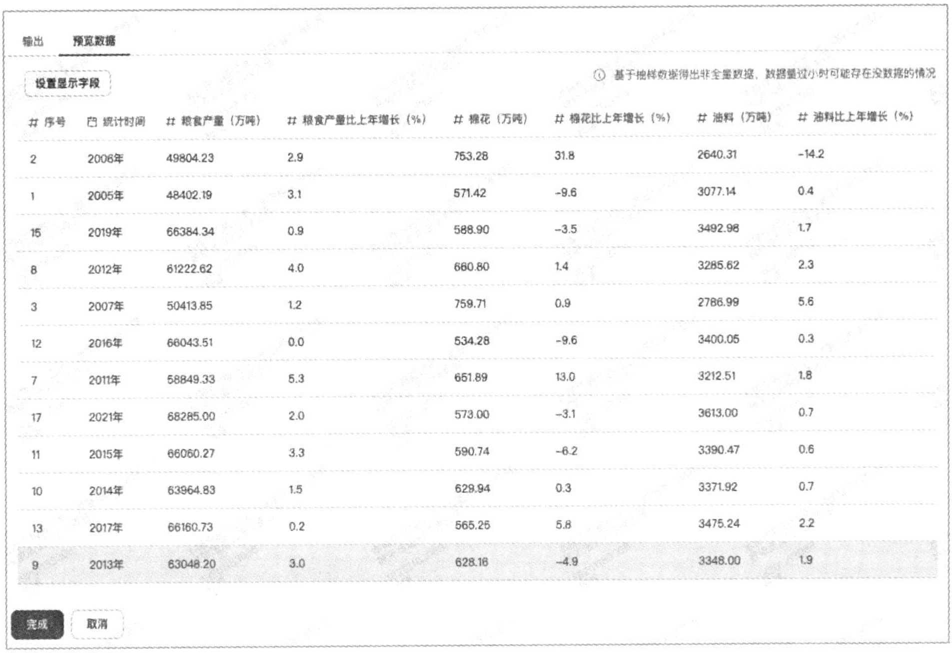

输出　预览数据

设置显示字段　　① 基于抽样数据得出非全量数据，数据量过小时可能存在没数据的情况

# 序号	统计时间	# 粮食产量（万吨）	# 粮食产量比上年增长（%）	# 棉花（万吨）	# 棉花比上年增长（%）	# 油料（万吨）	# 油料比上年增长（%）
2	2006年	49804.23	2.9	753.28	31.8	2640.31	-14.2
1	2005年	48402.19	3.1	571.42	-9.6	3077.14	0.4
15	2019年	66384.34	0.9	588.90	-3.5	3492.98	1.7
8	2012年	61222.62	4.0	660.80	1.4	3285.62	2.3
3	2007年	50413.85	1.2	759.71	0.9	2786.99	5.6
12	2016年	66043.51	0.0	534.28	-9.6	3400.05	0.3
7	2011年	58849.33	5.3	651.89	13.0	3212.51	1.8
17	2021年	68285.00	2.0	573.00	-3.1	3613.00	0.7
11	2015年	66060.27	3.3	590.74	-6.2	3390.47	0.6
10	2014年	63964.83	1.5	629.94	0.3	3371.92	0.7
13	2017年	66160.73	0.2	565.25	5.8	3475.24	2.2
9	2013年	63048.20	3.0	628.16	-4.9	3348.00	1.9

完成　取消

图 5-44　通用算子 – 输出结果表预览

5.5.5　通用算子–SQL创建

为了适配尽可能多的业务场景，我们引入了 SQL 算子，用户可以通过自行编写 SQL 语句来完成相应的模型。

SQL 算子不局限于输入表的个数，可以单输入，可以多输入。用户通过在 SQL 编写区域输入正确的 SQL 语句完成模型的编写。

SQL 算子书写区域左侧展示的是输入表的表名及字段名，允许用户直接选择表名或者字段名插入到 SQL 语句中，并且表名及字段名选择区域支持模糊搜索。

SQL 算子书写区域右侧内置了许多常用函数，函数应用实例将用单独的章节讲述。

SQL 算子书写支持上一步、下一步，支持 SQL 语句格式化，内置了语法帮助，支持 SQL 语法校验，校验无误后即可。SQL 算子及示例如图 5-45 和图 5-46 所示。

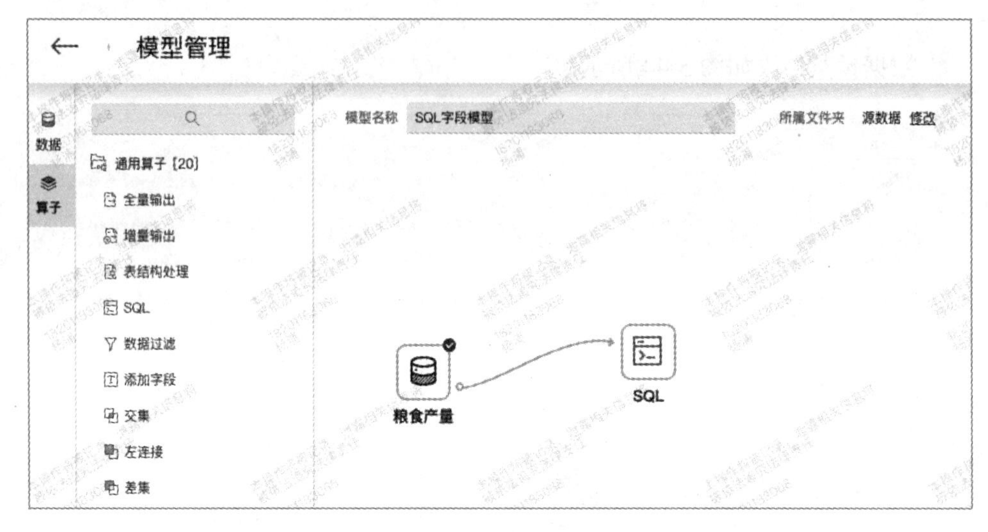

图 5-45　通用算子 – SQL 创建算子

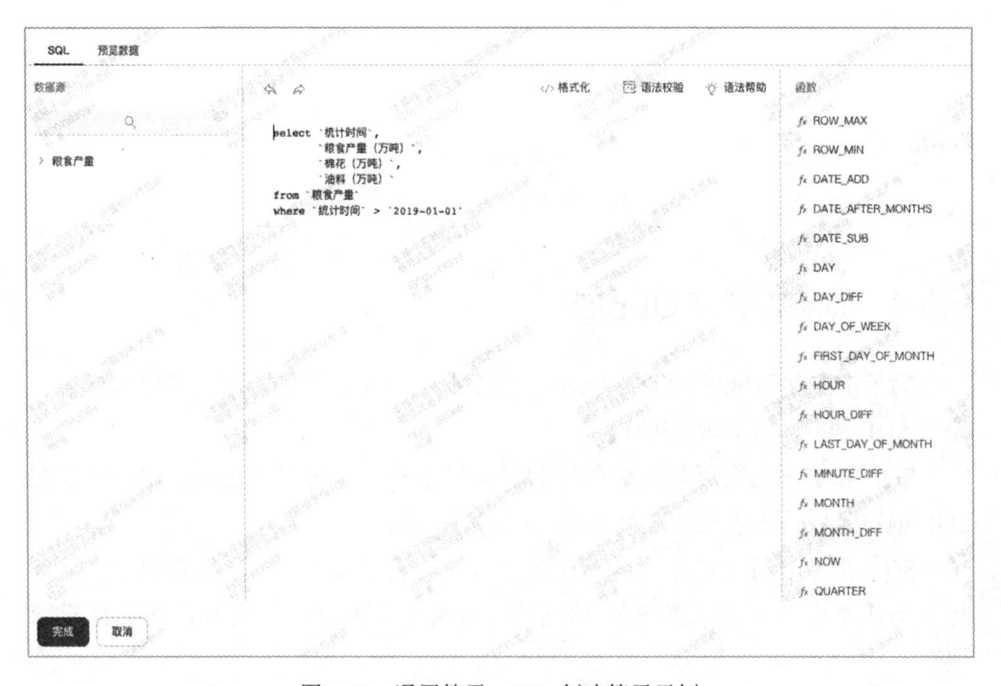

图 5-46　通用算子 – SQL 创建算子示例

数据预览结果如图 5-47 所示。

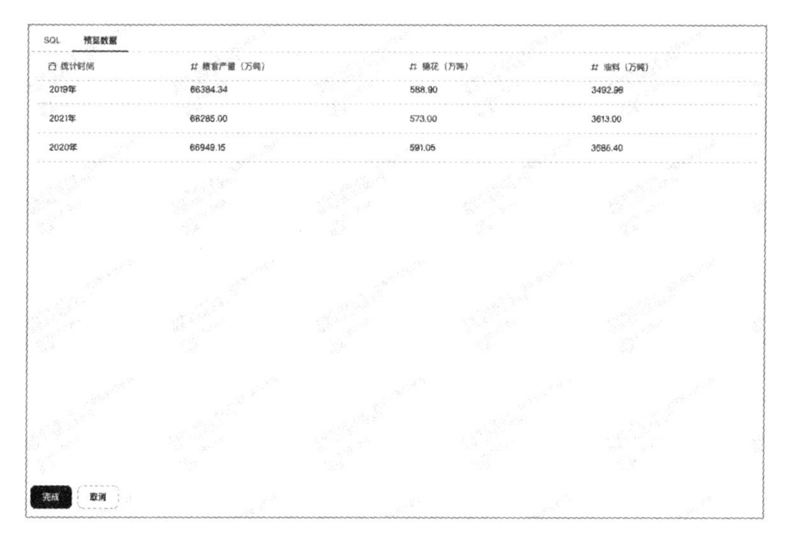

图 5-47　通用算子 – SQL 创建算子结果预览

5.5.6　通用算子–表结构处理

表结构处理可以对输入数据表里面的数据进行表头字段名的修改、表头字段类型的修改以及表头字段描述的修改。用户可以单击算子新字段旁边的笔图标按钮进行算子名称的重新编辑，如图 5-48 所示。算子编辑后需要单击“ √ ”进行保存，如图 5-49 所示。

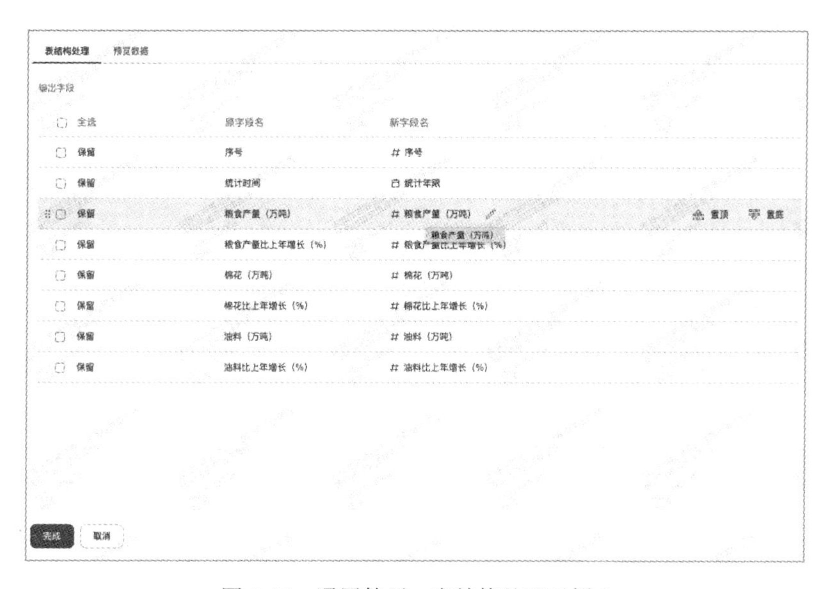

图 5-48　通用算子 – 表结构处理示例 1

图 5-49　通用算子 – 表结构处理示例 2

数据预览结果如图 5-50 所示。

表结构处理　预览数据

设置显示字段

① 基于抽样数据得出非全量数据，数据量过小时可能存在没数据的情况

# 序号	统计年限	# 粮食产量（万吨）	# 粮食产量比上年增长（%）	# 棉花（万吨）	# 棉花比上年增长（%）	# 油料（万吨）	# 油料比上年增长（%）
2	2006年	49804.23	2.9	753.28	31.8	2640.31	-14.2
1	2005年	48402.19	3.1	571.42	-9.6	3077.14	0.4
15	2019年	66384.34	0.9	588.90	-3.5	3492.98	1.7
8	2012年	61222.62	4.0	660.80	1.4	3285.62	2.3
3	2007年	50413.85	1.2	759.71	0.9	2786.99	5.6
12	2016年	66043.51	0.0	534.28	-9.6	3400.05	0.3
7	2011年	58849.33	5.3	651.89	13.0	3212.51	1.8
17	2021年	68285.00	2.0	573.00	-3.1	3613.00	0.7
11	2015年	66060.27	3.3	590.74	-6.2	3390.47	0.6
10	2014年	63964.83	1.5	629.94	0.3	3371.92	0.7
13	2017年	66160.73	0.2	565.25	5.8	3475.24	2.2
9	2013年	63048.20	3.0	628.16	-4.9	3348.00	1.9

完成　取消

图 5-50　通用算子 – 表结构处理 – 预览结果

5.5.7　通用算子-JSON解析算子

算子描述：对选定的 JSON 文本字段进行解析，追加输出为新字段。

当遇到数据表中有 JSON 格式的数据时，可使用 JSON 算子进行字段名称和内容的解析。

例：如图 5-51，字段里包含两组数据，name 和 url 是字段名称，冒号后是对应的值。

图 5-51　通用算子 – JSON 解析算子示例

JSON 算子连线后需进行解析字段的映射配置，在解析字段后勾选含有 JSON 数据的字段，在下方会自动解析出 JSON 里的字段名称 name 和 url，勾选后在右侧可修改解析后的新的字段名称，如图 5-52 所示。

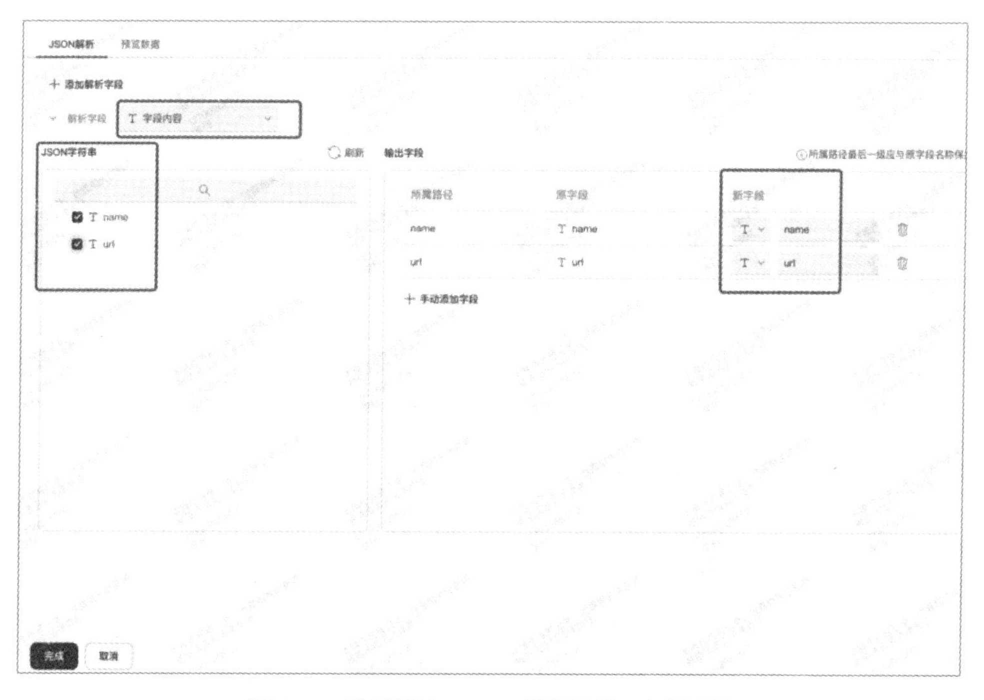

图 5-52　通用算子 – JSON 解析算子 – 字段配置

单击预览数据后，在原字段后会自动追加 name 和 url 两列字段，一共 3 行数据，如图 5-53 所示。

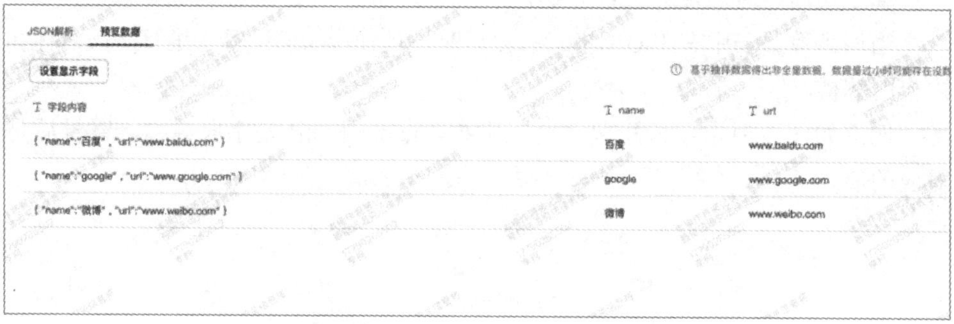

字段内容	name	url
{ "name":"百度" , "url":"www.baidu.com" }	百度	www.baidu.com
{ "name":"google" , "url":"www.google.com" }	google	www.google.com
{ "name":"微博" , "url":"www.weibo.com" }	微博	www.weibo.com

图 5-53　通用算子 – JSON 解析算子 – 预览数据

5.5.8　通用算子-算数运算算子

算子描述：对父节点数据进行加、减、乘、除、取余运算，并对运算生成的结果字段输出。

例：图 5-54 模拟数据中包含 3 个字段，统计时间、第一产业增加值（亿元）、第二产业增加值（亿元），同时两个数量字段均为数值格式，支持数据运算。

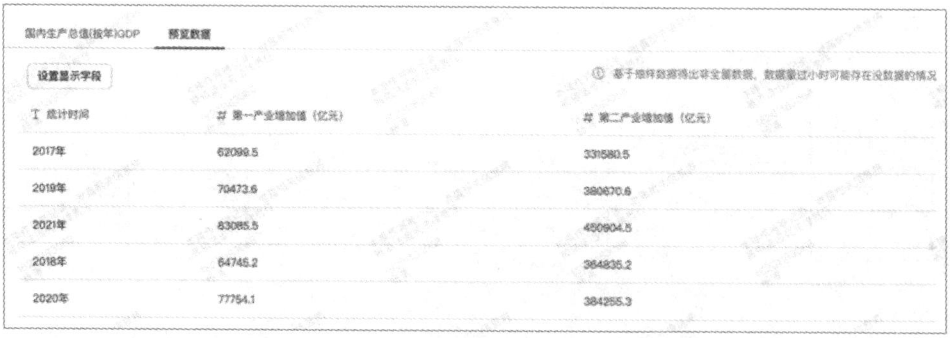

统计时间	第一产业增加值（亿元）	第二产业增加值（亿元）
2017年	62099.5	331580.5
2019年	70473.6	380670.6
2021年	83085.5	450904.5
2018年	64745.2	364835.2
2020年	77754.1	384255.3

图 5-54　通用算子 – 算数运算算子 – 案例数据

（1）计算第一和第二产业增加值之和。

算术运算方式选择“求和”，运算值类型选择“字段”，运算值选择对应需要相加的字段，右侧显示表达式为“第一产业增加值（亿元）+ 第二产业增加值（亿元）”，输入相加后的结果字段名称为“第一二产业增加值（亿元）”，如图 5-55 所示。

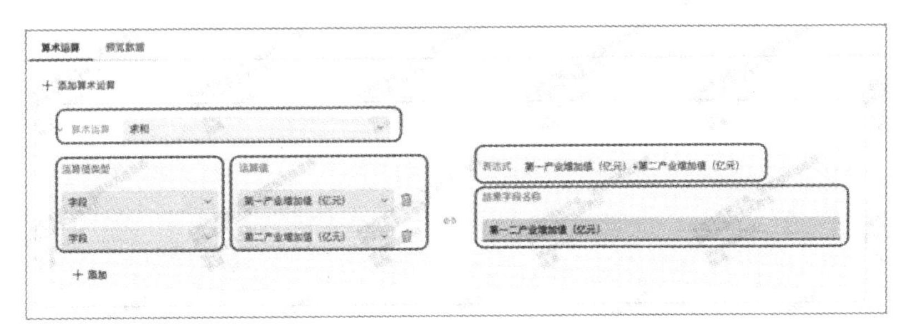

图 5-55 通用算子 – 算数运算算子 – 求和

预览数据后，会追加一列字段为“第一二产业增加值（亿元）”，如图 5-56 所示。

算术运算 预览数据

设置显示字段

① 基于抽样数据得出非全量数据，数据量过小时可能存在没数据的情况

T 统计时间	# 第一产业增加值（亿元）	# 第二产业增加值（亿元）	# 第一二产业增加值（亿元）
2017年	62099.5	331580.5	393680
2019年	70473.6	380670.6	451144.19999999995
2021年	83085.5	450904.5	533990
2018年	64745.2	364835.2	429580.4
2020年	77754.1	384255.3	462009.4

图 5-56 通用算子 – 算数运算算子 – 求和预览数据

对同一张数据表中的两个数值字段进行求差、求积、求商、求余的配置方法与求和一致。

（2）在每个统计时间中“第一产业增加值（亿元）”增加固定值 5000。

算术运算方式选择“求和”，第一行运算值类型选择“字段”，运算值选择“第一产业增加值（亿元）”，第二行运算值类型选择“常量”，运算值输入“5000”，右侧显示表达式为“第一产业增加值（亿元）+5000”，输入相加后的字段名称为“第一产业增加值（亿元）加 5000”，如图 5-57 所示。

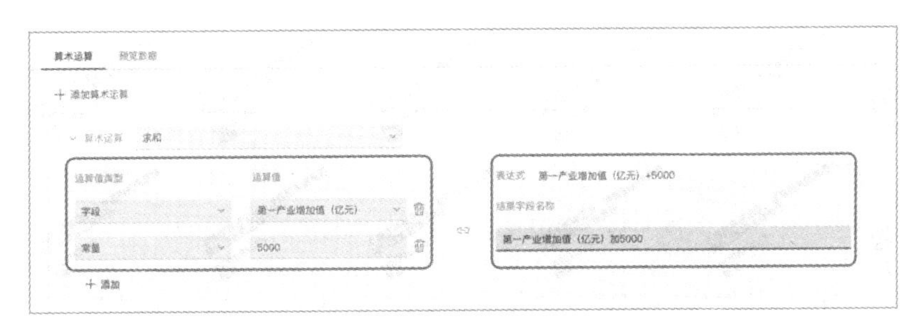

图 5-57 通用算子 – 算数运算算子 – 求和算子配置

预览数据后，会追加一列字段为“第一产业增加值（亿元）加5000”的结果，如图5-58所示。

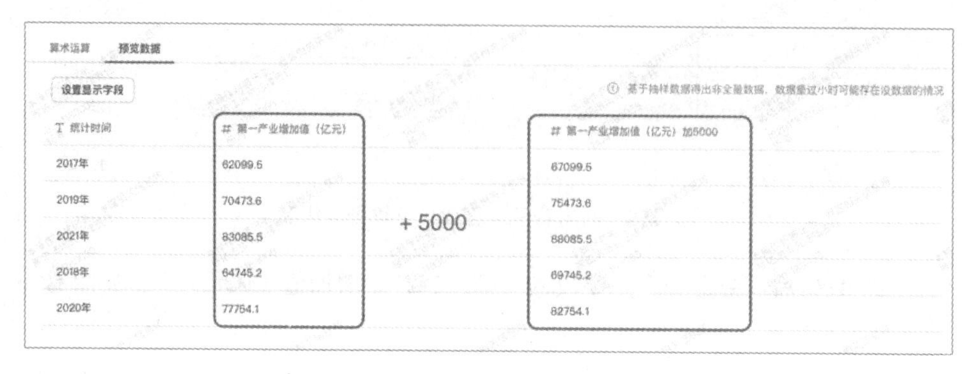

图5-58　通用算子－算数运算算子－求和预览数据

对数据表中的某一列数值字段与固定值进行求差、求积、求商、求余的配置方法与求和一致。

5.5.9　通用算子-日期处理算子

算子描述：对父节点数据可实现对输入时间字段的逻辑运算和提取等操作，支持的时间处理方式包括时间计算、时间提取、时间差。

例：如图5-59所示，模拟数据中包含事件发生时间、事件结束时间两个日期格式字段。

字段仅为国际通用日期格式时，才能进行日期提取、日期计算等操作。

日期处理算子　预览数据

设置显示字段

事件发生时间	事件结束时间
2021-01-02 14:11:00	2021-02-27 21:00:00
2021-01-05 15:22:00	2021-03-02 16:49:00
2021-01-07 12:30:00	2021-03-04 03:14:00
2021-01-10 19:23:00	2021-03-05 16:25:00
2021-01-16 11:15:00	2021-03-06 08:19:00

图5-59　通用算子－日期处理算子示例

（1）提取事件发生时间对应的年、季度、月、日、时、分、秒、星期，如图5-60所示。

日期处理
预览数据
+ 添加处理方式
处理方式
时间提取
处理字段
事件发生时间
提取单位
年
新字段名称
年份
显示单位

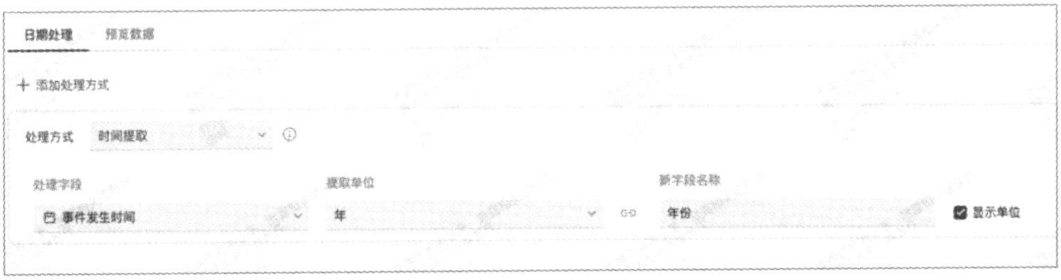

图 5-60 通用算子 – 日期处理算子 – 提取时间

处理方式选择“时间提取”，处理字段选择“事件发生时间”，提取单位选择“年”，输入对应新字段名称“年份”，勾选显示单位，单击预览数据，会追加一列新字段为事件发生时间的年份，如图 5-61 所示。

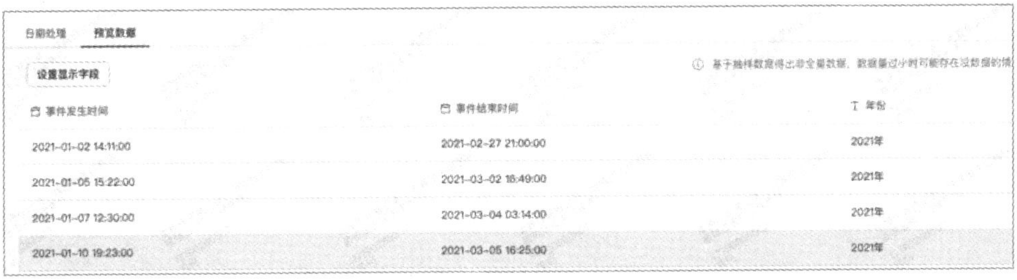

日期处理
预览数据
设置显示字段
事件发生时间
事件结束时间
年份
2021-01-02 14:11:00
2021-02-27 21:00:00
2021年
2021-01-05 15:22:00
2021-03-02 16:49:00
2021年
2021-01-07 12:30:00
2021-03-04 03:14:00
2021年
2021-01-10 19:23:00
2021-03-05 16:25:00
2021年

图 5-61 通用算子 – 日期处理算子 – 提取年份

单击“添加处理方式”，可增加一行用来提取季度，单击提取单位下拉箭头，选择“季度”，输入新字段名称为“季度”，勾选显示单位，如图 5-62 所示。

日期处理
预览数据
+ 添加处理方式
处理方式
时间提取
处理字段
事件发生时间
提取单位
季度
新字段名称
季度
显示单位
处理方式
时间提取
处理字段
事件发生时间
提取单位
年
新字段名称
年份
显示单位

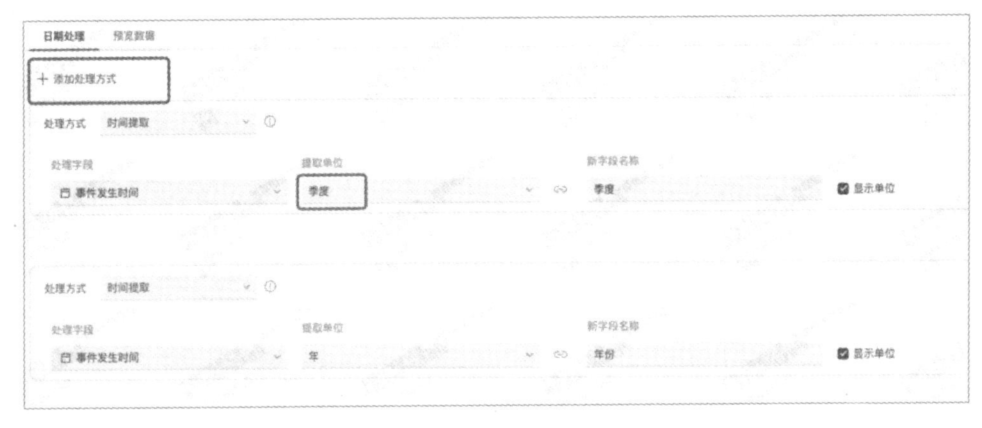

图 5-62 通用算子 – 日期处理算子 – 提取季度

单击预览数据，会追加两列字段，分别为事件发生时间对应的年份和季度，如图 5-63 所示。

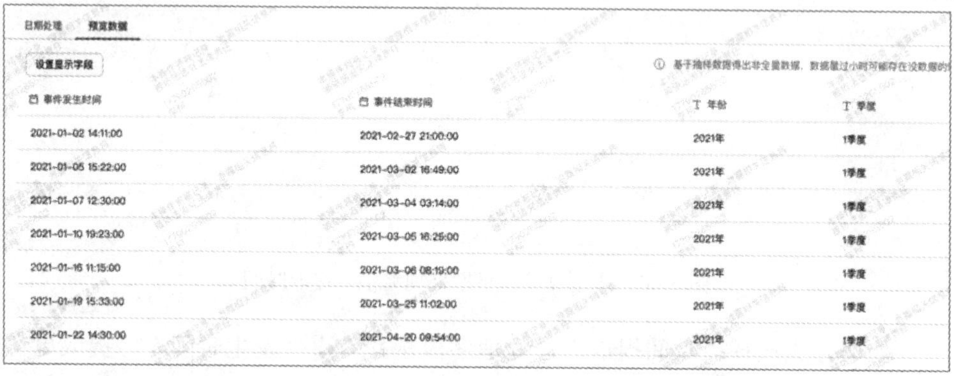

日期处理　预览数据

设置显示字段　　① 基于抽样数据得出非全量数据，数据量过小时可能存在没数据的情况

事件发生时间	事件结束时间	年份	季度
2021-01-02 14:11:00	2021-02-27 21:00:00	2021年	1季度
2021-01-05 15:22:00	2021-03-02 16:49:00	2021年	1季度
2021-01-07 12:30:00	2021-03-04 03:14:00	2021年	1季度
2021-01-10 19:23:00	2021-03-05 16:25:00	2021年	1季度
2021-01-16 11:15:00	2021-03-06 08:19:00	2021年	1季度
2021-01-19 15:33:00	2021-03-25 11:02:00	2021年	1季度
2021-01-22 14:30:00	2021-04-20 09:54:00	2021年	1季度

图 5-63　通用算子 – 日期处理算子 – 提取年份和季度结果

提取时间对应的月、日、时、分、秒、星期的配置方式与提取年份和季度一致，如图 5-64 所示。

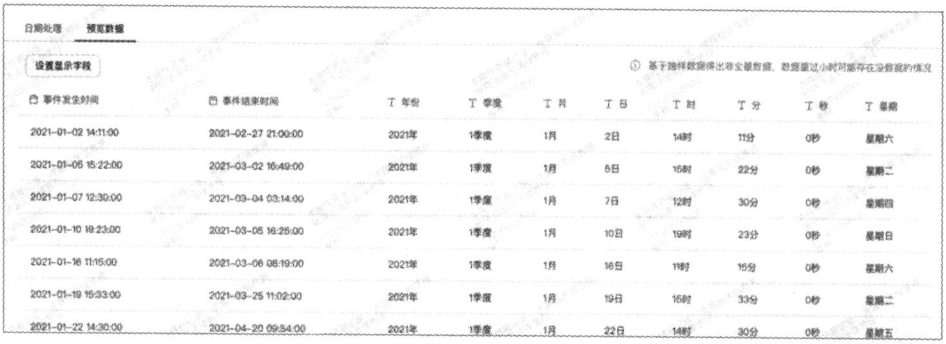

日期处理　预览数据

设置显示字段　　① 基于抽样数据得出非全量数据，数据量过小时可能存在没数据的情况

事件发生时间	事件结束时间	年份	季度	月	日	时	分	秒	星期
2021-01-02 14:11:00	2021-02-27 21:00:00	2021年	1季度	1月	2日	14时	11分	0秒	星期六
2021-01-05 15:22:00	2021-03-02 16:49:00	2021年	1季度	1月	5日	15时	22分	0秒	星期二
2021-01-07 12:30:00	2021-03-04 03:14:00	2021年	1季度	1月	7日	12时	30分	0秒	星期四
2021-01-10 19:23:00	2021-03-05 16:25:00	2021年	1季度	1月	10日	19时	23分	0秒	星期日
2021-01-16 11:15:00	2021-03-06 08:19:00	2021年	1季度	1月	16日	11时	15分	0秒	星期六
2021-01-19 15:33:00	2021-03-25 11:02:00	2021年	1季度	1月	19日	15时	33分	0秒	星期二
2021-01-22 14:30:00	2021-04-20 09:54:00	2021年	1季度	1月	22日	14时	30分	0秒	星期五

图 5-64　通用算子 – 日期处理算子 – 提取全部结果

不勾选显示单位，提取出来的结果只有时间对应的数字，如图 5-65 所示。

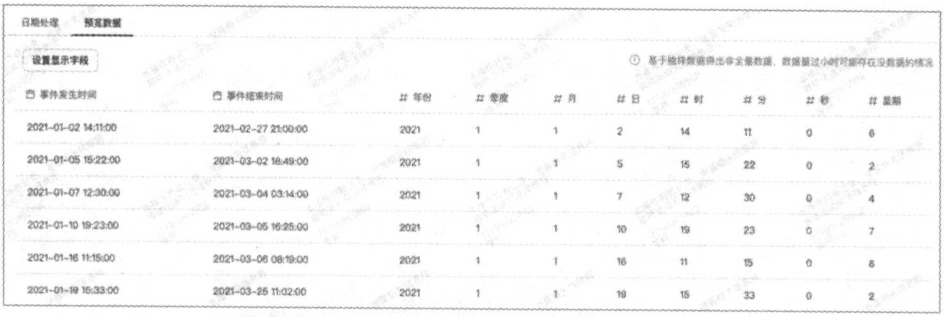

日期处理　预览数据

设置显示字段　　① 基于抽样数据得出非全量数据，数据量过小时可能存在没数据的情况

事件发生时间	事件结束时间	# 年份	# 季度	# 月	# 日	# 时	# 分	# 秒	# 星期
2021-01-02 14:11:00	2021-02-27 21:00:00	2021	1	1	2	14	11	0	6
2021-01-05 15:22:00	2021-03-02 16:49:00	2021	1	1	5	15	22	0	2
2021-01-07 12:30:00	2021-03-04 03:14:00	2021	1	1	7	12	30	0	4
2021-01-10 19:23:00	2021-03-05 16:25:00	2021	1	1	10	19	23	0	7
2021-01-16 11:15:00	2021-03-06 08:19:00	2021	1	1	16	11	15	0	6
2021-01-19 15:33:00	2021-03-25 11:02:00	2021	1	1	19	15	33	0	2

图 5-65　通用算子 – 日期处理算子 – 提取全部结果（无单位）

（2）在事件发生时间的基础上往前推 1 年。

处理方式选择“时间计算”，处理字段选择“事件发生时间”，运算符选择“减”，修改值输入“1”，日期单位选择“年”，输入新字段名称“往前推 1 年”，如图 5-66 所示。

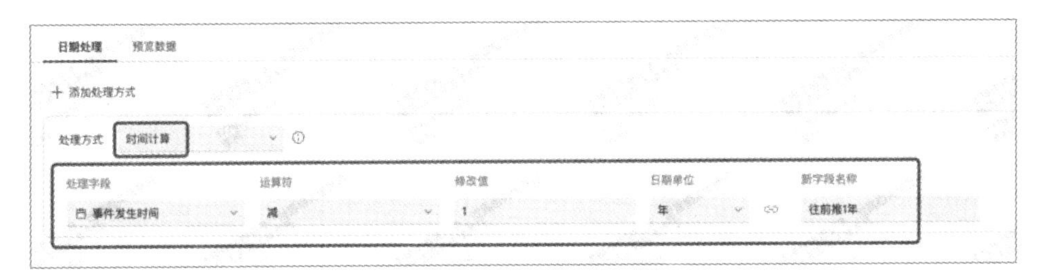

图 5-66　通用算子 – 日期处理算子 – 年计算

单击预览数据，会追加一列与事件发生时间相差 1 整年的新日期字段，如图 5-67 所示。

日期处理　预览数据

设置显示字段

事件发生时间	事件结束时间	往前推1年
2021-01-02 14:11:00	2021-02-27 21:00:00	2020-01-02 14:11:00
2021-01-05 15:22:00	2021-03-02 16:49:00	2020-01-05 15:22:00
2021-01-07 12:30:00	2021-03-04 03:14:00	2020-01-07 12:30:00
2021-01-10 19:23:00	2021-03-05 16:25:00	2020-01-10 19:23:00
2021-01-16 11:15:00	2021-03-06 08:19:00	2020-01-16 11:15:00
2021-01-19 15:33:00	2021-03-25 11:02:00	2020-01-19 15:33:00

图 5-67　通用算子 – 日期处理算子 – 年计算结果

同理，若同时还要对事件发生时间往后推 3 个月，单击“添加处理方式”，运算符选择“加”，修改值输入“3”，日期单位选择“月”，输入新字段名称为“往后推 3 个月”，如图 5-68 所示。

日期处理　预览数据
+ 添加处理方式
处理方式　时间计算
处理字段：事件发生时间　运算符：加　修改值：3　日期单位：月　新字段名称：往后推3个月
处理方式　时间计算
处理字段：事件发生时间　运算符：减　修改值：1　日期单位：年　新字段名称：往前推1年

图 5-68　通用算子 – 日期处理算子 – 月计算

单击预览，会追加两列新的日期字段，如图 5-69 所示。

日期处理　预览数据

设置显示字段　　　　① 基于抽样数据得出非全量数据，数据量过小时可

事件发生时间	事件结束时间	往前推1年	往后推3个月
2021-01-02 14:11:00	2021-02-27 21:00:00	2020-01-02 14:11:00	2021-04-02 14:11:00
2021-01-05 15:22:00	2021-03-02 16:49:00	2020-01-05 15:22:00	2021-04-05 15:22:00
2021-01-07 12:30:00	2021-03-04 03:14:00	2020-01-07 12:30:00	2021-04-07 12:30:00
2021-01-10 19:23:00	2021-03-05 16:25:00	2020-01-10 19:23:00	2021-04-10 19:23:00
2021-01-16 11:15:00	2021-03-06 08:19:00	2020-01-16 11:15:00	2021-04-16 11:15:00
2021-01-19 15:33:00	2021-03-25 11:02:00	2020-01-19 15:33:00	2021-04-19 15:33:00
2021-01-22 14:30:00	2021-04-20 09:54:00	2020-01-22 14:30:00	2021-04-22 14:30:00
2021-01-23 15:02:00	2021-04-26 07:43:00	2020-01-23 15:02:00	2021-04-23 15:02:00
2021-01-31 17:24:00	2021-05-14 11:30:00	2020-01-31 17:24:00	2021-04-30 17:24:00

图 5-69　通用算子 – 日期处理算子 – 月计算结果

对选择日期进行时间增加或减少的操作，直接选择对应的运算符为“加”或者“减”，在修改值中输入具体的数值，日期单位可选择年、月、周、日、小时、分、秒，便可得到经过处理的新的日期字段，如图 5-70 和图 5-71 所示。

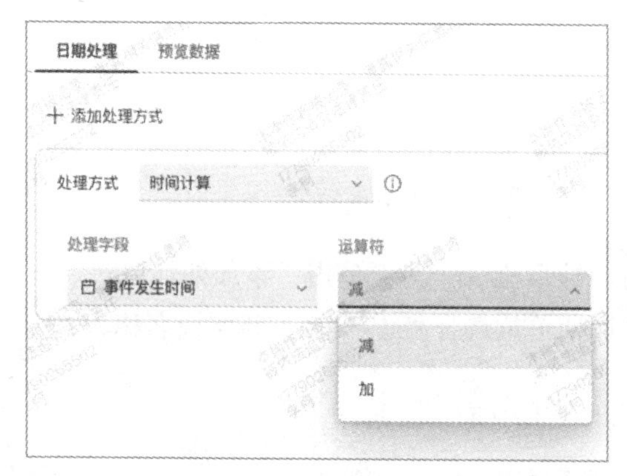

图 5-70　通用算子 – 日期处理算子 – 运算符

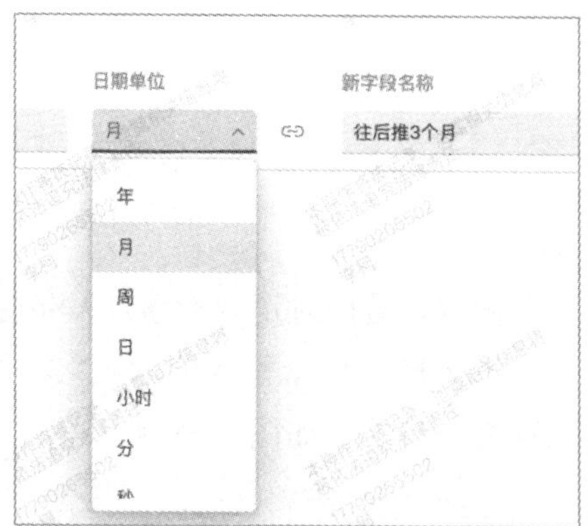

图 5-71　通用算子 – 日期处理算子 – 日期单位

（3）计算事件发生时间与事件结束时间之间的时间差，包括相差年份数、相差月份数、相差周数、相差天数、相差小时数、相差分钟数、相差秒数。

处理方式选择“时间差”，第一个运算类型选择“字段”，运算值选择“事件发生时间”，运算符默认为“减”，无法调整；第二个运算类型选择“字段”，运算值选择“事件结束时间”，日期单位选择“年”，输入新字段名称为“相

差年份数”，如图 5-72 所示。

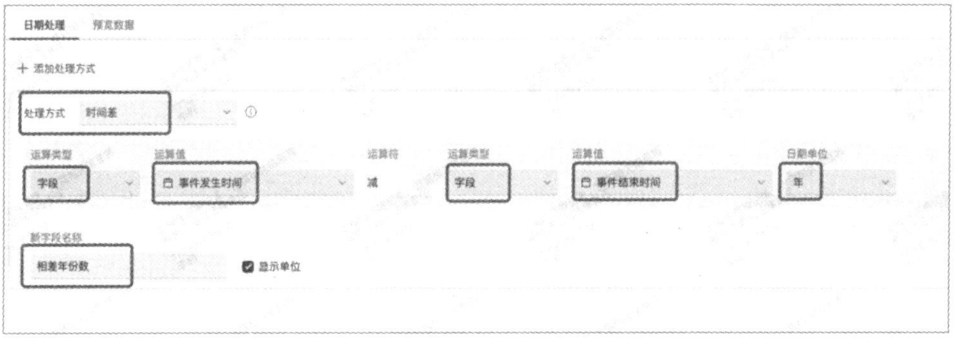

图 5-72　通用算子 – 日期处理算子 – 时间差

单击预览数据，会追加一列新的字段为事件发生时间和事件结束时间相差的年份数，因为案例中两个时间均为 2021 年，所以相差年份数为 0 年，如图 5-73 所示。

图 5-73　通用算子 – 日期处理算子 – 相差年份数

同理，若同时需要计算两个日期字段相差的天数，单击“添加处理方式”，处理方式选择“时间差”，第一个运算类型选择“字段”，运算值选择“事件发生时间”，运算符默认为“减”，无法调整；第二个运算类型选择“字段”，运算值选择“事件结束时间”，日期单位选择“日”，输入新字段名称为“相差天数”，如图 5-74 所示。

日期处理
预览数据
添加处理方式
处理方式
时间差
运算类型
字段
运算值
事件发生时间
运算符
减
运算类型
字段
运算值
事件结束时间
日期单位
日
新字段名称
相差天数
显示单位

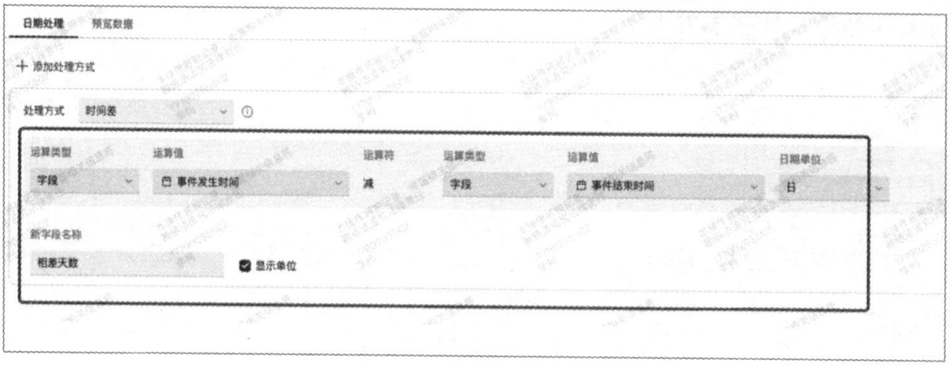

图 5-74　通用算子 – 日期处理算子 – 相差天数

单击预览结果，会追加两列字段，分别计算事件发生时间与事件结束时间两个日期之间相差的年份数和天数。此时，相差天数计算的结果为负数。因为选择运算值时，“事件发生时间”为日期较小的时间在前面，此时计算表达式为小时间减去大时间，结果为负数，如图 5-75 所示。

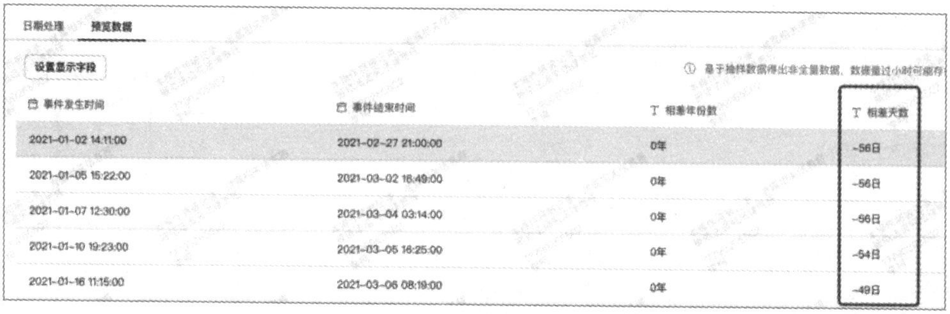

日期处理
预览数据
设置显示字段
事件发生时间
事件结束时间
相差年份数
相差天数
2021-01-02 14:11:00
2021-02-27 21:00:00
0年
-56日
2021-01-05 15:22:00
2021-03-02 16:49:00
0年
-56日
2021-01-07 12:30:00
2021-03-04 03:14:00
0年
-56日
2021-01-10 19:23:00
2021-03-05 16:25:00
0年
-54日
2021-01-16 11:15:00
2021-03-06 08:19:00
0年
-49日

图 5-75　通用算子 – 日期处理算子 – 相差天数结果

将事件结束时间与事件发生时间顺序调换，即可得到正值，如图 5-76 和图 5-77 所示。

日期处理
预览数据
添加处理方式
处理方式
时间差
运算类型
字段
运算值
事件结束时间
运算符
减
运算类型
字段
运算值
事件发生时间
日期单位
日
新字段名称
相差天数
显示单位

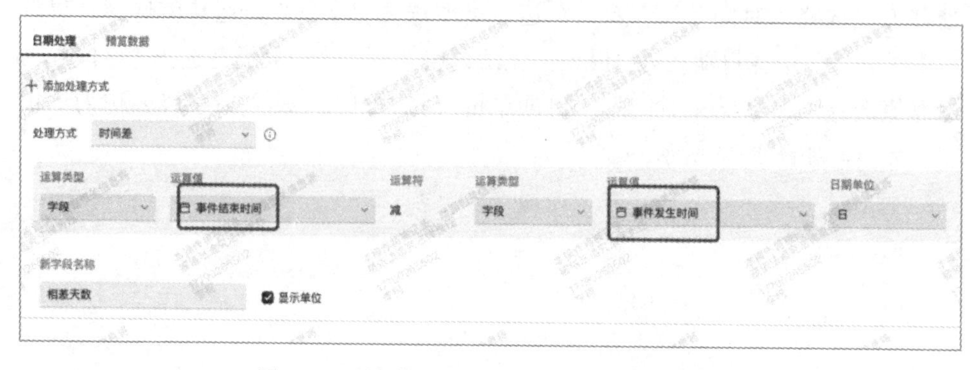

图 5-76　通用算子 – 日期处理算子 – 顺序调换

计算两个日期间的相差周数、相差小时数、相差分钟数、相差秒数，与相差天数、相差年数的配置方法一致，只需在“日期单位”处选择对应的时间粒度即可，如图 5-78 所示。

日期处理　预览数据

设置显示字段

事件发生时间	事件结束时间	相差年份数	相差天数
2021-01-02 14:11:00	2021-02-27 21:00:00	0年	56日
2021-01-05 15:22:00	2021-03-02 16:49:00	0年	56日
2021-01-07 12:30:00	2021-03-04 03:14:00	0年	56日
2021-01-10 19:23:00	2021-03-05 16:25:00	0年	54日
2021-01-16 11:16:00	2021-03-06 08:19:00	0年	49日
2021-01-19 15:33:00	2021-03-25 11:02:00	0年	65日
2021-01-22 14:30:00	2021-04-20 09:54:00	0年	88日

图 5-77　通用算子 – 日期处理算子 – 相差天数

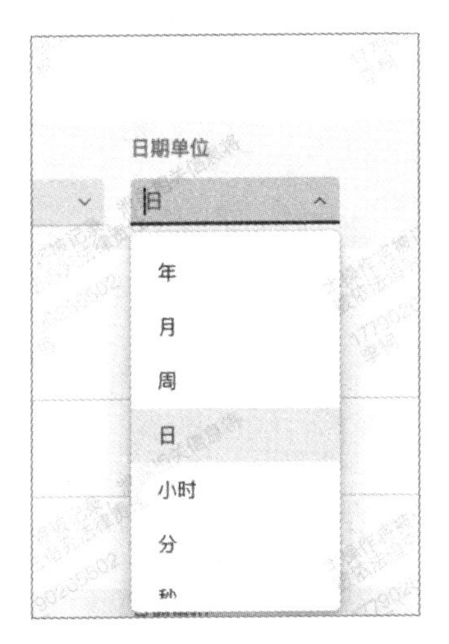

图 5-78　通用算子 – 日期处理算子 – 日期单位

同时，还可计算某一个日期与当前日期之间相差的时间差。如计算事件发生时间与当前时间相差的天数，计算结果为正值。

选择处理方式为“时间差”，第一个运算类型选择“相对”，运算值默认为“现在”，无法调整，运算符为“减”；第二个运算类型为“字段”，运算值选择“事件发生时间”，日期单位选择“日”，输入新字段名称为“事件发生距今天数”，如图 5-79 所示。

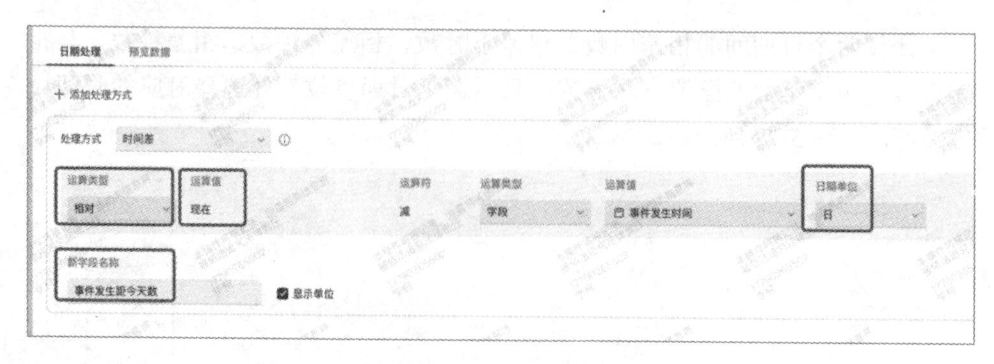

图 5-79　通用算子 – 日期处理算子 – 距今时间差

单击预览，会追加一列字段为事件发生时间距离当前日期的相差天数，如图 5-80 所示。

事件发生时间	事件结束时间	相差年份数	相差天数	事件发生距今天数
2021-01-02 14:11:00	2021-02-27 21:00:00	0年	56日	418日
2021-01-05 15:22:00	2021-03-02 16:49:00	0年	56日	415日
2021-01-07 12:30:00	2021-03-04 03:14:00	0年	56日	413日
2021-01-10 19:23:00	2021-03-05 16:25:00	0年	54日	410日
2021-01-16 11:15:00	2021-03-06 08:19:00	0年	49日	404日
2021-01-19 15:33:00	2021-03-25 11:02:00	0年	65日	401日
2021-01-22 14:30:00	2021-04-20 09:54:00	0年	88日	398日
2021-01-23 15:02:00	2021-04-26 07:43:00	0年	93日	397日

图 5-80　通用算子 – 日期处理算子 – 距今时间差结果

不勾选显示单位，计算出的时间差结果只有对应的数字，如图 5-81 所示。

事件发生时间	事件结束时间	相差年份数	相差天数	事件发生距今天数
2021-01-02 14:11:00	2021-02-27 21:00:00	0	56	418
2021-01-05 15:22:00	2021-03-02 16:49:00	0	56	415
2021-01-07 12:30:00	2021-03-04 03:14:00	0	56	413
2021-01-10 19:23:00	2021-03-05 16:25:00	0	54	410
2021-01-16 11:15:00	2021-03-06 08:19:00	0	49	404
2021-01-19 15:33:00	2021-03-25 11:02:00	0	65	401
2021-01-22 14:30:00	2021-04-20 09:54:00	0	88	398

图 5-81　通用算子 – 日期处理算子 – 距今时间差结果（无单位）

5.5.10　通用算子–字符串处理算子

算子描述：对父节点数据可实现对输入字段中的值进行清洗、处理等操作，支持的字符串处理方式包括按位数截取、字符串拼接、字符串拆分等操作。

例：模拟数据为会员注册数据，数据中有姓名、拼音、手机号、现居地址、性别及年龄 5 个字段，通过字符串处理常见方式，对模拟数据进行处理。

1. 按位数截取

因案例数据中“现居地址”字段中包含省市区，且字段格式较统一，前三位字符都是 ×× 省，在此情况下，可通过按位数截取的方式获取现居地址中对应的省份。

处理方式下拉选择“按位数截取”，截取字段下拉选择“现居地址”；起始位置可选择“起始位置”，也可选择“手动输入”，若从第 1 位开始截取，可直接选择“起始位置”或手动输入“1”；截取位数代表需要截取的长度，前三位表示从第 1 位开始截取，长度为 3，手动输入“3”；输入新字段名称为“省份”，如图 5-82 所示。

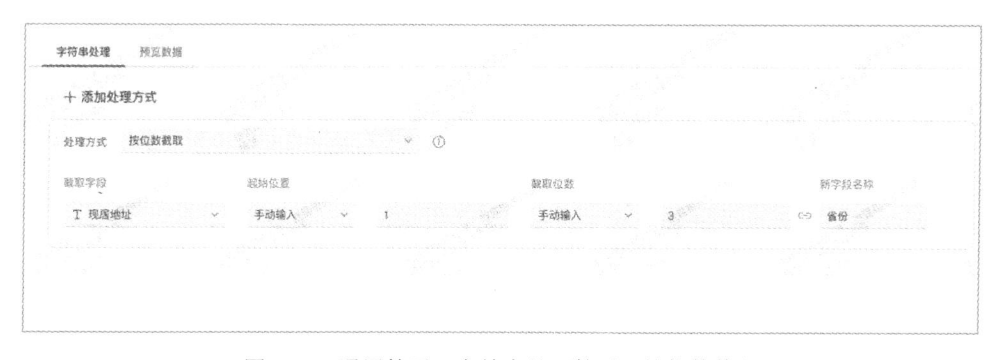

图 5-82　通用算子 – 字符串处理算子 – 按位数截取

单击预览，会追加一列新的字段，为从“现居地址”中截取出的省份，如图 5-83 所示。

在实际应用中，若地址字段格式不规则、不统一，则无法使用该方法进行截取，可结合正则表达式进行处理。

按位数截取还经常用于提取身份证号第 7 位至第 14 位的出生年月，从第 7 位开始截取，长度为 8；提取身份证号第 1 至第 6 位的户籍地区划，从第 1 位开始截取，长度为 6。

字符串处理　预览数据

设置显示字段　　ⓘ 基于抽样数据得出非全量数据，数据量过小时可能存在没数据的情况

T 姓名	T 拼音	# 手机号	T 现居地址	T 性别及年龄	T 省份
张小花	zhangxiaohua	138203467392	四川省成都市成华区	女，28	四川省
hzxy5193	-	-	四川省成都市金牛区	男，42	四川省
贺大宝	HEdaBAO	137493922	广东省广州市海珠区	男，47	广东省
hzxy9472	-	13677778235	-	-	-
hzxy6854	-	13677778234	-	男，39	-
朱莉莉	ZHUlili	13749392222	四川省绵阳市涪陵区	女，14	四川省
王小凡	wangXIAOfan	13739222	广东省广州市白云区	男，23	广东省
李大强	lidaqiang	13783721183	四川省成都市金牛区	男，36	四川省
hzxy1286	-	-	-	-	-
hzxy1632	-	-	四川省成都市成华区	-	四川省
hzxy3693	-	13677778236	四川省成都市金牛区	男，23	四川省

图 5-83　通用算子 – 字符串处理算子 – 按位数截取结果

2. 计算字符长度

案例数据中，手机号格式不统一，标准手机号长度为 11，可通过计算手机号长度来找出不规则的手机号信息。

处理方式下拉选择“计算字符长度”，计算字段下拉选择“手机号”，输入新字段名称为“手机号长度”，如图 5-84 所示；

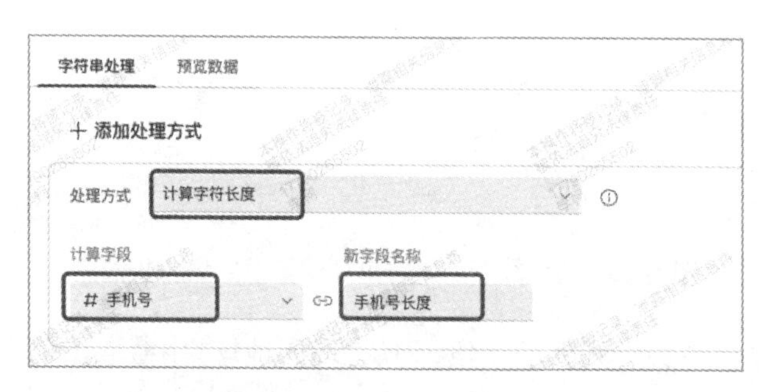

图 5-84　通用算子 – 字符串处理算子 – 计算字符长度

单击预览，会追加一列新的字段为“手机号长度”，若手机号字段为空，长度计算结果则为 0。然后可结合数据过滤算子，过滤“手机号长度”等于 11 的手机号信息，如图 5-85 所示。

字符串处理　预览数据

设置显示字段

① 基于抽样数据得出非全量数据，数据量过小时可能存在没数

T 姓名	T 拼音	# 手机号	T 现居地址	T 性别及年龄	# 手机号长度
张小花	zhangxiaohua	138203467392	四川省成都市成华区	女，28	12
hzxy5193	–	–	四川省成都市金牛区	男，42	0
贺大宝	HEdaBAO	137493922	广东省广州市海珠区	男，47	9
hzxy9472	–	13677778235	–	–	11
hzxy6854	–	13677778234	–	男，39	11
朱莉莉	ZHUlili	13749392222	四川省绵阳市涪城区	女，14	11
王小凡	wangXIAOfan	13739222	广东省广州市白云区	男，23	8
李大强	lidaqiang	13783721183	四川省成都市金牛区	男，36	11
hzxy1286	–	–	–	–	0
hzxy1632	–	–	四川省成都市成华区	–	0
hzxy3693	–	13677778235	四川省成都市金牛区	男，23	11

图 5-85　通用算子 – 字符串处理算子 – 计算字符长度结果

3. 字符串拼接

将案例数据中姓名、手机号、现居地址 3 个字段，按照“姓名：××××××，手机号：×××××××××××，现居地：××××××××××××”的格式拼接为一段文本信息。

选择处理方式为“字符串拼接”，单击常量，在下方白色椭圆框中输入“姓名：”，右侧输入新字段名称为“个人信息”，如图 5-86 所示。

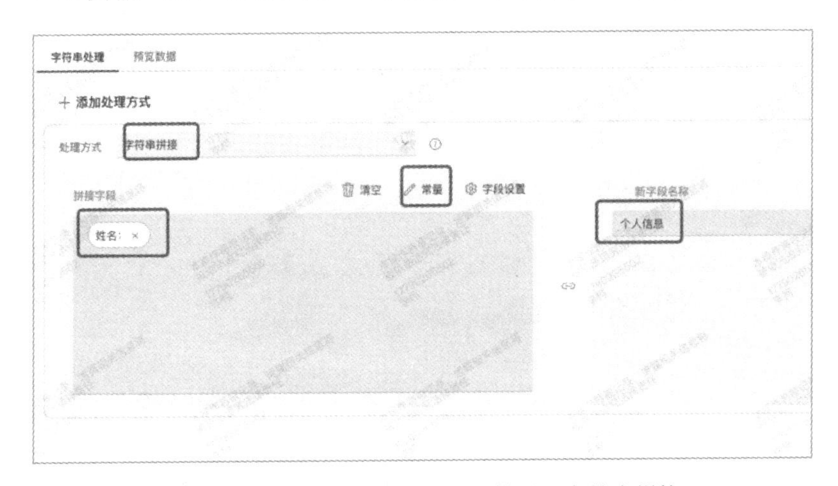

图 5-86　通用算子 – 字符串处理算子 – 字符串拼接

单击预览，会新增一列字段“个人信息”，每一行的字段内容均为固定值“姓名：”，如图 5-87 所示。

字符串处理　预览数据

设置显示字段

姓名	拼音	手机号	现居地址	性别及年龄	个人信息
张小花	zhangxiaohua	138203467392	四川省成都市成华区	女，28	姓名:
hzxy5193	--	--	四川省成都市金牛区	男，42	姓名:
贺大宝	HEdaBAO	137493922	广东省广州市海珠区	男，47	姓名:
hzxy9472	--	13677778235	--	--	姓名:
hzxy6854	--	13677778234	--	男，39	姓名:
朱莉莉	ZHUlili	13749392222	四川省绵阳市涪陵区	女，14	姓名:
王小凡	wangXIAOfan	13739222	广东省广州市白云区	男，23	姓名:
李大强	lidaqiang	13783721183	四川省成都市金牛区	男，36	姓名:
hzxy1286	--	--	--	--	姓名:
hzxy1632	--	--	四川省成都市成华区	--	姓名:
hzxy3693	--	13677778235	四川省成都市金牛区	男，23	姓名:

图 5-87　通用算子 – 字符串处理算子 – 字符串拼接结果

继续在固定值“姓名: ”后添加变量“姓名”字段，单击“字段设置”，勾选“姓名”，如图 5-88、图 5-89 和图 5-90 所示。

图 5-88　通用算子 – 字符串处理算子 – 字符串拼接

图 5-89　通用算子 – 字符串处理算子 – 字符串拼接设置 1

图 5-90　通用算子 – 字符串处理算子 – 字符串拼接设置 2

单击预览，新追加的“个人信息”字段列会按照“姓名：”+ 每一行的姓名内容的格式拼接成一段文本，如图 5-91 所示。

字符串处理　预览数据

设置显示字段

基于抽样数据得出非全量数据，数据量过小时可能存在没数据的

姓名	拼音	手机号	现居地址	性别及年龄	个人信息
张小花	zhangxiaohua	138203467392	四川省成都市成华区	女，28	姓名：张小花
hzxy5193	-	-	四川省成都市金牛区	男，42	姓名：hzxy5193
贺大宝	HEdaBAO	137493922	广东省广州市海珠区	男，47	姓名：贺大宝
hzxy9472	-	13677778235	-	-	姓名：hzxy9472
hzxy6854	-	13677778234	-	男，39	姓名：hzxy6854
朱莉莉	ZHUlili	13749392222	四川省绵阳市涪陵区	女，14	姓名：朱莉莉
王小凡	wangXIAOfan	13739222	广东省广州市白云区	男，23	姓名：王小凡
李大强	lidaqiang	13783721183	四川省成都市金牛区	男，36	姓名：李大强
hzxy1286	-	-	-	-	姓名：hzxy1286
hzxy1632	-	-	四川省成都市成华区	-	姓名：hzxy1632
hzxy3693	-	13677778236	四川省成都市金牛区	男，23	姓名：hzxy3693

图 5-91　通用算子 – 字符串处理算子 – 字符串拼接结果

按照同样的方式，添加“，”“手机号：”“，”“现居地：”4 个常量，勾选“手机号”“现居地址”2 个字段，按照顺序拼接，如图 5-92 所示。

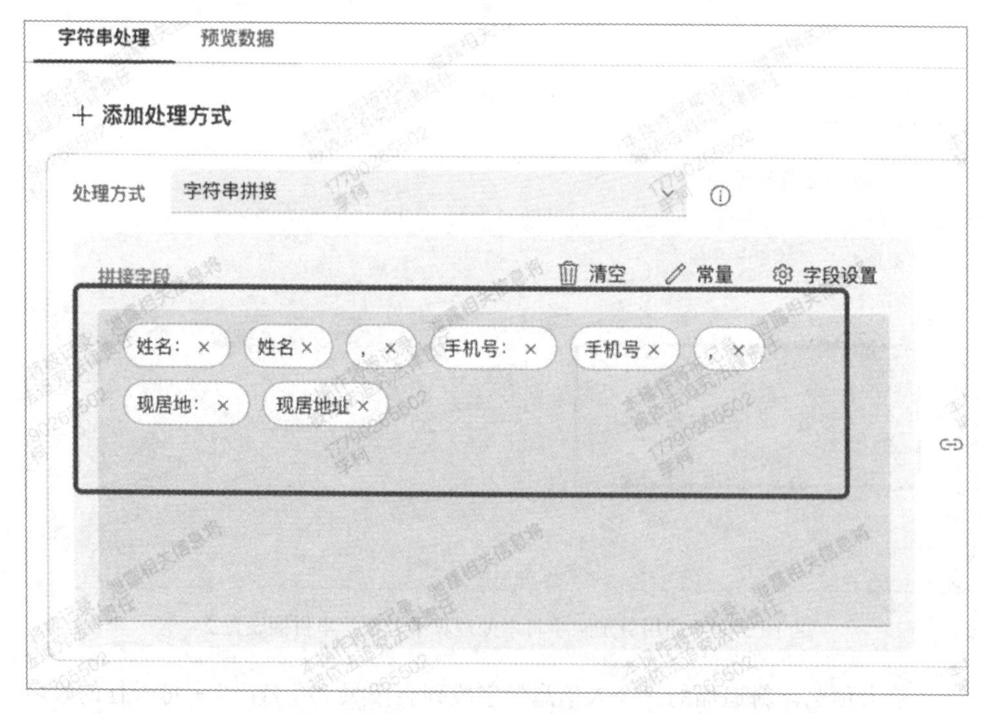

图 5-92　通用算子 – 字符串处理算子 – 多字符串拼接

单击预览，最终得到如“姓名：张小花，手机号：138××××××××，现居地：四川省成都市成华区”这样一段个人信息，如图 5-93 所示。

字符串处理　预览数据

设置显示字段　　　基于抽样数据得出非全量数据，数据量过小时可能存在没数据的情

姓名	拼音	手机号	现居地址	性别及年龄	个人信息
张小花	zhangxiaohua	138203467392	四川省成都市成华区	女，28	姓名：张小花，手机号：138203467392，现居地：四川省成都市成华区
hzxy5193	–	–	四川省成都市金牛区	男，42	姓名：hzxy5193，手机号：，现居地：四川省成都市金牛区
贺大宝	HEdaBAO	137493922	广东省广州市海珠区	男，47	姓名：贺大宝，手机号：137493922，现居地：广东省广州市海珠区
hzxy9472	–	13677778235	–	–	姓名：hzxy9472，手机号：13677778235，现居地：
hzxy6854	–	13677778234	–	男，39	姓名：hzxy6854，手机号：13677778234，现居地：
朱莉莉	ZHUlili	13749392222	四川省绵阳市涪城区	女，14	姓名：朱莉莉，手机号：13749392222，现居地：四川省绵阳市涪城区
王小凡	wangXIAOfan	13739222	广东省广州市白云区	男，23	姓名：王小凡，手机号：13739222，现居地：广东省广州市白云区
李大强	lidaqiang	13783721183	四川省成都市金牛区	男，36	姓名：李大强，手机号：13783721183，现居地：四川省成都市金牛区
hzxy1286	–	–	–	–	姓名：hzxy1286，手机号：，现居地：
hzxy1632	–	–	四川省成都市成华区	–	姓名：hzxy1632，手机号：，现居地：四川省成都市成华区
hzxy3693	–	13677778235	四川省成都市金牛区	男，23	姓名：hzxy3693，手机号：13677778235，现居地：四川省成都市金牛区

图 5-93　通用算子 – 字符串处理算子 – 多字符串拼接结果

4. 大小写转换

案例数据中，姓名和拼音字段格式不统一，有大写、小写、大小写混合三种格式，现在要求对拼音字段进行大小写统一处理。

处理方式下拉选择“大小写转换”，转换类型下拉选择“转大写”，输入新字段名称为“拼音转大写”，如图 5-94 所示。

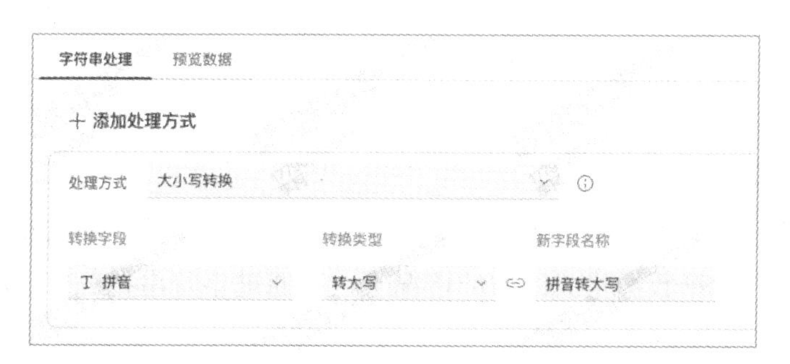

图 5-94　通用算子 – 字符串处理算子 – 大小写转换

可以同样的方式将拼音字段转化为小写，如图 5-95 所示。

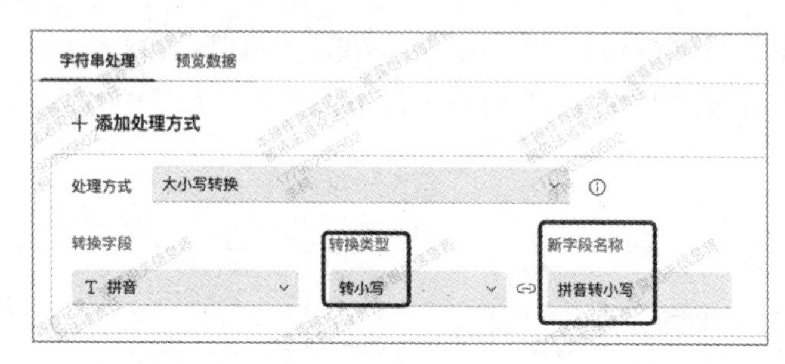

图 5-95　通用算子 – 字符串处理算子 – 大小写转换 – 转换类型

单击预览数据，会追加一列新的字段为全部大写格式的拼音字段，如图 5-96 所示。

字符串处理　预览数据

设置显示字段

姓名	拼音	手机号	居住地址	性别及年龄	拼音转大写
张小花	zhangxiaohua	138203467392	四川省成都市成华区	女，28	ZHANGXIAOHUA
hzxy5193	-	-	四川省成都市金牛区	男，42	-
贺大宝	HEdaBAO	137493922	广东省广州市海珠区	男，47	HEDABAO
hzxy9472	-	13677778235	-	-	-
hzxy6854	-	13677778234	-	男，39	-
朱莉莉	ZHUlili	13749392222	四川省绵阳市涪城区	女，14	ZHULILI
王小凡	wangXIAOfan	13739222	广东省广州市白云区	男，23	WANGXIAOFAN
李大强	lidaqiang	13783721183	四川省成都市金牛区	男，36	LIDAQIANG
hzxy1286	-	-	-	-	-
hzxy1632	-	-	四川省成都市成华区	-	-
hzxy3693	-	13677778235	四川省成都市金牛区	男，23	-

图 5-96　通用算子 – 字符串处理算子 – 大小写转换预览数据

5. 字符串拆分

模拟数据中，“性别及年龄”字段中包含性别和年龄两种信息，且统一以逗号隔开，在此种数据格式统一的情况下，可通过字符串拆分算子将性别及年龄拆分为两个字段。

处理方式下拉选择“字符串拆分”，拆分字段下拉选择“性别及年龄”，拆分分隔符输入“，”，拆分位数选择“1”，新字段名称输入“性别”。

从逗号的数量来决定拆分字段数量和对应的拆分位数，拆分位数 1 为性别，拆分位数 2 为年龄，如图 5-97 所示。

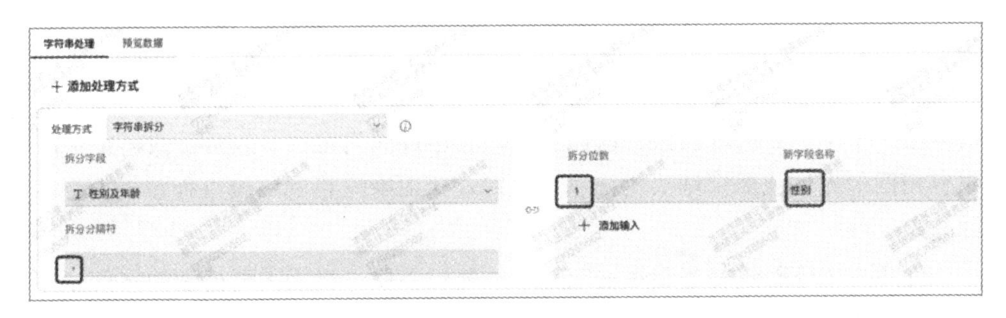

图 5-97　通用算子 – 字符串处理算子 – 字符串拆分

单击添加处理方式，新增一行处理年龄，处理方式下拉选择“字符串拆分”，拆分字段下拉选择“性别及年龄”，拆分分隔符输入“，”，拆分位数选择“2”，新字段名称输入“年龄”，如图 5-98 所示。

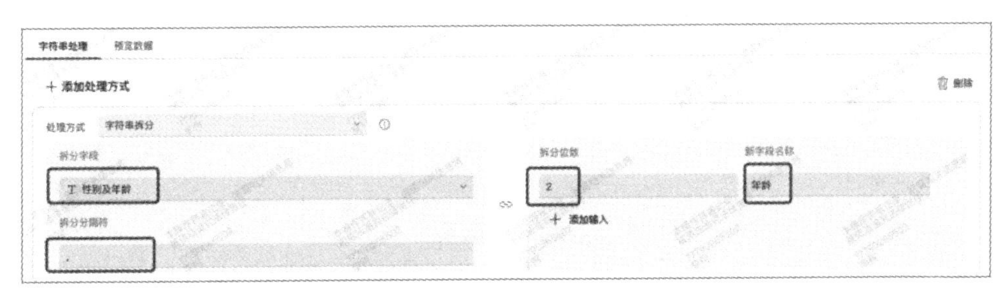

图 5-98　通用算子 – 字符串处理算子 – 字符串拆分配置

单击预览数据，会追加两列新的字段，从“性别及年龄”字段中通过逗号拆分得到的性别和年龄，如图 5-99 所示。

字符串处理　预览数据

设置显示字段

姓名	拼音	手机号	现居地址	性别及年龄	性别	年龄
张小花	zhangxiaohua	138203467392	四川省成都市成华区	女，28	女	28
hzxy5193	-	-	四川省成都市金牛区	男，42	男	42
贺大宝	HEdaBAO	137493922	广东省广州市海珠区	男，47	男	47
hzxy9472	-	13677778235	-	-	-	-
hzxy6854	-	13677778234	-	男，39	男	39
朱莉莉	ZHUlili	13749392222	四川省绵阳市涪陵区	女，14	女	14
王小凡	wangXIAOfan	13739222	广东省广州市白云区	男，23	男	23
李大强	lidaqiang	13783721183	四川省成都市金牛区	男，36	男	36
hzxy1286	-	-	-	-	-	-
hzxy1632	-	-	四川省成都市成华区	-	-	-
hzxy3693	-	13677778235	四川省成都市金牛区	男，23	男	23

图 5-99　通用算子 – 字符串处理算子 – 字符串拆分结果

6. 首尾去空格

在实际应用中，因录入不规范等原因，数据表中的字段首尾会有空格，空格会占一个字符，同时在做关联比对时，会出现因为空格导致两份数据中字段内容相同但无法比对出结果的问题，这时，可对有空格的字段进行首尾去空格的处理。

处理方式下拉选择“首尾去空格”，处理字段选择为需要处理的字段，输入新的字段名称，会追加一列为去掉首尾空格的新字段，如图 5-100 和图 5-101 所示。

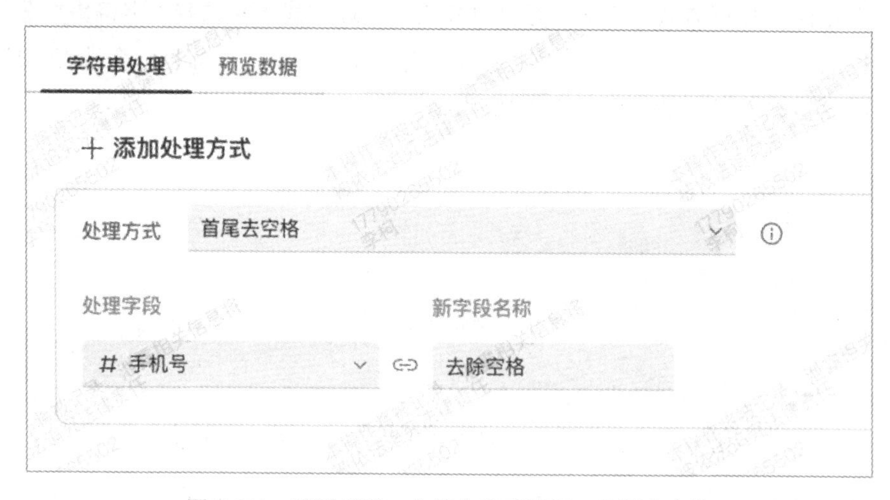

图 5-100　通用算子 – 字符串处理算子 – 首尾去空格

字符串处理　预览数据

设置显示字段

① 基于抽样数据得出非全量数据，数据量过小时可能存在没数据的情况

T 姓名	T 拼音	# 手机号	T 现居地址	T 性别及年龄	T 去除空格
张小花	zhangxiaohua	138203467392	四川省成都市成华区	女，28	138203467392
hzxy5193	-	-	四川省成都市金牛区	男，42	-
贺大宝	HEdaBAO	137493922	广东省广州市海珠区	男，47	137493922
hzxy9472	-	13677778235	-	-	13677778235
hzxy6854	-	13677778234	-	男，39	13677778234
朱莉莉	ZHUlili	13749392222	四川省绵阳市涪陵区	女，14	13749392222
王小凡	wangXIAOfan	13739222	广东省广州市白云区	男，23	13739222
李大强	lidaqiang	13783721183	四川省成都市金牛区	男，36	13783721183
hzxy1266	-	-	-	-	-
hzxy1632	-	-	四川省成都市成华区	-	-
hzxy3893	-	13677778235	四川省成都市金牛区	男，23	13677778235

图 5-101　通用算子 – 字符串处理算子 – 首尾去空格结果

5.5.11　通用算子–空值率算子

算子描述：对选定的字段进行空值率计算。字段空值率 = 该字段下空值行数 / 总行数。

例：在图 5-102 的模拟数据，字段有空值会显示为“-”，空字段会影响计数结果。在进行数据分析前，可通过计算数据表中每列字段的空值率评估数据质量。

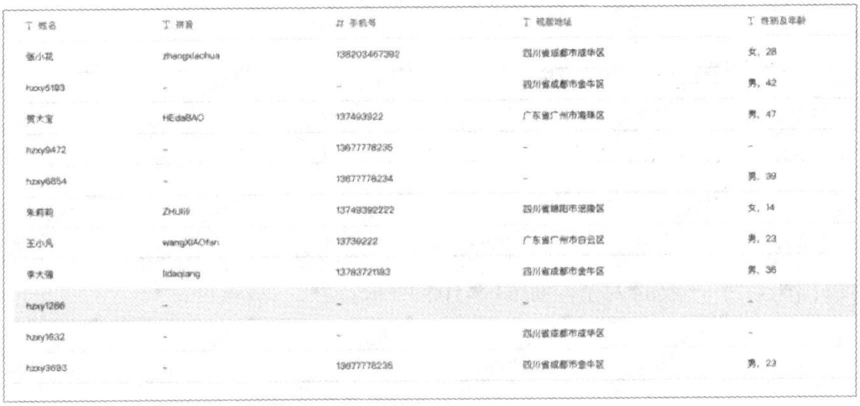

T 姓名	T 拼音	# 手机号	T 现居地址	T 性别及年龄
张小花	zhangxiaohua	138203467392	四川省成都市成华区	女，28
hzxy5193	-	-	四川省成都市金牛区	男，42
贺大宝	HEdaBAO	137493922	广东省广州市海珠区	男，47
hzxy9472	-	13677778235	-	-
hzxy6854	-	13677778234	-	男，39
朱莉莉	ZHUlili	13749392222	四川省绵阳市涪城区	女，14
王小凡	wangXIAOfan	13739222	广东省广州市白云区	男，23
李大强	lidaqiang	13783721183	四川省成都市金牛区	男，36
hzxy1288	-	-	-	-
hzxy1632	-	-	四川省成都市成华区	-
hzxy3693	-	13677778235	四川省成都市金牛区	男，23

图 5-102　通用算子 – 空值率算子 – 案例数据

直接勾选数据表中需要计算空值率的字段，如图 5-103 所示。

空值率　预览数据

输出字段

☑ 全选	原字段名	新字段名
☑ 保留	姓名	T 姓名
☑ 保留	拼音	T 拼音
☑ 保留	手机号	# 手机号
☑ 保留	现居地址	T 现居地址
☑ 保留	性别及年龄	T 性别及年龄

图 5-103　通用算子 – 空值率算子 – 空值率字段配置

单击预览数据，会输出一行数据，分别计算各列字段的空值率，若该列字段中无空值，则显示为 0，如图 5-104 所示。

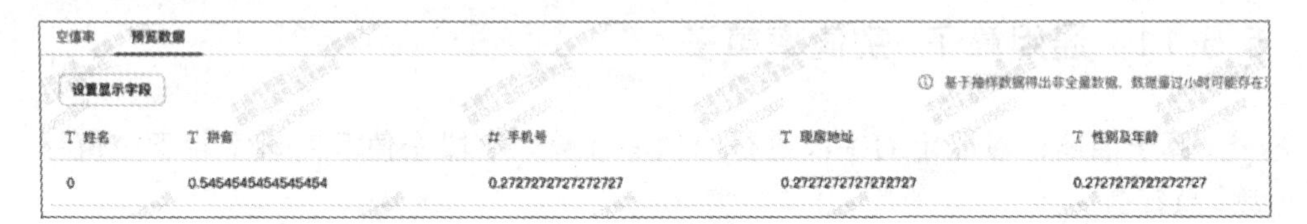

图 5-104　通用算子 – 空值率算子 – 预览数据结果

5.6　多表级数据处理通用算子

5.6.1　通用算子-左连接

左连接即 left join，没有集合的概念，以左表为主进行关联，可以配置一个或多个字段作为关联字段，输出字段默认为所有字段。

左连接实现的是以左表的字段为基本字段，右表中与该字段一致的数据会被读取出来，不一致的为空，如图 5-105 所示。

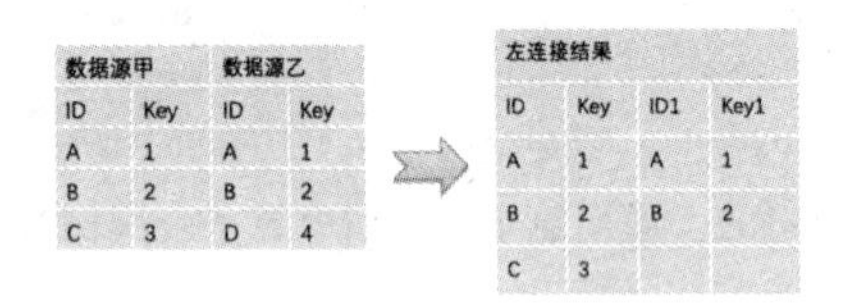

数据源甲		数据源乙	
ID	Key	ID	Key
A	1	A	1
B	2	B	2
C	3	D	4

左连接结果			
ID	Key	ID1	Key1
A	1	A	1
B	2	B	2
C	3		

图 5-105　通用算子 – 左连接逻辑

在实战中的应用演示如图 5-106 和图 5-107 所示（操作步骤与添加字段的操作步骤相似）。

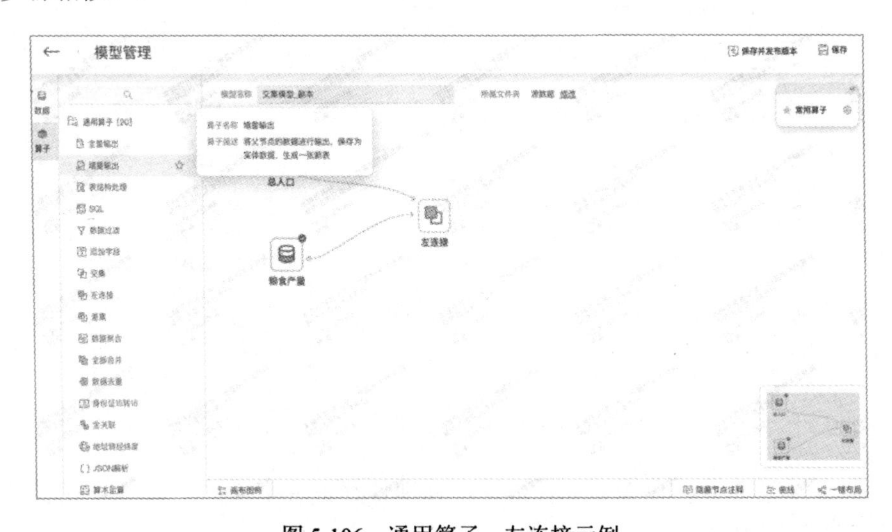

图 5-106　通用算子 – 左连接示例

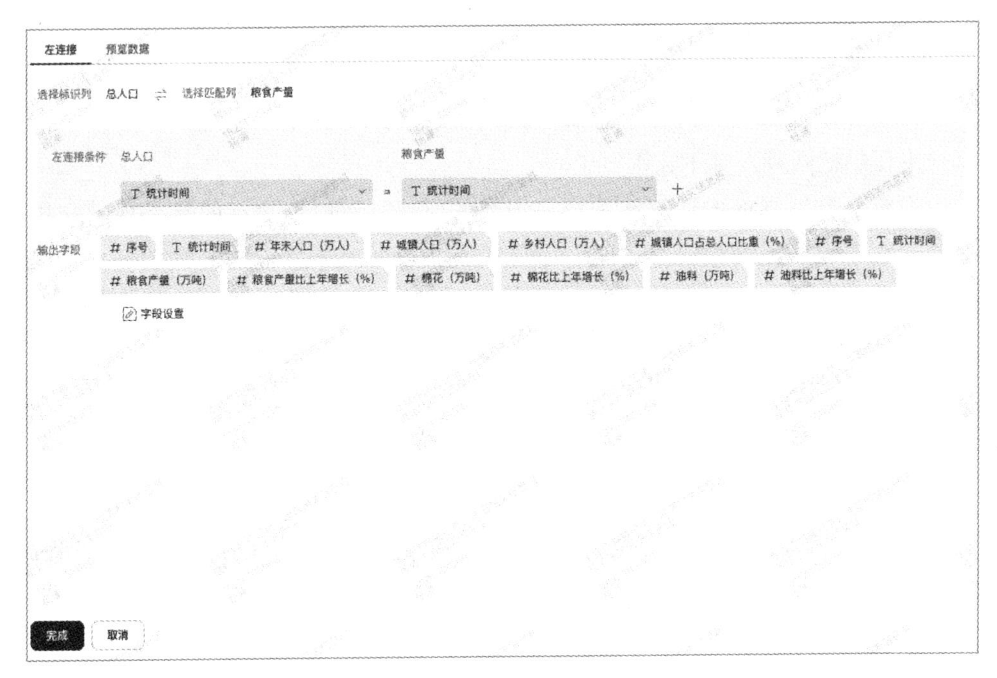

图 5-107　通用算子 – 左连接配置

通过左连接后的预览数据结果为 17 条，如图 5-108 所示。

左连接　预览数据

设置显示字段

① 基于抽样数据得出非全量数据，数据量过小时可能存在没数据的情况

# 序号	T 统计时间	# 年末人口（万人）	# 城镇人口（万人）	# 乡村人口（万人）	# 城镇人口占总人口比重（%）	# 粮食产量（万吨）	# 粮食产量比上年增
8	2012年	135922	72175	63747	53.1	61222.62	4.0
17	2021年	141260	91425	49835	64.7	68285.00	2.0
9	2013年	136726	74502	62224	54.5	63048.20	3.0
6	2010年	134091	66978	67113	49.9	55911.31	3.7
16	2019年	141008	88426	52582	62.7	66384.34	0.9
3	2007年	132129	60633	71496	45.9	50413.85	1.2
1	2005年	130756	56212	74544	43.0	48402.19	3.1
7	2011年	134916	69927	64989	51.8	58849.33	5.3
5	2009年	133450	64512	68938	48.3	53940.86	0.9
14	2018年	140541	86433	54108	61.5	65789.22	-0.6
4	2008年	132802	62403	70399	47.0	53434.29	6.0
2	2006年	131448	58288	73160	44.3	49804.23	2.9

完成　取消

图 5-108　通用算子 – 左连接预览结果

5.6.2 通用算子–交集

交集算子，虽然不是完全意义上的交集运算，却也相差无几。交集算子运算符主要包括两种：等于、不等于。

当算子配置界面的运算符选择等于号的时候，这时候执行的是常规的交集运算，它输出满足交集运算的某一字段的交集（即某一字段的公共部分）。用数学中的韦恩图表示就是图 5-109 中的阴影部分。

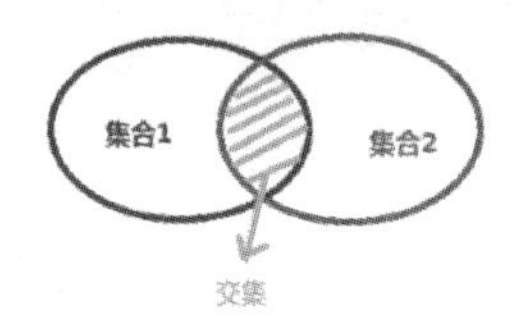

图 5-109 通用算子 – 交集韦恩图

现在假设数据源甲及乙的内部数据如图 5-110 所示，通过交集运算（ID=ID）得出结果。

数据源甲		数据源乙	
ID	Key	ID	Key
A	1	A	1
B	2	B	2
C	3	D	4

交集结果			
ID	Key	ID1	Key1
A	1	A	1
B	2	B	2

图 5-110 通用算子 – 交集示例 1

在实战中的应用演示如图 5-111 和图 5-112 所示。

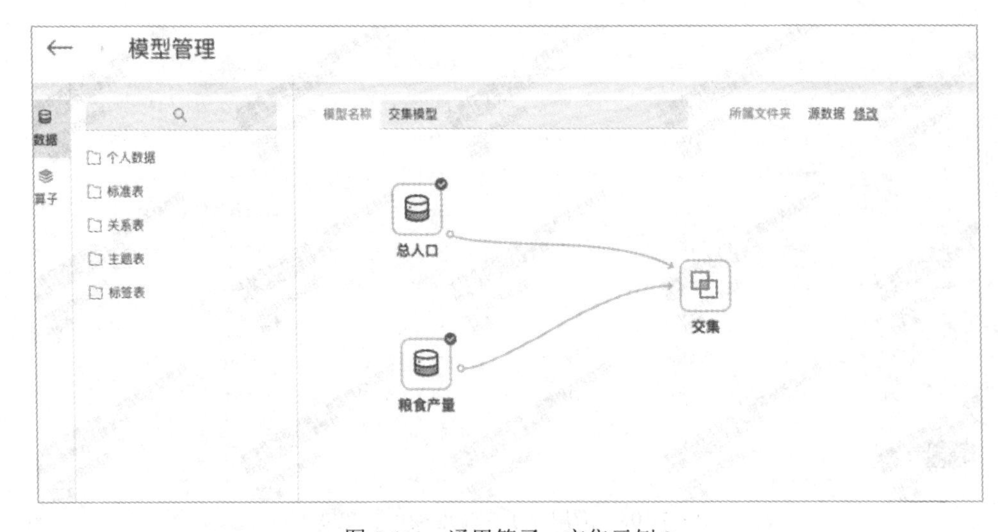

图 5-111 通用算子 – 交集示例 2

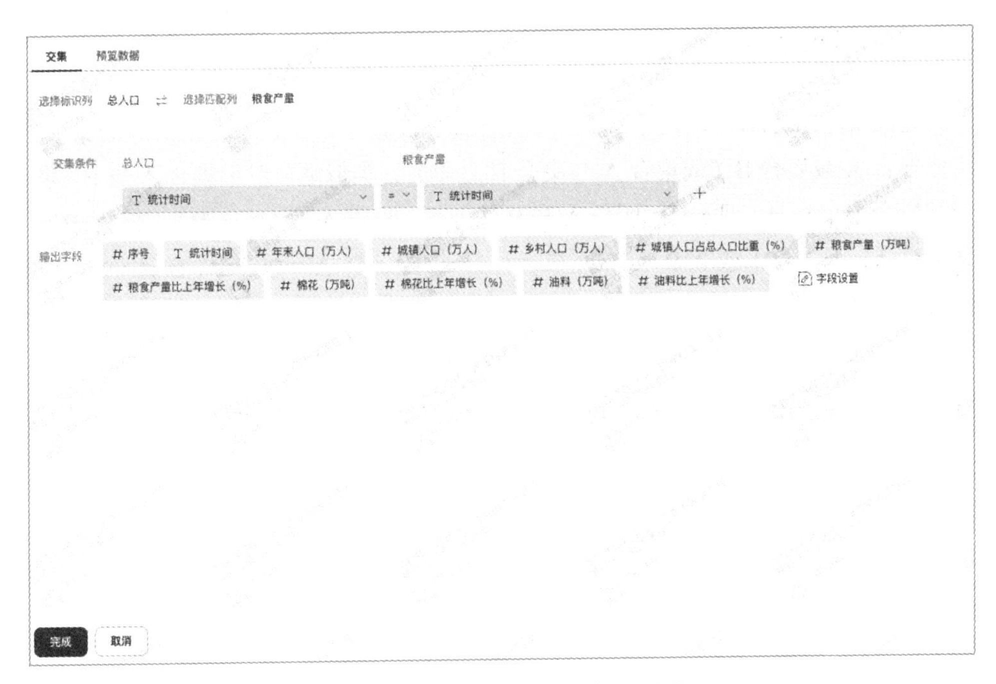

图 5-112　通用算子 – 交集算子配置

通过交集后的预览数据结果为 17 条，如图 5-113 所示。

交集　预览数据

设置显示字段

ⓘ 基于抽样数据得出非全量数据，数据量过小时可能存在没数据的情况

# 序号	T 统计时间	# 年末人口（万人）	# 城镇人口（万人）	# 乡村人口（万人）	# 城镇人口占总人口比重（%）	# 粮食产量（万吨）	# 粮食产量比上年增t
2	2006年	131448	58288	73160	44.3	49804.23	2.9
1	2005年	130756	56212	74544	43.0	48402.19	3.1
15	2019年	141008	88426	52582	62.7	66384.34	0.9
8	2012年	135922	72175	63747	53.1	61222.62	4.0
3	2007年	132129	60633	71496	45.9	50413.85	1.2
12	2016年	139232	81924	57308	58.8	66043.51	0.0
7	2011年	134916	69927	64989	51.8	58849.33	5.3
17	2021年	141260	91425	49835	64.7	68285.00	2.0
11	2015年	138326	79302	59024	57.3	66060.27	3.3
10	2014年	137646	76738	60908	55.8	63964.83	1.5
13	2017年	140011	84343	55668	60.2	66160.73	0.2
9	2013年	136726	74502	62224	54.5	63048.20	3.0

完成　取消

图 5-113　通用算子 – 交集算子 – 预览结果

5.6.3 通用算子–差集

差集算子：设A，B是两个集合，由所有属于A且不属于B的元素组成的集合，叫作集合A减集合B（或集合A与集合B之差）。类似地，对于集合A与B，我们把集合$\{x|x \in A，\text{且}\ x \notin B\}$叫作A与B的差集，记作A–B（或A\B），即$A-B=\{x|x \in A，\text{且}\ x \notin B\}$或$A\backslash B=\{x|x \in A，\text{且}\ x \notin B\}$。$B-A=\{x|x \in B\ \text{且}\ x \notin A\}$叫作B与A的差集。

通过上述定义不难发现，差集是分前后的，即A–B不等同于B–A。下面利用数据源甲与数据源乙做差集运算，得到的结果如图5-114所示。

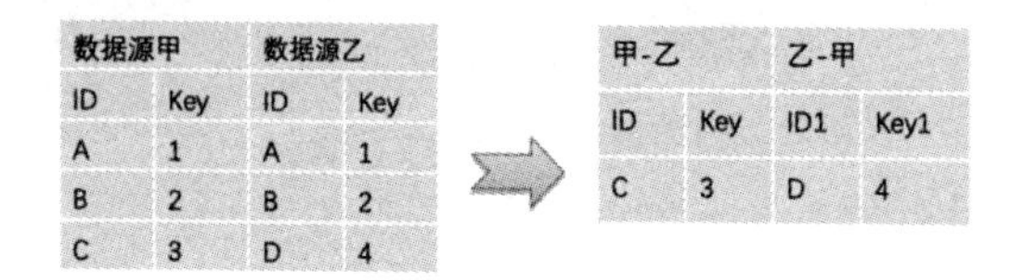

数据源甲		数据源乙	
ID	Key	ID	Key
A	1	A	1
B	2	B	2
C	3	D	4

甲-乙		乙-甲	
ID	Key	ID1	Key1
C	3	D	4

图5-114 通用算子–差集逻辑

在实战中的应用演示如图5-115和图5-116所示。

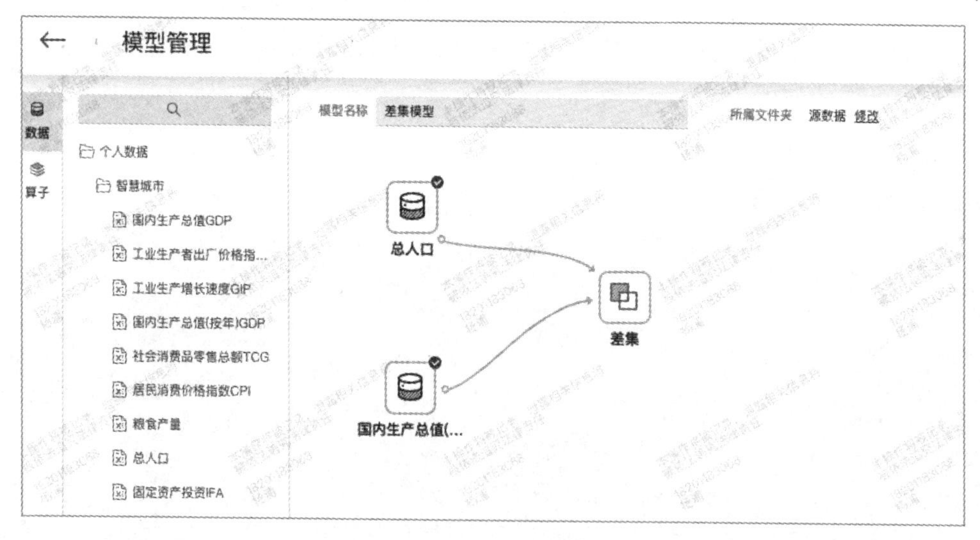

图5-115 通用算子–差集示例

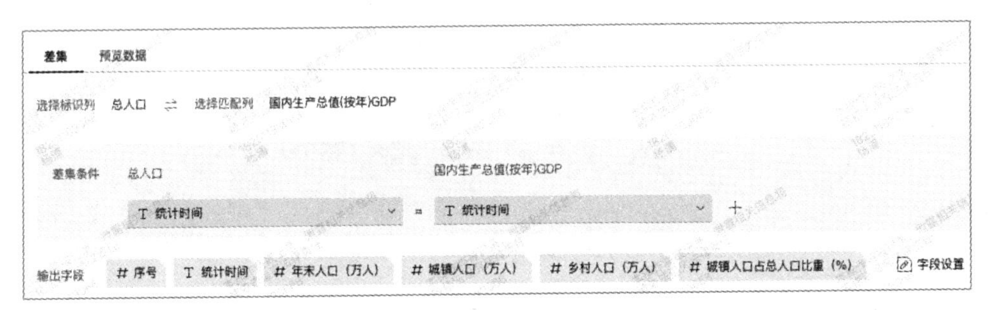

图 5-116　通用算子－差集算子配置

预览数据结果为 12 条，如图 5-117 所示。

差集　预览数据

设置显示字段

ⓘ 基于抽样数据得出非全量数据，数据量过小时可能存在没数据的情况

# 序号	T 统计时间	# 年末人口（万人）	# 城镇人口（万人）	# 乡村人口（万人）	# 城镇人口占总人口比重（%）
8	2012年	135922	72175	63747	53.1
9	2013年	136726	74502	62224	54.5
6	2010年	134091	66978	67113	49.9
3	2007年	132129	60633	71496	45.9
1	2005年	130756	56212	74544	43.0
7	2011年	134916	69927	64989	51.8
5	2009年	133450	64512	68938	48.3
4	2008年	132802	62403	70399	47.0
2	2006年	131448	58288	73160	44.3
10	2014年	137646	76738	60908	55.8
11	2015年	138326	79302	59024	57.3
12	2016年	139232	81924	57308	58.8

完成　取消

图 5-117　通用算子－差集算子－预览数据

5.6.4　通用算子–全关联

全关联，顾名思义，就是将两张数据表进行合并的时候，把相同条件的数据显示在同一行，不同的数据按之前格式保留。现在以数据源甲与乙来说明该算子的业务逻辑，如图 5-118 所示。

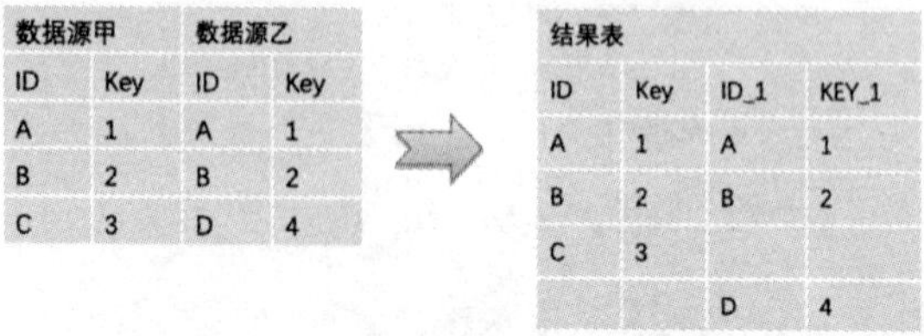

数据源甲		数据源乙	
ID	Key	ID	Key
A	1	A	1
B	2	B	2
C	3	D	4

结果表			
ID	Key	ID_1	KEY_1
A	1	A	1
B	2	B	2
C	3		
		D	4

图 5-118　通用算子 – 全关联逻辑

在实战中的应用演示：全关联算子的编辑界面主要包括识别列的选择、匹配列的选择、去重合并条件的增加或减少、算子名称的重命名、算子删除以及编辑算子完成按钮等，如图 5-119 和图 5-120 所示。单击完成按钮后再次单击该算子可以预览结果数据。

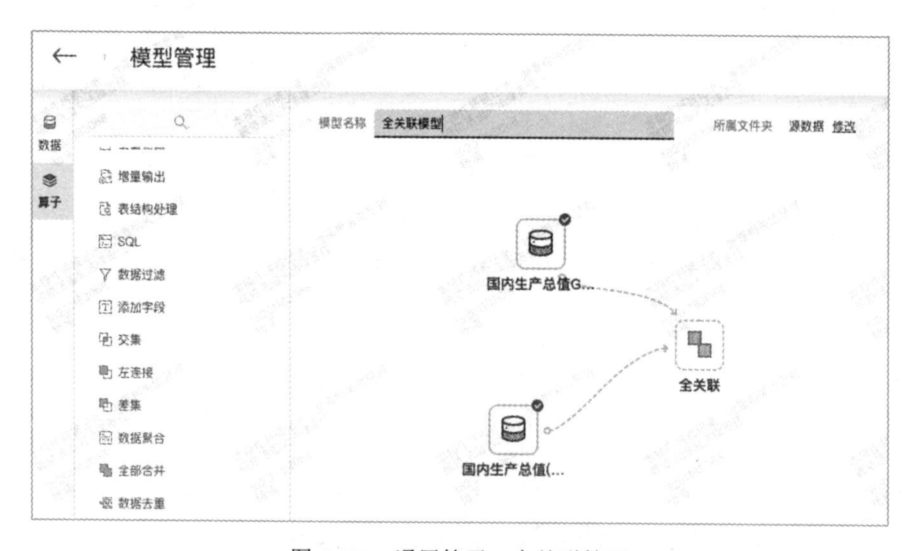

图 5-119　通用算子 – 全关联算子

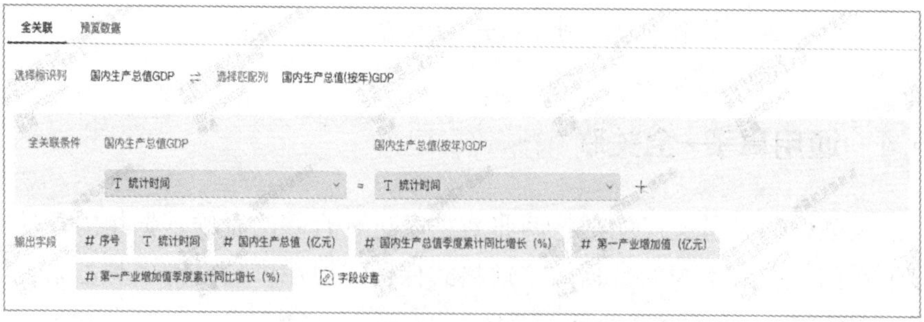

全关联　预览数据
选择标识列　国内生产总值GDP　⇄　选择匹配列　国内生产总值(按年)GDP
全关联条件　国内生产总值GDP　国内生产总值(按年)GDP
T 统计时间　=　T 统计时间　+
输出字段　# 序号　T 统计时间　# 国内生产总值（亿元）　# 国内生产总值季度累计同比增长（%）　# 第一产业增加值（亿元）
第一产业增加值季度累计同比增长（%）　字段设置

图 5-120　通用算子 – 全关联算子配置

通过全关联合并后的预览数据结果为 24 条，如图 5-121 所示。

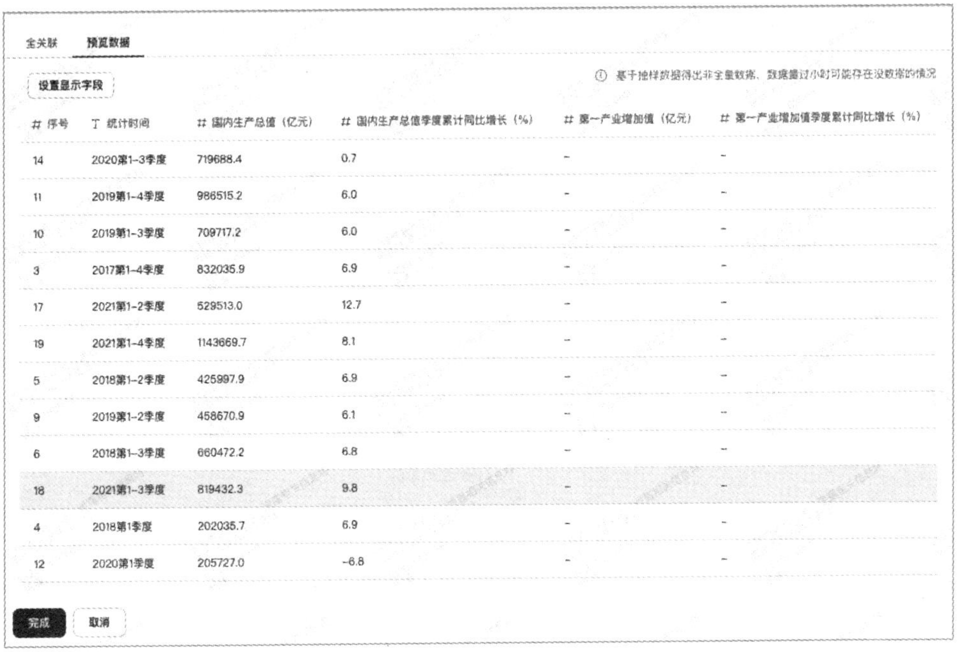

全关联　预览数据

设置显示字段

① 基于抽样数据得出非全量数据、数据量过小时可能存在没数据的情况

# 序号	T 统计时间	# 国内生产总值（亿元）	# 国内生产总值季度累计同比增长（%）	# 第一产业增加值（亿元）	# 第一产业增加值季度累计同比增长（%）
14	2020第1-3季度	719688.4	0.7	-	-
11	2019第1-4季度	986515.2	6.0	-	-
10	2019第1-3季度	709717.2	6.0	-	-
3	2017第1-4季度	832035.9	6.9	-	-
17	2021第1-2季度	529513.0	12.7	-	-
19	2021第1-4季度	1143669.7	8.1	-	-
5	2018第1-2季度	425997.9	6.9	-	-
9	2019第1-2季度	458670.9	6.1	-	-
6	2018第1-3季度	660472.2	6.8	-	-
18	2021第1-3季度	819432.3	9.8	-	-
4	2018第1季度	202035.7	6.9	-	-
12	2020第1季度	205727.0	-6.8	-	-

完成　取消

图 5-121　通用算子 – 全关联算子 – 预览数据

5.6.5　通用算子–全部合并

全部合并指的是，两张数据表在进行合并的时候，保留这两张表的所有数据。现在以数据源甲与乙来说明该算子的业务逻辑，如图 5-122 所示。

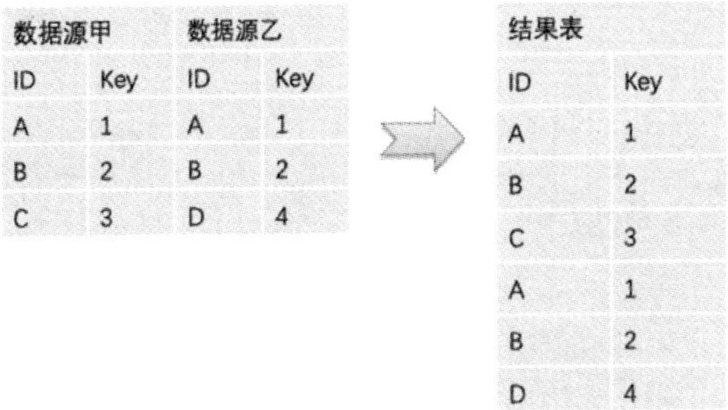

数据源甲		数据源乙	
ID	Key	ID	Key
A	1	A	1
B	2	B	2
C	3	D	4

结果表	
ID	Key
A	1
B	2
C	3
A	1
B	2
D	4

图 5-122　通用算子 – 全部合并逻辑

在实战中的应用演示如图 5-123 和图 5-124 所示。

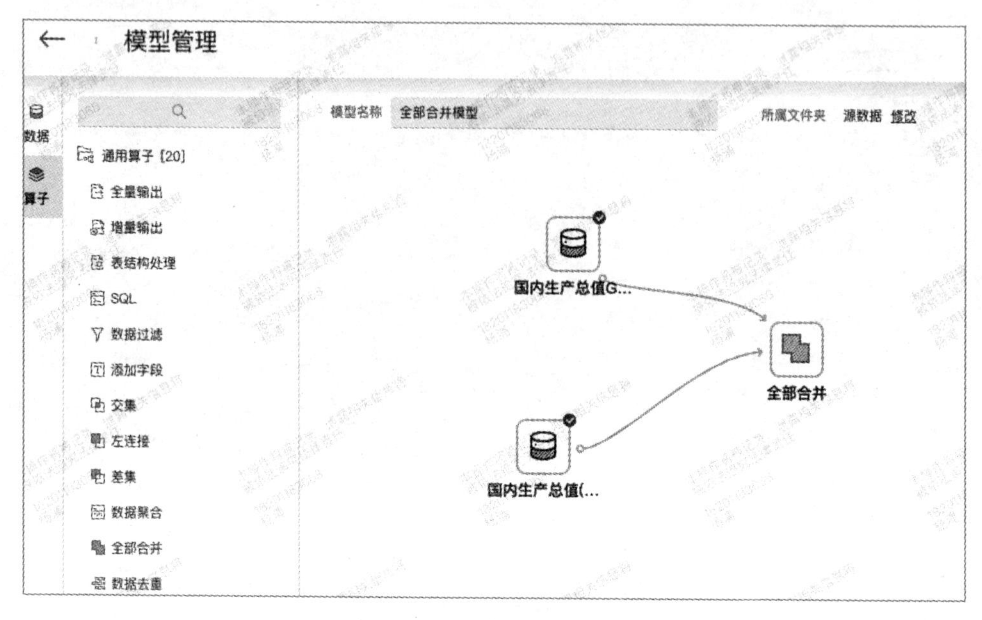

图 5-123　通用算子 – 全部合并算子

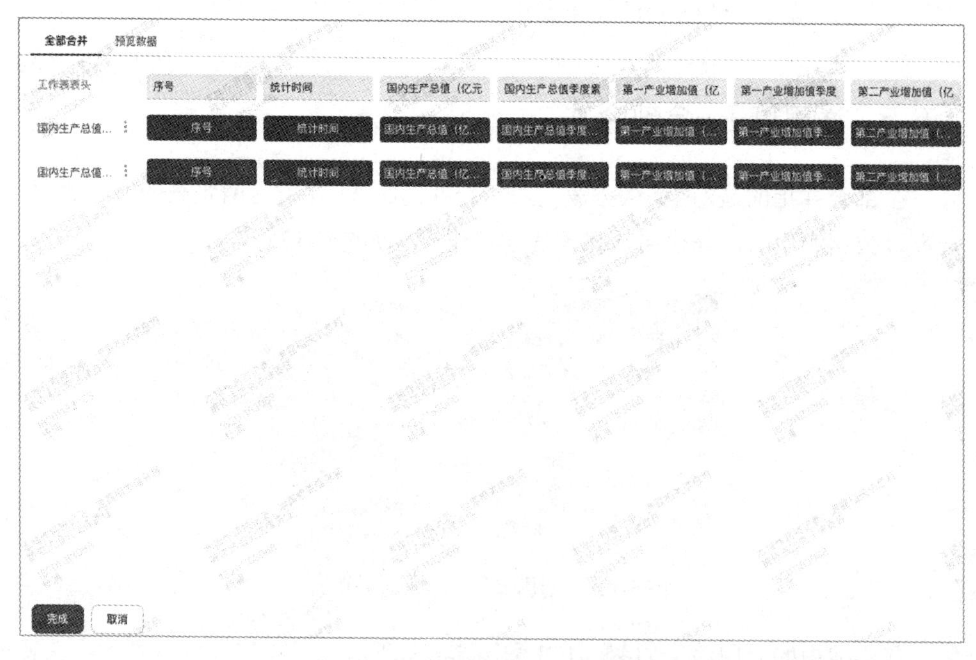

图 5-124　通用算子 – 全部合并算子配置

全部合并算子编辑界面需要用户按照自己的字段排列顺序进行字段顺序的合并，支持用户通过拖曳的方式进行字段的拖动，允许用户修改算子的名称以及删除该算子。

全部合并后的预览数据结果为 13 条，如图 5-125 所示。

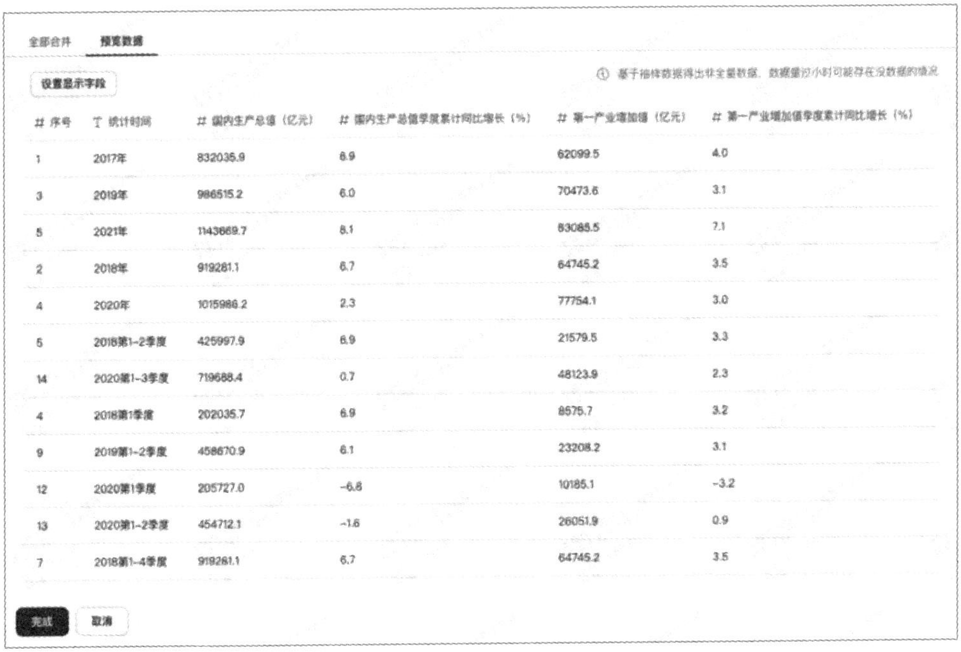

全部合并　预览数据

设置显示字段

① 基于抽样数据得出非全量数据，数据量过小时可能存在没数据的情况

# 序号	T 统计时间	# 国内生产总值（亿元）	# 国内生产总值季度累计同比增长（%）	# 第一产业增加值（亿元）	# 第一产业增加值季度累计同比增长（%）
1	2017年	832035.9	6.9	62099.5	4.0
3	2019年	986515.2	6.0	70473.6	3.1
5	2021年	1143669.7	8.1	83085.5	7.1
2	2018年	919281.1	6.7	64745.2	3.5
4	2020年	1015986.2	2.3	77754.1	3.0
5	2018第1-2季度	425997.9	6.9	21579.5	3.3
14	2020第1-3季度	719688.4	0.7	48123.9	2.3
4	2018第1季度	202035.7	6.9	8575.7	3.2
9	2019第1-2季度	458670.9	6.1	23208.2	3.1
12	2020第1季度	205727.0	-6.8	10185.1	-3.2
13	2020第1-2季度	454712.1	-1.6	26051.9	0.9
7	2018第1-4季度	919281.1	6.7	64745.2	3.5

完成　取消

图 5-125　通用算子 – 全部合并算子 – 预览数据

5.7　自定义算子

首先来看一个例子，如果我们要分析所有高级会员在 2020 年 12 月份下单且订单时间与退货时间间隔天数大于 30 天的订单，利用之前学过的通用算子的内容该如何处理呢？一共分为以下 4 步。

第一步：使用数据过滤算子，过滤所有高级会员的订单信息；

第二步：使用数据过滤算子，过滤 2020 年 12 月份的订单信息；

第三步：使用添加字段算子新增“订单时间与退货时间间隔天数”字段，计算订单时间与退货时间间隔天数；

第四步：定义“订单时间与退货时间间隔天数”的范围，使用数据过滤算子过滤“订单时间与退货时间间隔天数”大于 30 天的订单信息。

建成的模型如图 5-126 所示。

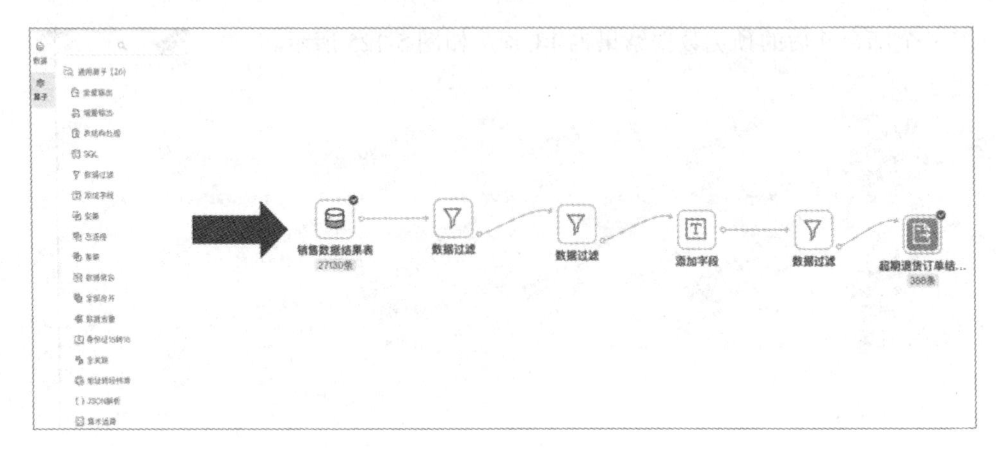

图 5-126　业务模型示例

如果想要再次复用这个计算逻辑，我们可使用通用算子重新搭建一次模型。但是如果利用自定义算子，把计算逻辑封装起来，再次使用的时候能够如图 5-127 一样，只需一步，即可再次使用该模型思路。

图 5-127　自定义算子示例

同时，还可以通过设置会员等级、订单日期和间隔天数等参数，根据不同的需求，自定义调整以上三个参数，如图 5-128 所示。

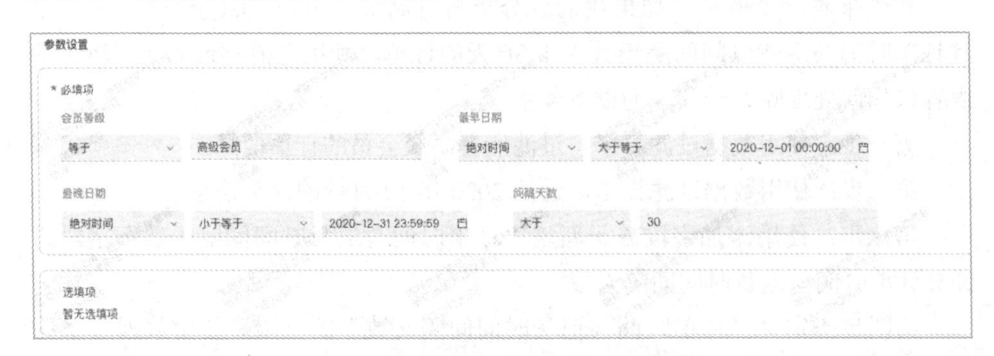

图 5-128　自定义算子 – 参数设置

5.7.1　自定义算子基本定义

通过上面的例子可以看出，自定义算子是指含有业务属性和计算逻辑，在建模过程中能够快速复用，可自定义根据维度设置参数，使用方法和通用算子类似的一种算子。

可以把自定义算子理解为一个“小模型”。

5.7.2　自定义算子使用场景

自定义算子的常见使用场景可以分为以下三种。

1. 简化模型步骤，进一步提升建模效率

通用算子的使用，已经大大降低数据分析建模的门槛，提升了数据分析建模的效率。通用算子把常见的数据加工处理和关联比对的方法封装为一个个算子，数据分析师使用时像加减乘除一样直接调用即可。自定义算子在通用算子的基础上，提供了模型思路快速复用的能力，把常见的、通用的模型封装为自定义算子，使用者只需把需要用到的数据和自定义算子简单连线配置即可，不需要每一次都重复搭建模型，进一步提升建模效率。

2. 自定义调整模型参数，同一模型灵活复用

在很多时候，基于相同的数据源、分析思路和分析对象，通过通用算子搭建出来的模型结构大致都一样，只是根据不同的需求，某些维度的范围和粒度不一样，比如时间、地点、人物。这时候把相同的模型思路封装成自定义算子，配置相关的参数，使用时根据需求自定义调整即可。

3. 数据安全，数据可用不可见

随着信息安全、数据安全越来越被各单位重视，在预防数据泄漏、隐私泄漏方面，各单位也逐步加强了监管。利用通用算子建模时，管理员需要把公共数据表授权给使用者，使用者能够查询预览表里全部的数据，有一定的数据安全隐患。

把公共数据封装为自定义算子后，使用者只能查看满足筛选条件后的数据或者是关联比对后的数据结果，在很大程度上减少了原始数据曝光的机会，从而避免数据泄漏，使数据可用不可见。

5.7.3　自定义算子创建方法及步骤

1. 自定义算子创建方法

创建自定义算子，使用的模块是 DMC–知识管理–算子管理，如图 5-129 所示。

图 5-129　算子管理模块

算子管理模块分为以下 5 个区域，如图 5-130 所示。

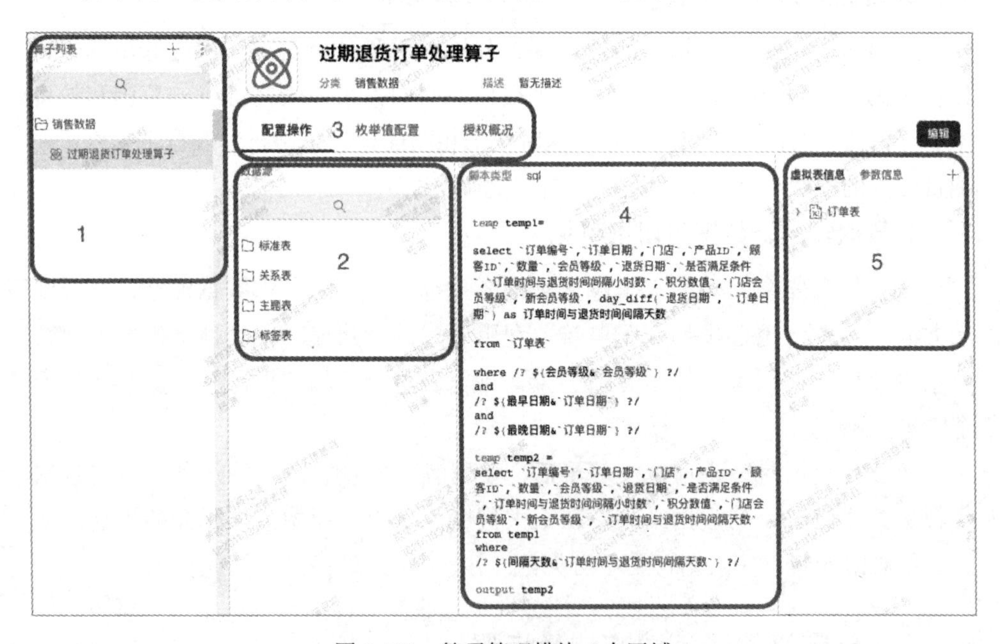

图 5-130　算子管理模块 5 个区域

（1）算子列表区域，用于新增算子、算子管理等操作；

（2）数据源列表，包括经过 DMC 数据治理后的数据表，有标准表、关系表、主题表、标签表；

（3）算子配置工作区，包括配置操作、枚举值配置和授权概况；

（4）SQL 脚本编辑区域，语法与 SQL 通用算子一致，需要有 temp 和 output 两个关键字；

（5）虚拟表信息和参数信息配置区域。

2. 自定义算子创建步骤

第一步：梳理需求，需要什么数据，是否添加参数，是否使用虚拟表，关键指标的业务定义等；

第二步：准备所需数据；

第三步：熟悉语法，编写 SQL 语句；

第四步：添加参数；

第五步：测试、发布、授权。

5.7.4　自定义算子配置

1. 创建分类和算子

在算子列表右上角，单击“+”图标，可以创建分类、创建算子，单击按钮可以对算子进行批量管理，如图 5-131 所示。

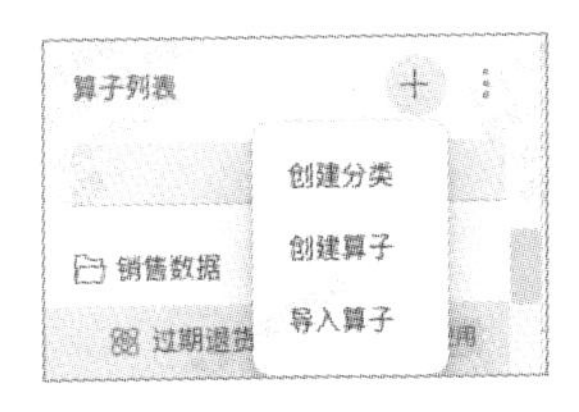

图 5-131　创建分类和算子

1）创建分类

单击“+”，创建分类，输入分类名称，单击确定，即可成功创建分类，如图 5-132 所示。

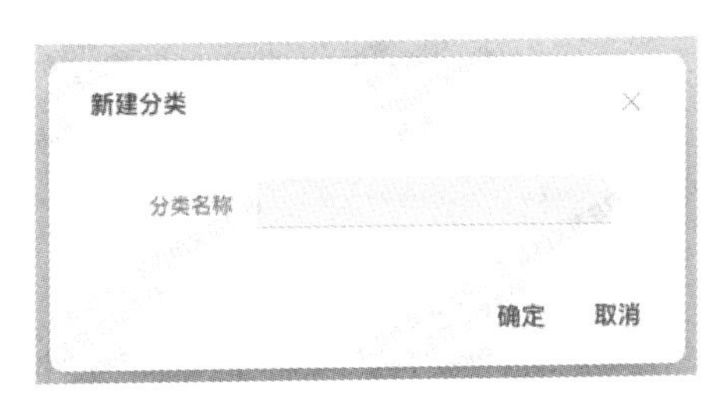

图 5-132　创建分类

2）创建算子

单击“+”，创建算子，选择算子分类，输入算子名称，在算子描述处可对算子进行描述，单击确定，即可完成创建算子，如图 5-133 所示。

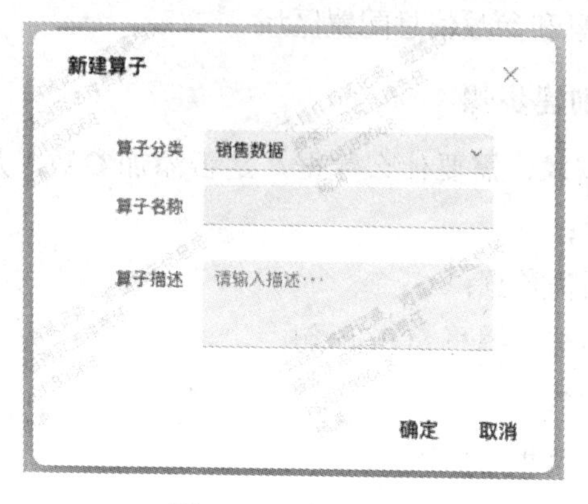

图 5-133　创建算子

3）批量管理

批量管理包含了批量发布、批量禁用、批量启用、批量删除和批量导出功能，如图 5-134 所示。

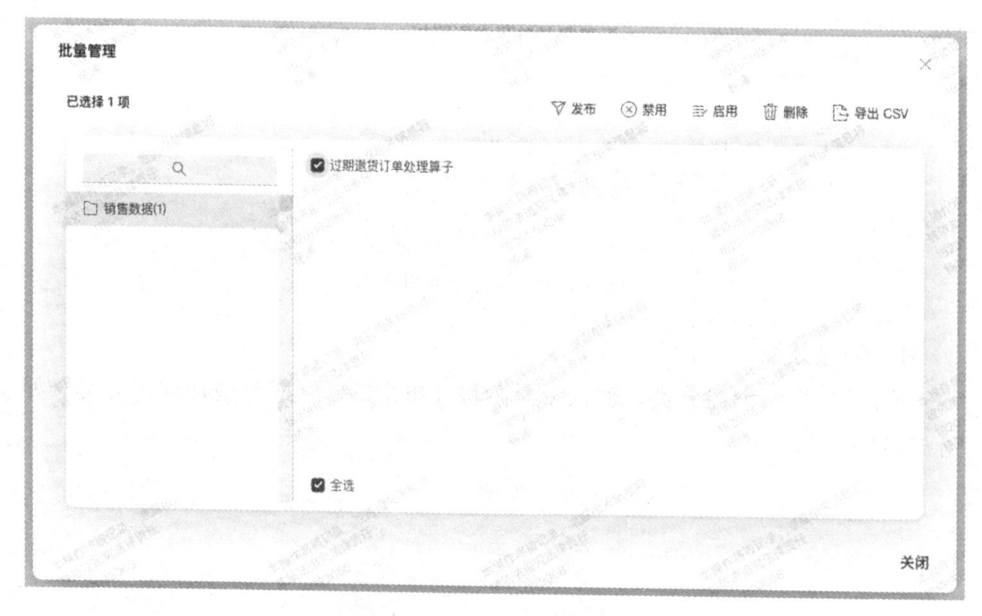

图 5-134　算子批量管理

2. 管理分类和算子

1）分类管理

如图 5-135 所示，单击分类名称右边的图标，即可对分类进行删除、重命名和置顶操作。

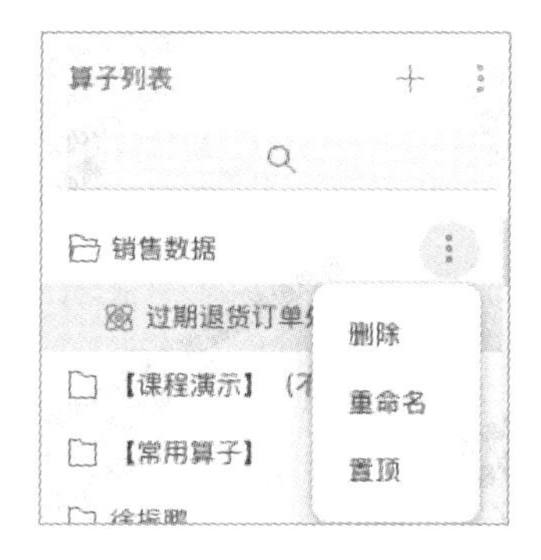

图 5-135　算子分类管理

删除会有弹窗提示，如图 5-136 所示。

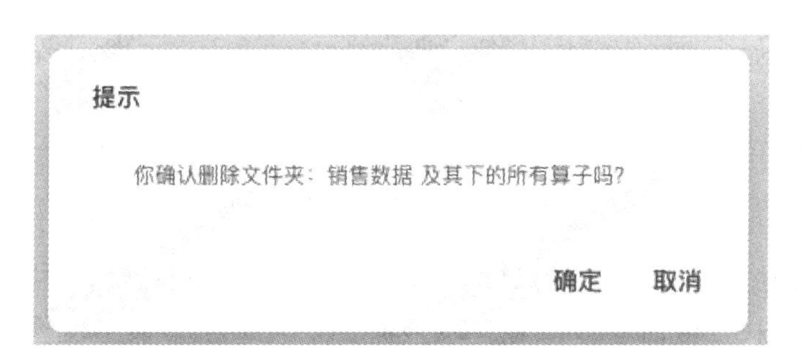

图 5-136　删除文件夹确认提示

重命名完成后，需要单击右边的“√”确认更改，如图 5-137 所示。

图 5-137　重命名文件夹

单击置顶按钮后，即可将某文件放于最顶的位置。

2）算子管理

单击算子名称右边图标，可对算子进行删除、移动至和发布（禁用）等操作，如图 5-138 所示。

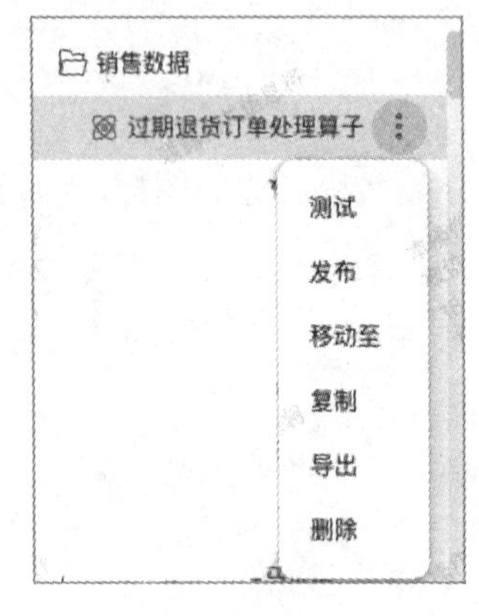

图 5-138　算子管理

对于算子的删除来说，只可删除未发布的算子，已发布的算子，不允许删除、修改，如图 5-139 所示。

图 5-139　已发布算子不支持修改或删除

单击移动至可将算子移动到其他分类，并且移动算子界面支持文件夹的模糊搜索，如图 5-140 所示。

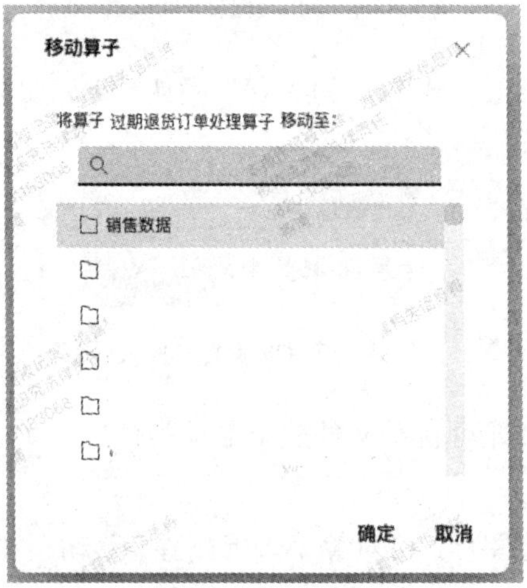

移动算子

将算子 过期退货订单处理算子 移动至：

销售数据

确定　取消

图 5-140　移动算子

算子创建成功之后默认是“待使用”状态，配置算子后可发布算子，同样也可单击禁用算子。

算子发布后，需要进行算子授权，可以在前台（上层自主建模）中找到该算子直接使用，如图 5-141 所示，授权步骤后续会做详细介绍。

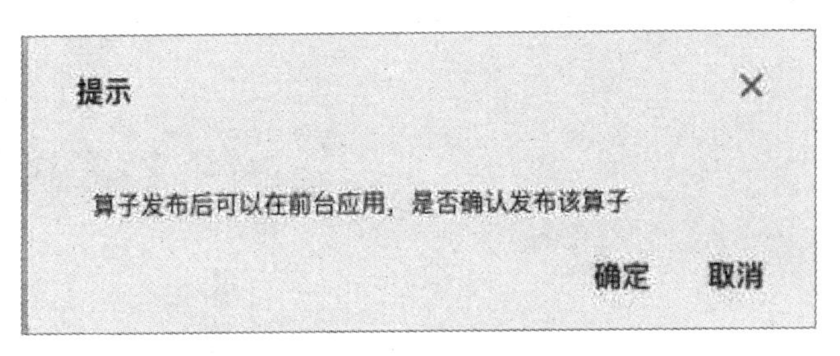

图 5-141　发布算子提示

算子禁用按钮与上面的发布按钮在同一个地方，当单击发布按钮后，就自动变为禁用按钮。算子被禁用后，将无法在前台应用界面（上层自主建模）看到，如图 5-142 所示。

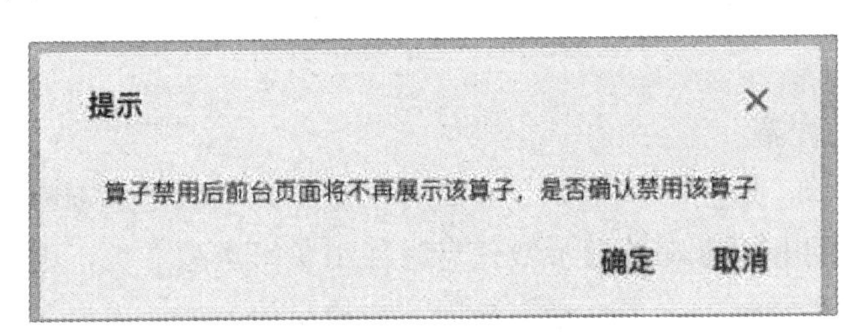

图 5-142　禁用算子提示

算子被禁用后，原来的禁用按钮显示为“启用”，用户修改完算子信息后，可直接单击启用按钮。

3. 算子编辑及配置

通过图 5-143 所示的主界面可以看出，算子编辑及配置主要包括 5 部分：枚举值配置、虚拟表信息配置、参数配置、基本信息配置和编写 SQL 语句。下面分别介绍各个部分的使用方法。

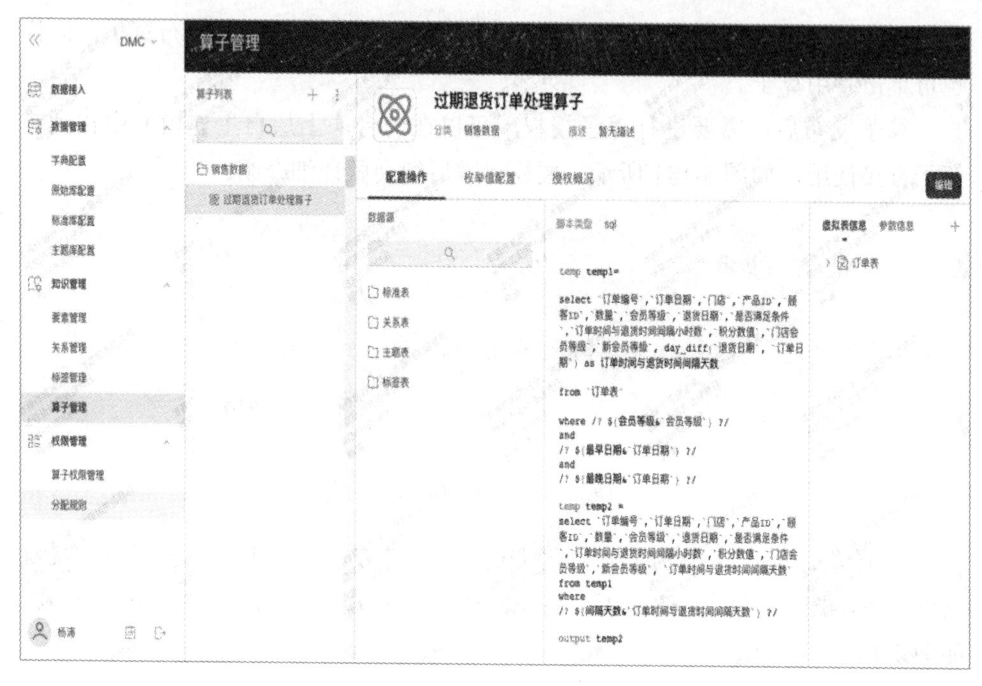

图 5-143　算子编辑界面

1）枚举值配置

配置枚举值，适用于一个参数变量可以对应几个固定选项的情况，例如性别可以枚举出男和女，在配置参数信息时使用枚举类型参数，则在建模设置参考变量时，枚举类型的参考变量会出现下拉枚举值列表，用户可以单击设置需要的参数变量值。

单击界面右上方的添加，可以新增枚举值；枚举值名称的右边有对枚举值删除和编辑选项，可对枚举值进行修改。左上方可以对已配置的枚举参数进行模糊搜索，如图 5-144 和图 5-145 所示。

配置操作　枚举值配置　授权概况　添加

枚举值名称	枚举值描述	创建人	创建时间	修改人	修改时间
名族		admin-超管	2020-05-20 11:44:51	admin-超管	2020-05-20 11:44:51
性别		admin	2019-08-26 15:06:56	admin	2019-08-26 15:06:56

图 5-144　枚举值配置

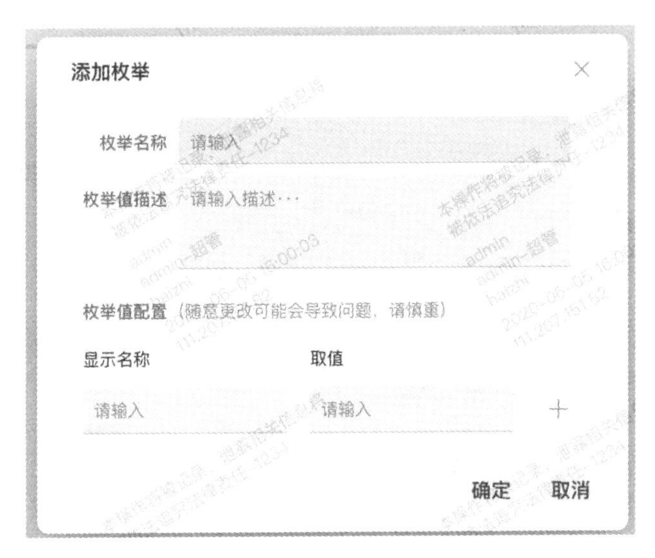

图 5-145　添加枚举

2）虚拟表信息配置

配置虚拟表主要包括设置字段名称和字段类型，在配置 SQL 语句时可以查询虚拟表中的字段名称。用法要求先定义一个虚拟表，该虚拟表含有用户所需非实体表的数据表中的关键字段，然后将该虚拟表写入 SQL 规则中，在上层应用中直接连接该数据表与该自定义算子，就可以直接获得输出数据，如图 5-146 所示。

SQL 语句中查询的虚拟表个数必须要与配置的虚拟表个数相同。

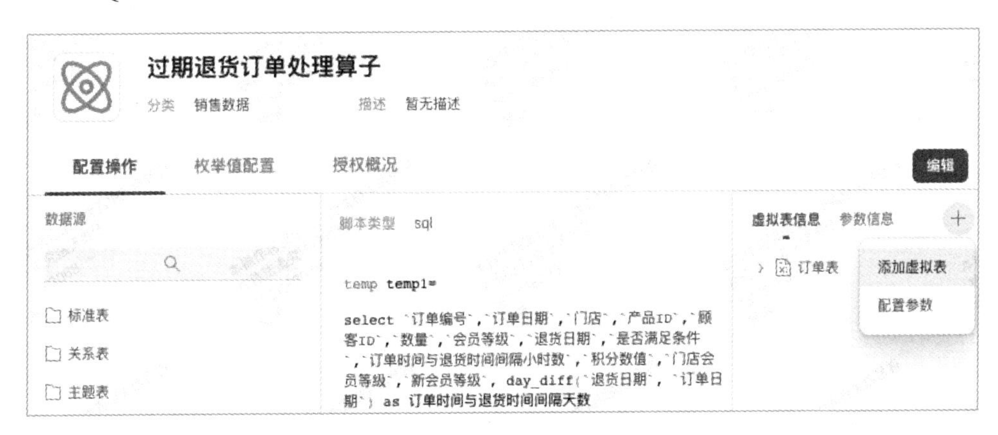

图 5-146　添加虚拟表

其中，字段类型包括：数值类型、文本类型、日期类型。可以对单个字段进行删除、编辑操作，单击完成即可保存，如图 5-147 所示。

虚拟表信息

虚拟表名称 订单表　　动态虚拟表

字段名称	字段描述	字段类型
订单编号	选填	# 数值类型
订单日期	选填	日期类型
门店	选填	T 文本类型
产品ID	选填	# 数值类型
顾客ID	选填	# 数值类型
数量	选填	# 数值类型
会员等级	选填	T 文本类型
退货日期	选填	日期类型

确定　取消

图 5-147　虚拟表字段信息配置

3）参数配置

定义所需要的参数变量，作为建模时的筛选条件字段。在建模时，通过设置参数变量的值从数据表中筛选出用户需要的信息，输出为结果表。

其中，参数类型包括：数值类型、文本类型、日期类型、枚举类型（通过枚举配置得到的参数）。是否必填包括：是、否。

单击右边的“+”按钮继续添加其他的参数，配置完参数后，单击完成按钮保存，如图 5-148 所示。

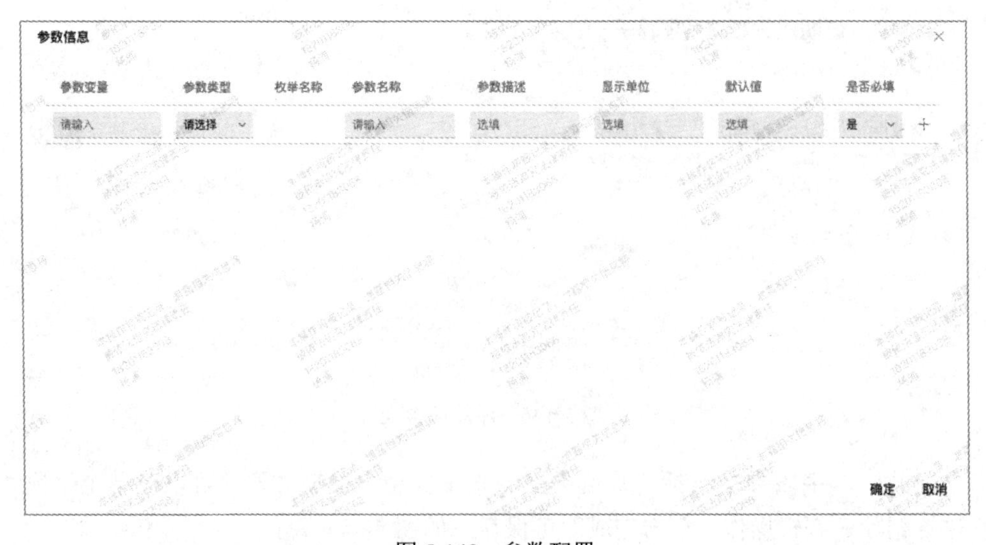

图 5-148　参数配置

4）基本信息配置

单击自定义算子名称旁边笔按钮，可更改算子名称、算子分类以及算子描述，如图5-149所示。

图5-149 基本信息配置

5）编写SQL语句

编写SQL语句操作主要包括三个区域：数据源选择、SQL编写、虚拟表以及参数选择。其中，数据源选择支持模糊搜索，用户可以直接将相应的表名以及字段名直接插入到SQL中；虚拟表以及参数选择也是方便用户更加准确高效地书写SQL（将虚拟表字段或者参数直接插入到SQL中）。同时，系统提供了语法校验以及语法帮助功能，帮助用户更准确地创建自定义算子，如图5-150所示。

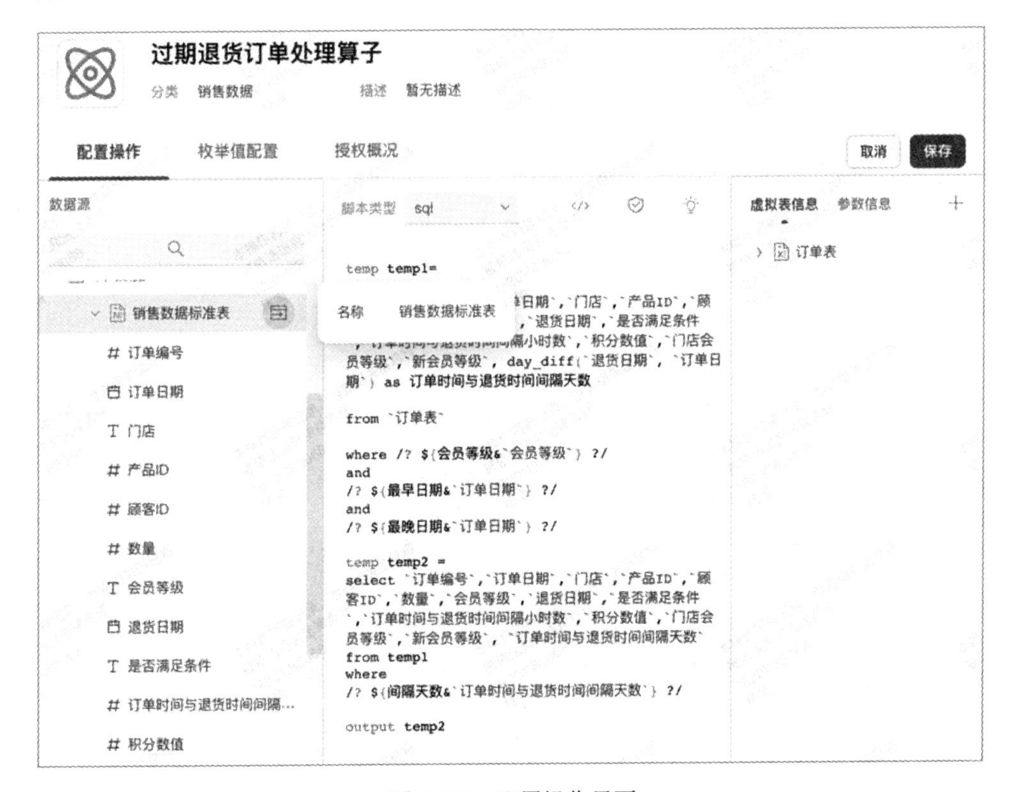

图5-150 配置操作界面

（1）选择实体表。利用 SQL 语句在实体表中对所需要的信息字段进行一系列操作，其中如果需要操作两个或两个以上实体表，各个实体表中必须包含一项相同的字段名称以及内容，才能成功在几个表中查找信息，最后经过数据筛选输出到结果表。只查询实体表的自定义算子不需要配置虚拟表，语法校验成功即完成一个自定义算子的创建。在上层自主建模时，只查询表的自定义算子，不需要连接输入工作表，只需要在自定义算子后连接一个输出，单击自定义算子设置参数变量的值，即可筛选出符合参数变量的数据内容，输出为结果表。

从左侧数据源列表中，选择需要使用的实体表，将鼠标悬浮在实体表名称上方，单击插入按钮，在右侧 SQL 编辑页面光标所在的位置插入对应工作表名称或字段名称。

（2）选择参数。这里结合实例详细介绍一下参数配置的使用场景，如图 5-151 所示，这里配置了 4 个参数：会员等级、最早日期、最晚日期和间隔天数。然后在基本信息配置中的语句配置的参数信息中可以看到我们所配置的这些参数。

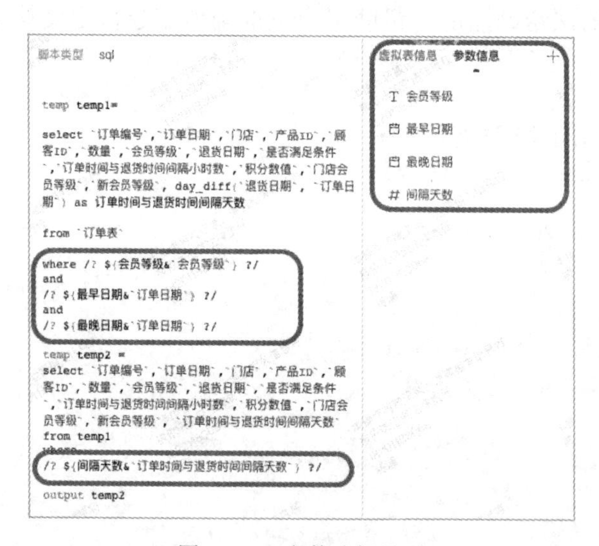

图 5-151　参数选择界面

我们使用参数写 SQL 语句的时候，需要将其写进 where 里面，格式一般如图 5-152 所示。

```
select `数据表字段名` from `数据表表名` where /? ${参数名称&`字段名`} ?/
```

图 5-152　参数编辑格式

这样，在上层建模中，就可以看到这几个参数作为筛选条件出现在算子编辑中，如图 5-153 所示。

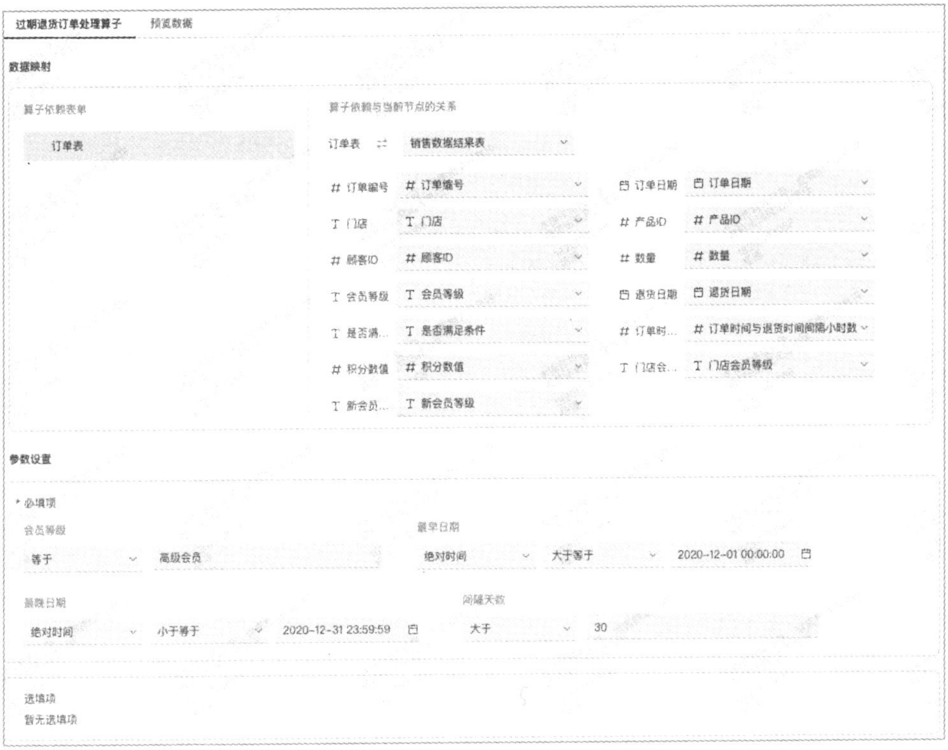

图 5-153　建模中编辑参数

（3）选择虚拟表。虚拟表在本产品中的定义：任何非标准表、关系表、主题表、标签表来源的数据表。这也就意味着如果用户利用虚拟表创建了 SQL 自定义算子，那么在上层建模应用中就必须外接一个包含虚拟表所有字段的数据源。

换言之，如果在虚拟表中设置想要操作的字段，建模时需要连接输入工作表，一个虚拟表对应一个工作表；如果定义自定义算子的 SQL 语句涉及三个虚拟表，那么建模时也需要连接三个工作表；同样如果想从三个工作表中提取内容，则在配置算子虚拟表时应该配置三个虚拟表，并且各个工作表中需要分别包含对应虚拟表中的字段才可以进行数据操作。

下面通过实例介绍一下虚拟表的配置（同时再次介绍参数配置），如图 5-154 所示创建一张虚拟表：订单表。

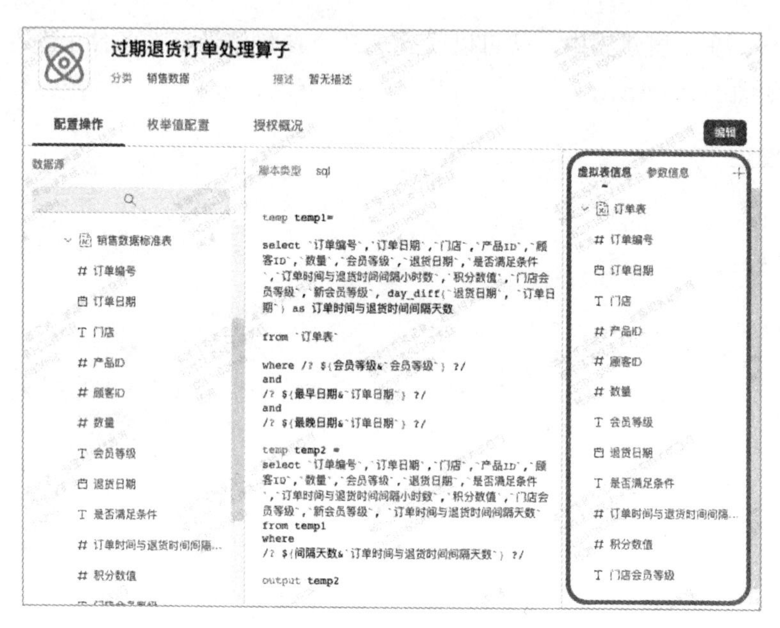

图 5-154　算子中创建虚拟表

然后在参数配置中将会员等级、最早日期、最晚日期和间隔天数设置为配置参数，如图 5-155 所示。

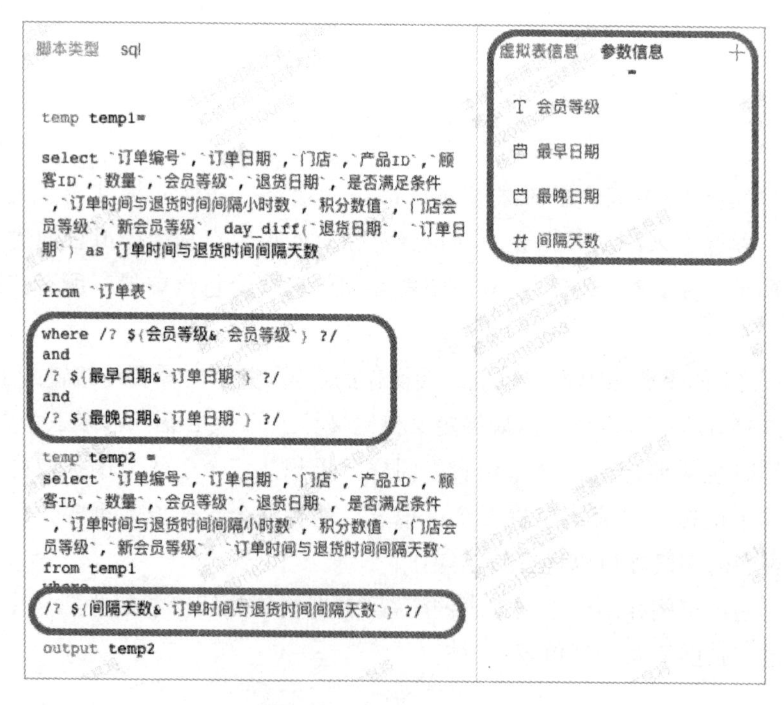

图 5-155　算子中配置参数

在上层自主建模中可以看到，需要外接一个实体表，然后进行字段的映射操作（选择输入表、字段映射设置），即外接的工作表字段对应虚拟表的什么字段，如图 5-156 和图 5-157 所示。

图 5-156　算子在建模中的使用

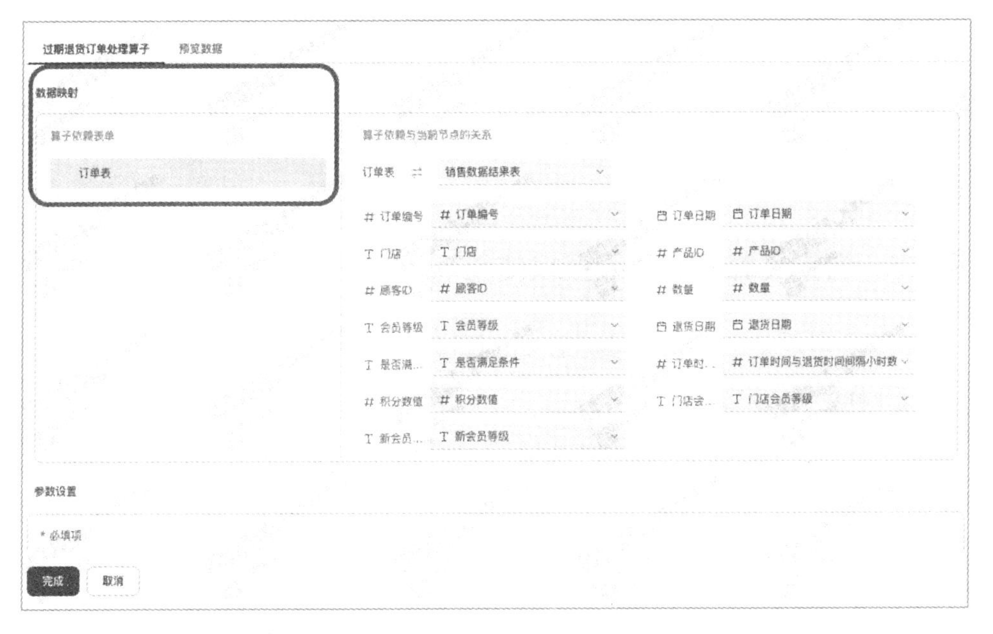

图 5-157　算子在建模中的使用 – 实体表选择

如果选择的实体表的字段，不能与虚拟表字段全部映射，则无法正常使用该自定义算子。

在输入映射的下方，可以看到参数字段，在这里可以进行数据的筛选，如图 5-158 所示。

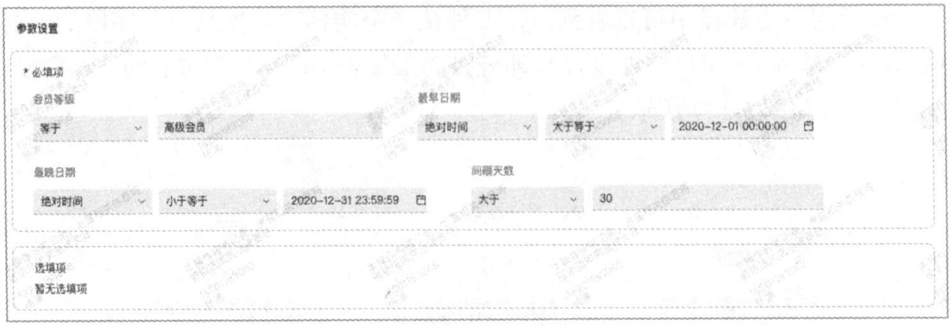

参数设置

* 必填项

会员等级

等于 高级会员

最早日期

绝对时间 大于等于 2020-12-01 00:00:00

最晚日期

绝对时间 小于等于 2020-12-31 23:59:59

间隔天数

大于 30

选填项

暂无选填项

图 5-158 算子在建模中的使用 – 参数设置

选择完输入表并且字段映射配置完成后，单击左下角完成按钮即完成模型的配置，然后可单击预览数据查看该自定义算子生成的结果数据。

（4）选择虚拟表和实体表。当需要操作的表既有虚拟表也有实体表时，上层建模中也需要外接输入表，外接工作表的数量对应设置的虚拟表数量。并且需要编辑虚拟表与工作表的映射关系，剩下的内容与操作虚拟表或者操作实体表相同，在此不做赘述。

5.7.5 自定义算子管理级授权使用

创建完自定义算子后，需要进行发布授权，才能在上层自主建模模块中使用。

1. 测试自定义算子

当一个自定义算子的虚拟表、参数、SQL 脚本都配置完后，单击右上角保存，该算子被创建成功，现在算子的状态是“待使用”。

单击算子名称旁边三个点按钮，选择测试，算子状态自动更改为“测试中”，如图 5-159 所示。

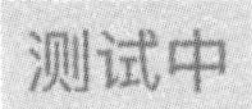

图 5-159 测试自定义算子

2. 发布自定义算子

单击算子名称旁边三个点按钮，选择发布。系统会弹出发布提示：算子发布后可以在前台应用，单击确定，算子发布成功，如图 5-160 所示。

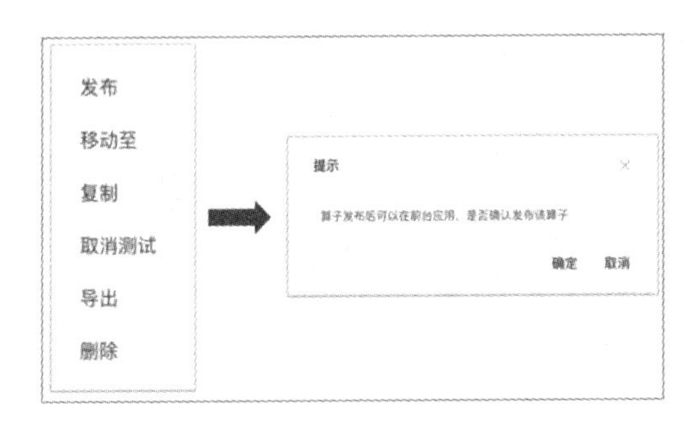

图 5-160　发布自定义算子

3. 分配到用户

算子发布成功后，需进入到数据服务模块对自定义算子进行用户授权，只有分配给相应的用户，该用户才能够使用该自定义算子。

单击权限管理模块，在左侧子模块列表中选择算子权限管理，如图 5-161 所示。算子权限管理分为三个部分：用户列表、算子管理、算子列表。

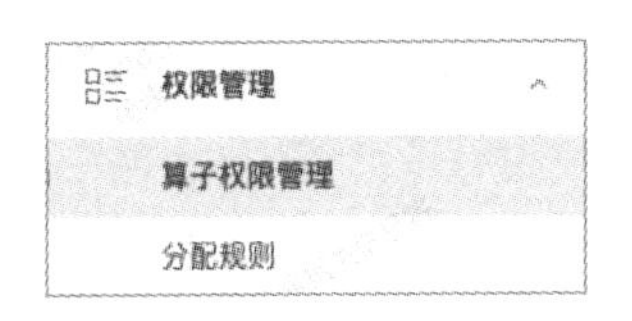

图 5-161　权限管理模块

下面结合实例介绍自定义算子的分配，比如需要把新增发布的“过期退货订单处理算子”自定义算子分配给 test001 用户。

可使用搜索功能对用户进行模糊检索，在搜索框里输入“test”，选中 test001 用户后，右侧会显示该用户下已分配的自定义算子列表，没有则为空，如图 5-162 所示。

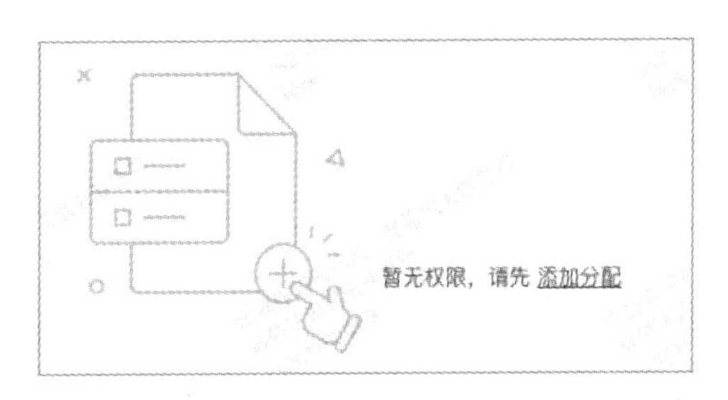

图 5-162　暂无算子权限

首次给该用户分配自定义算子时，单击添加分配，进入自定义算子勾选状态。在自定义算子分类列表中，选择相应的分类，勾选需要分配的自定义算子，单击完成，即可实现自定义算子分配。单击完成后，此时在右侧会显示该用户下已分配完成的自定义算子列表，如图 5-163 所示。

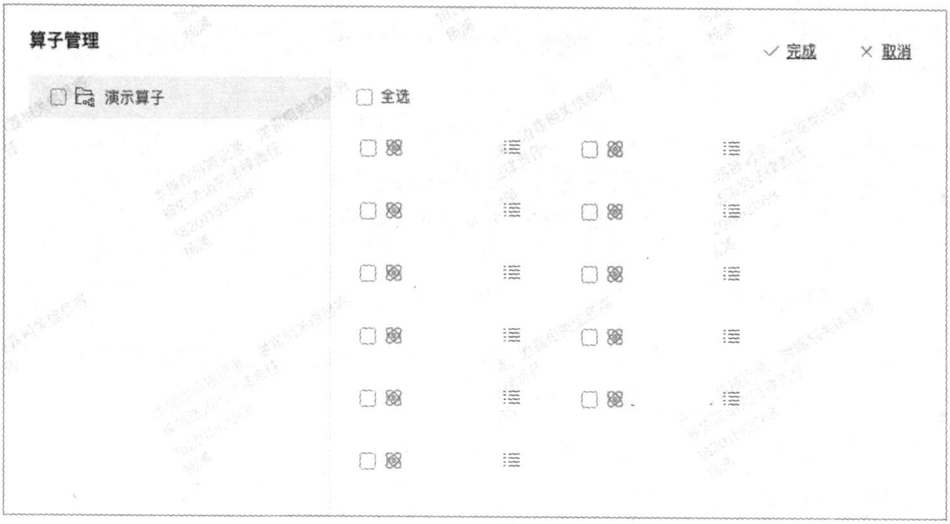

算子管理
✓ 完成　× 取消
演示算子
全选

图 5-163　已分配完成的自定义算子列表

4. 使用自定义算子

自定义算子使用方式和通用算子一致，在自主建模模块中，通过数据表与算子、算子与算子连线配置，建立计算关系。在模型搭建中，可以同时使用自定义算子和通用算子，如图 5-164 和图 5-165 所示。

因为“过期退货订单处理算子”自定义算子配置时，设置了一张虚拟表及 4 个参数，在使用时，则需要有一张实体表与自定义算子连线并设置映射关系。

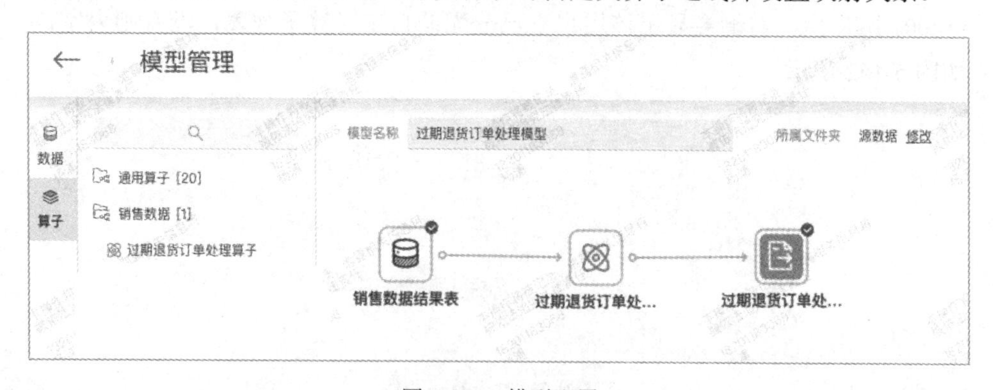

图 5-164　模型配置

最后，通过预览数据查看该自定义算子计算结果，如图 5-166 所示。

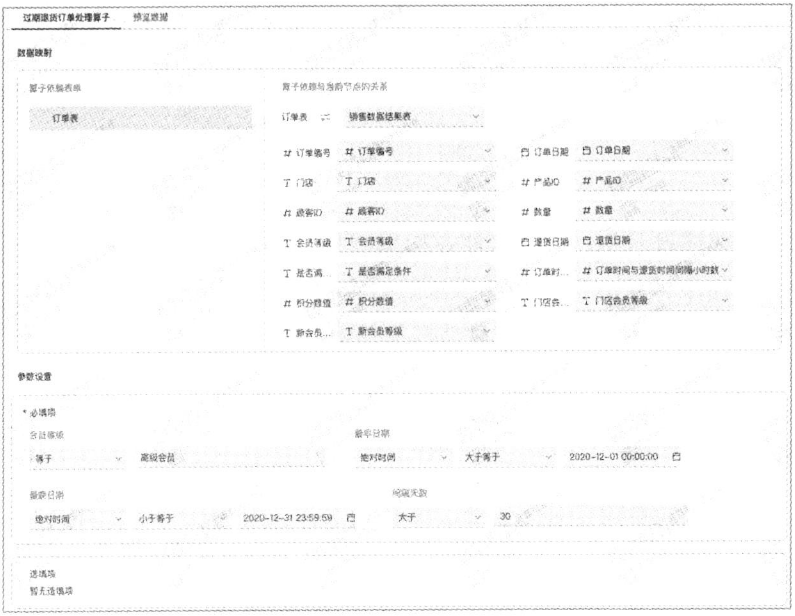

过期退货订单处理算子　预览数据

数据映射

算子依赖表单

订单表

算子依赖与当前节点的关系

订单表 ⇄ 销售数据结果表

订单编号　# 订单编号　　日 订单日期　日 订单日期

T 门店　T 门店　　# 产品ID　# 产品ID

顾客ID　# 顾客ID　　# 数量　# 数量

T 会员等级　T 会员等级　　日 退货日期　日 退货日期

T 是否满…　T 是否满足条件　　# 订单时…　# 订单时间与退货时间间隔小时数

积分数值　# 积分数值　　T 门店会…　T 门店会员等级

T 新会员…　T 新会员等级

参数设置

* 必填项

会员等级

等于　高级会员

最早日期

绝对时间　大于等于　2020-12-01 00:00:00

最晚日期

绝对时间　小于等于　2020-12-31 23:59:59

间隔天数

大于　30

选填项

暂无选填项

图 5-165　算子配置

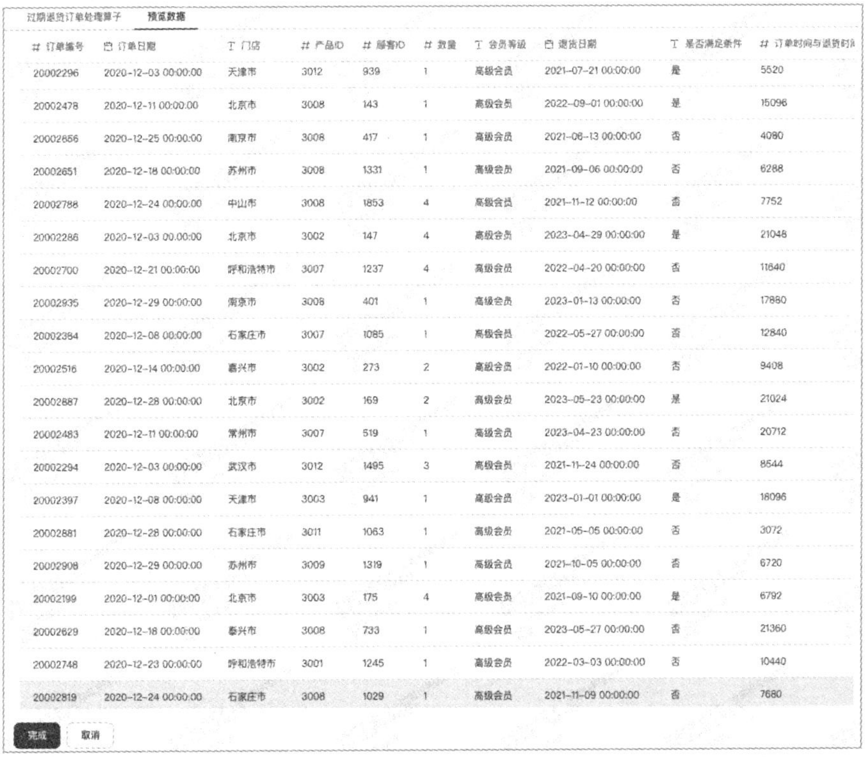

过期退货订单处理算子　预览数据

# 订单编号	日 订单日期	T 门店	# 产品ID	# 顾客ID	# 数量	T 会员等级	日 退货日期	T 是否满足条件	# 订单时间与退货时间
20002296	2020-12-03 00:00:00	天津市	3012	939	1	高级会员	2021-07-21 00:00:00	是	5520
20002478	2020-12-11 00:00:00	北京市	3008	143	1	高级会员	2022-09-01 00:00:00	是	15096
20002656	2020-12-25 00:00:00	南京市	3008	417	1	高级会员	2021-06-13 00:00:00	否	4080
20002651	2020-12-18 00:00:00	苏州市	3008	1331	1	高级会员	2021-09-06 00:00:00	否	6288
20002788	2020-12-24 00:00:00	中山市	3008	1853	4	高级会员	2021-11-12 00:00:00	否	7752
20002286	2020-12-03 00:00:00	北京市	3002	147	4	高级会员	2023-04-29 00:00:00	是	21048
20002700	2020-12-21 00:00:00	呼和浩特市	3007	1237	4	高级会员	2022-04-20 00:00:00	否	11640
20002935	2020-12-29 00:00:00	南京市	3008	401	1	高级会员	2023-01-13 00:00:00	否	17880
20002384	2020-12-08 00:00:00	石家庄市	3007	1085	1	高级会员	2022-05-27 00:00:00	否	12840
20002516	2020-12-14 00:00:00	嘉兴市	3002	273	2	高级会员	2022-01-10 00:00:00	否	9408
20002887	2020-12-28 00:00:00	北京市	3002	169	2	高级会员	2023-05-23 00:00:00	是	21024
20002483	2020-12-11 00:00:00	常州市	3007	519	1	高级会员	2023-04-23 00:00:00	否	20712
20002294	2020-12-03 00:00:00	武汉市	3012	1495	3	高级会员	2021-11-24 00:00:00	否	8544
20002397	2020-12-08 00:00:00	天津市	3003	941	1	高级会员	2023-01-01 00:00:00	是	18096
20002881	2020-12-28 00:00:00	石家庄市	3011	1063	1	高级会员	2021-05-05 00:00:00	否	3072
20002908	2020-12-29 00:00:00	苏州市	3009	1319	1	高级会员	2021-10-05 00:00:00	否	6720
20002199	2020-12-01 00:00:00	北京市	3003	175	4	高级会员	2021-09-10 00:00:00	是	6792
20002629	2020-12-18 00:00:00	泰兴市	3008	733	1	高级会员	2023-05-27 00:00:00	否	21360
20002748	2020-12-23 00:00:00	呼和浩特市	3001	1245	1	高级会员	2022-03-03 00:00:00	否	10440
20002819	2020-12-24 00:00:00	石家庄市	3008	1029	1	高级会员	2021-11-09 00:00:00	否	7680

完成　取消

图 5-166　自定义算子 – 预览数据

第 6 章　SQL 函数在建模中的应用

本章主要通过示例，详细说明在数据建模中添加字段和 SQL 算子应用时，常用函数的使用方法。数据处理中常用的函数种类包括：数学运算函数、日期函数、条件函数、字符串函数、数值计算函数、聚合函数。

6.1　SQL 使用场景及技巧

为了适配尽可能多的业务场景，我们引入了 SQL 算子，用户可以通过自行编写 SQL 语句来完成相应的模型。

SQL 算子不局限于输入表的个数，可以单输入，也可以多输入。用户通过在 SQL 编写区域输入正确的 SQL 语句完成模型的编写。

SQL 算子书写区域左侧展示的是输入表的表名以及字段名，允许用户直接选择表名或者字段名插入到 SQL 语句中，并且表名以及字段名选择区域支持模糊搜索。

SQL 算子书写区域右侧内置了许多常用函数。

SQL 书写支持重复操作和撤回操作，支持 SQL 语句格式化，内置了语法帮助，支持 SQL 语法校验，校验无误后即可，如图 6-1 所示。

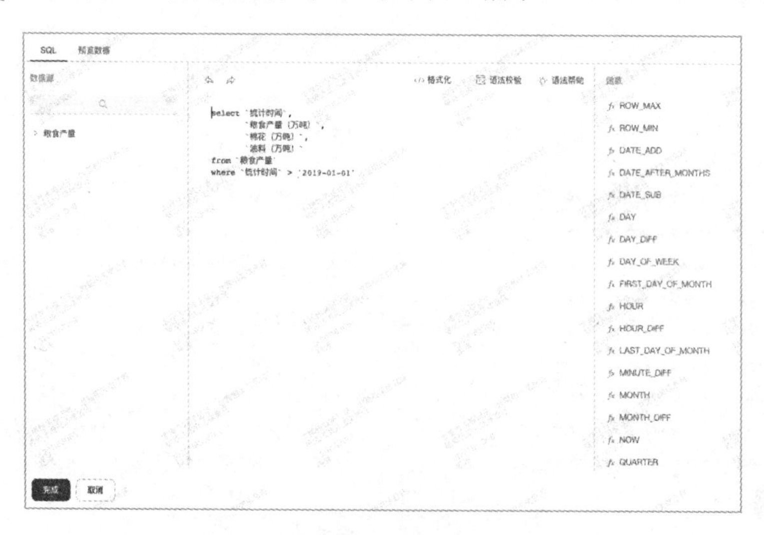

图 6-1　通用算子 –SQL 算子示例

6.2　SQL 查询基本语法

SQL 语句的完整语法为：

```
SELECT [DISTINCT]
{*|table.*|[table.]field1 [AS alias1] [,[table.]field2[AS alias2][,…]]}
FROM tableexpression[,…]
[WHERE…]
[GROUP BY…]
[HAVING…]
[ORDER BY…]
```

说明：用中括号 [] 括起来的部分表示是可选的，用大括号 {} 括起来的部分表示必须从中选择一个。

6.2.1　FROM子句

FROM 子句指定了 SELECT 语句中字段的来源。FROM 子句后面包含一个或多个的表达式（由逗号分开），其中的表达式可为单一表名称、已保存的查询或由 INNER JOIN、LEFT JOIN 或 RIGHT JOIN 得到的复合结果。

例：返回所有有订单的客户。

```
SELECT OrderID, Customer.customerID
FROM Orders Customers
WHERE Orders.CustomerID = Customers.CustomersID
```

6.2.2　DISTINCT谓词

DISTINCT 用于返回唯一不同的值。在表中，可能会包含重复值，通过关键字 DISTINCT 可列出不同的值。

6.2.3　用AS子句为字段取别名

如果想为返回的列取一个新的标题，或者经过对字段的计算或总结之后，产生了一个新的值，希望把它放到一个新的列里显示，则用 AS 保留。

例：返回 FirstName 字段取别名为 NickName。

```
SELECT FirstName AS NickName, LastName, City
FROM Employees
```

例：返回新的一列显示库存价值。

```
SELECT ProductName, UnitPrice, UnitsInStock, UnitPrice
* UnitsInStock AS ValueInStock
FROM Products
```

6.2.4 WHERE子句指定查询条件

1. 比较运算符

比较运算符符号及含义如表 6-1 所示。

表 6-1　比较运算符符号及含义

比较运算符	含义
=	等于
>	大于
<	小于
>=	大于等于
<=	小于等于
<>	不等于
!>	不大于
!<	不小于

例：返回 2020 年 1 月的订单。

```
SELECT OrderID, CustomerID, OrderDate
FROM Orders
WHERE OrderDate > “2020-01-01 00:00:00” AND OrderDate
< “2020-01-31 23:59:59”
```

例：返回 2020 年 1 月及以后的订单。

```
WHERE OrderDate > “2020-01-01 00:00:00”
```

2. 范围（BETWEEN 和 NOTBETWEEN）

BETWEEN AND 运算符指定了要搜索的一个闭区间。

例：返回 2020 年 1 月到 2020 年 2 月的订单。

```
WHERE OrderDate Between "2020-01-01 00:00:00" And
"2020-02-29 23:59:59"
```

3. 列表（IN，NOTIN）

IN运算符用来匹配列表中的任何一个值。IN子句可以代替用OR子句连接的一连串的条件。

例：要找出住在London、Paris或Berlin的所有客户。

```
SELECT CustomerID, CompanyName, ContactName, City
FROM Customers
WHERE City In ('London', 'Paris', 'Berlin')
```

4. 模式匹配（LIKE）

LIKE运算符检验一个包含字符串数据的字段值是否匹配一指定模式。

LIKE运算符里使用的通配符见表6-2。

表6-2　LIKE运算符通配符

通配符	含义
%	代表零个或多个字符
_	仅替代一个字符
[charlist]	字符列中的任何单一字符
[^charlist] 或者 [!charlist]	不在字符列中的任何单一字符

LIKE运算符的一些样式及含义见表6-3。

表6-3　LIKE运算符样式及含义

样式	含义
LIKE 'A%'	A后跟任意长度的字符
LIKE '5%'	5后跟任意长度的字符
LIKE '5_5'	5与5之间有任意一个字符， 例如5d5，515
LIKE '5__5'	5与5之间有两个任意字符， 例如5235，5005，5kd5，5345
LIKE '[abc]'	abc中的任意一个字符，例如a，c

5. 用ORDER BY子句排序结果

ORDER子句按一个或多个（最多16个）字段排序查询结果，可以是升序

（ASC）也可以是降序（DESC），默认是升序。ORDER 子句通常放在 SQL 语句的最后。ORDER 子句中定义了多个字段，则按照字段的先后顺序排序。

例：要找出商品表中所有的商品名称、单价和库存量，按照库存量降序排序、单价降序排序和商品名称升序排序显示。

```
SELECT ProductName, UnitPrice, UnitInStock
FROM Products
ORDER BY UnitInStock DESC, UnitPrice DESC, ProductName ASC
```

6. 分组和总结查询结果

在 SQL 的语法里，GROUP BY 和 HAVING 子句用来对数据进行汇总。GROUP BY 子句指明了按照哪几个字段来分组，而将记录分组后，用 HAVING 子句过滤这些记录。

GROUP BY 子句的语法：

```
SELECT fieldlist FROM table
WHERE criteria
[GROUP BY groupfieldlist [HAVING groupcriteria]]
```

在任何 SQL 合计函数中不计算 Null 值。

GROUP BY 子句后最多可以带有十个字段，排序优先级按从左到右的顺序排列。

例：在 WA 地区的雇员表中按头衔分组后，找出具有同等头衔的雇员数目大于 1 人的所有头衔。

```
SELECT Title, Count(Title) as Total FROM Employees
WHERE Region = ‘WA’
GROUP BY Title
HAVING Count(Title) > 1
```

SQL 中常见的聚合函数具体如表 6-4 所示。

表 6-4　SQL 中常见的聚合函数

函数	描述
AVG(column)	返回某列的平均值
COUNT(column)	返回某列的行数（不包括 Null 值）
COUNT(*)	返回被选行数
FIRST(column)	返回在指定的域中第一个记录的值
LAST(column)	返回在指定的域中最后一个记录的值

续表

函数	描述
MAX(column)	返回某列的最大值
MIN(column)	返回某列的最小值
SUM(column)	返回某列的总和

6.3　数学运算函数

数学运算函数包括：+ 函数、- 函数、* 函数、/ 函数、% 函数。

6.3.1　+函数应用演示

例：要计算第一、第二产业增加值总计值，可以用数学应用函数 +。在 DMC 里新增字段，命名为“第一二产业增加值（亿元）”，如图 6-2 所示。

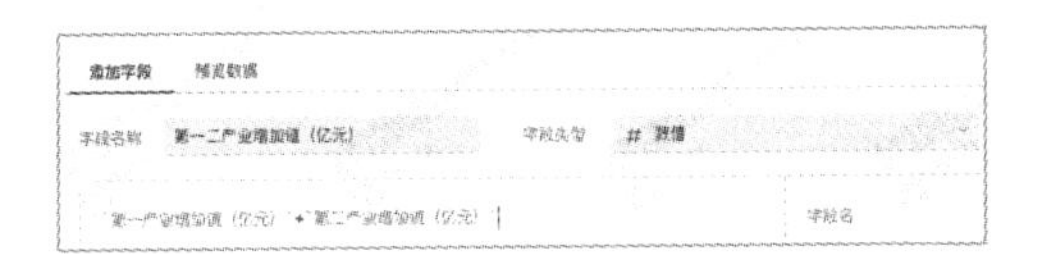

图 6-2　常用 SQL 函数 – 数学运算 + 函数

计算结果如图 6-3 所示。

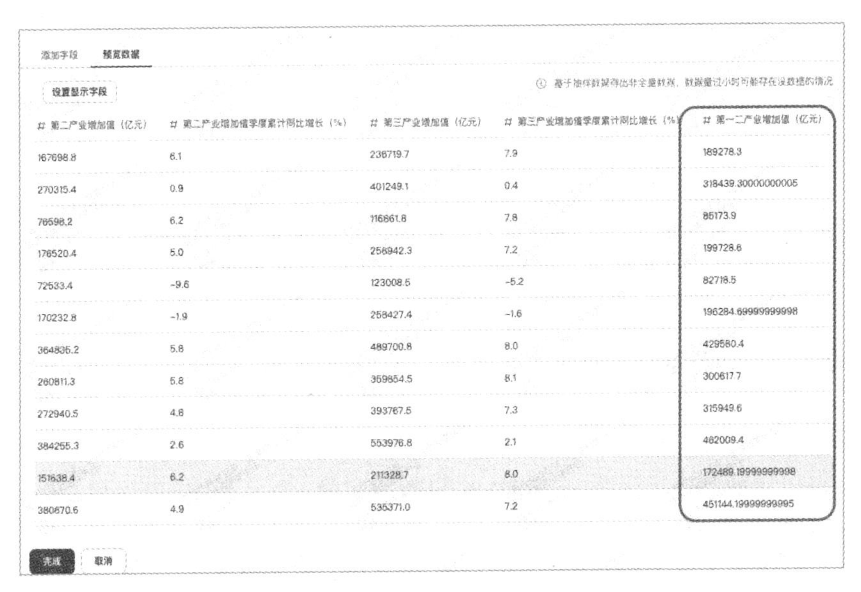

# 第二产业增加值（亿元）	# 第二产业增加值季度累计同比增长（%）	# 第三产业增加值（亿元）	# 第三产业增加值季度累计同比增长（%）	# 第一二产业增加值（亿元）
167698.8	6.1	236719.7	7.9	189278.3
270315.4	0.9	401249.1	0.4	318439.30000000005
76598.2	6.2	116861.8	7.8	85173.9
176520.4	5.0	256942.3	7.2	199728.6
72533.4	-9.6	123008.5	-5.2	82718.5
170232.8	-1.9	258427.4	-1.6	196284.69999999998
364835.2	5.8	489700.8	8.0	429580.4
260811.3	5.8	369854.5	8.1	300617.7
272940.5	4.8	393767.5	7.3	315949.6
384255.3	2.6	553976.8	2.1	462009.4
151638.4	6.2	211328.7	8.0	172489.19999999998
380670.6	4.9	535371.0	7.2	451144.19999999995

图 6-3　常用 SQL 函数 – 数学运算 + 函数计算结果

6.3.2 -函数应用演示

例：原始数据中有城镇人口和乡村人口，要计算出城乡人口差距，可以用数学应用函数 -。在 DMC 里新增字段，命名为“城乡人口差距”，如图 6-4 所示。

图 6-4　常用 SQL 函数 – 数学运算 - 函数

计算结果如图 6-5 所示。

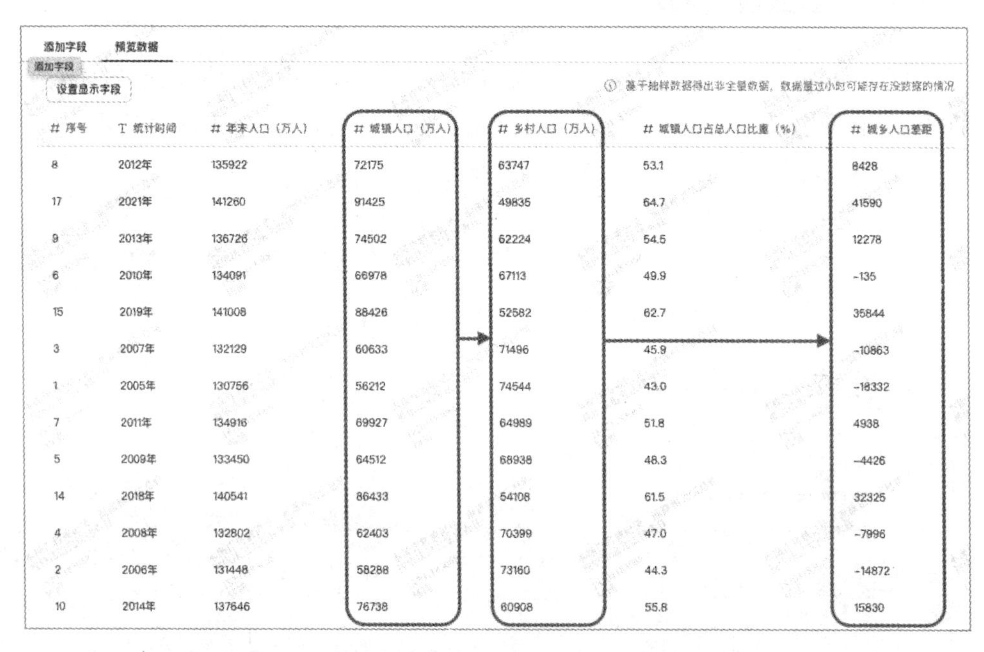

# 序号	T 统计时间	# 年末人口（万人）	# 城镇人口（万人）	# 乡村人口（万人）	# 城镇人口占总人口比重（%）	# 城乡人口差距
8	2012年	135922	72175	63747	53.1	8428
17	2021年	141260	91425	49835	64.7	41590
9	2013年	136726	74502	62224	54.5	12278
6	2010年	134091	66978	67113	49.9	-135
15	2019年	141008	88426	52582	62.7	35844
3	2007年	132129	60633	71496	45.9	-10863
1	2005年	130756	56212	74544	43.0	-18332
7	2011年	134916	69927	64989	51.8	4938
5	2009年	133450	64512	68938	48.3	-4426
14	2018年	140541	86433	54108	61.5	32325
4	2008年	132802	62403	70399	47.0	-7996
2	2006年	131448	58288	73160	44.3	-14872
10	2014年	137646	76738	60908	55.8	15830

图 6-5　常用 SQL 函数 – 数学运算 - 函数计算结果

6.3.3 *函数应用演示

例：原始数据中有年末人口和城镇人口占总人口比重，要计算出城镇人口数量，可以用数学应用函数 *。在 DMC 里新增字段，命名为“城镇人口（万人）”，如图 6-6 所示。

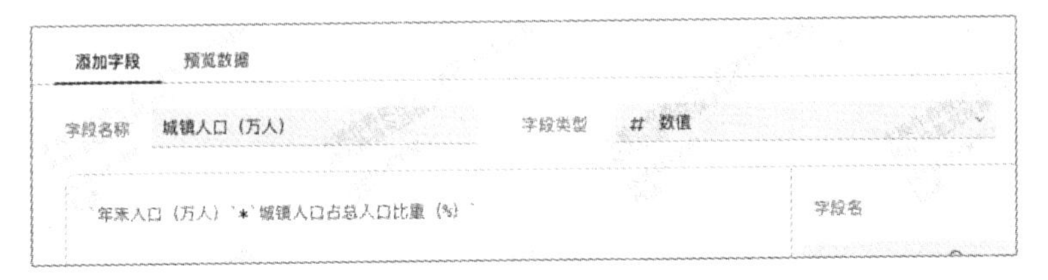

图 6-6　常用 SQL 函数 – 数学运算 * 函数

计算结果如图 6-7 所示。

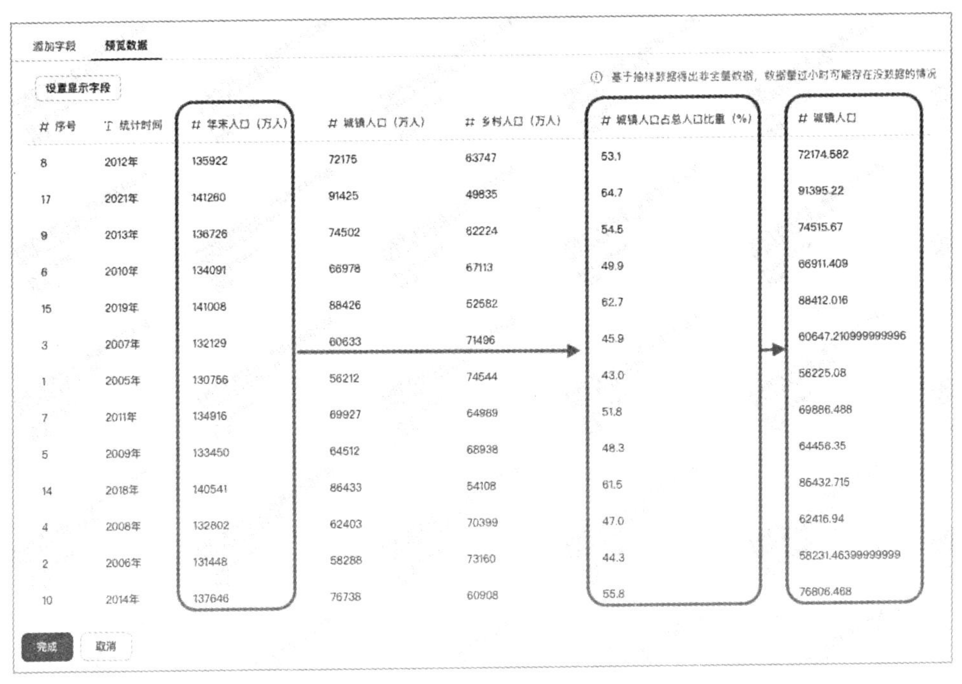

# 序号	T 统计时间	# 年末人口（万人）	# 城镇人口（万人）	# 乡村人口（万人）	# 城镇人口占总人口比重（%）	# 城镇人口
8	2012年	135922	72175	63747	53.1	72174.582
17	2021年	141260	91425	49835	64.7	91395.22
9	2013年	136726	74502	62224	54.5	74515.67
6	2010年	134091	66978	67113	49.9	66911.409
15	2019年	141008	88426	52582	62.7	88412.016
3	2007年	132129	60633	71496	45.9	60647.210999999996
1	2005年	130756	56212	74544	43.0	56225.08
7	2011年	134916	69927	64989	51.8	69886.488
5	2009年	133450	64512	68938	48.3	64456.35
14	2018年	140541	86433	54108	61.5	86432.715
4	2008年	132802	62403	70399	47.0	62416.94
2	2006年	131448	58288	73160	44.3	58231.46399999999
10	2014年	137646	76738	60908	55.8	76806.468

图 6-7　常用 SQL 函数 – 数学运算 * 函数计算结果

6.3.4　/函数应用演示

例：原始数据中有乡村人口和城镇人口，要计算出城乡人口比例。

在 DMC 里新增字段，命名为“城乡人口比例”，如图 6-8 所示。

添加字段　预览数据

字段名称　城乡人口比例　字段类型　# 数值

`城镇人口（万人）`/`乡村人口（万人）`　字段名

图 6-8　常用 SQL 函数 – 数学运算 / 函数

计算结果如图 6-9 所示。

添加字段　预览数据

设置显示字段　　① 基于抽样数据得出非全量数据，数据量过小时可能存在没数据的情况

# 序号	T 统计时间	# 年末人口（万人）	# 城镇人口（万人）	# 乡村人口（万人）	# 城镇人口占总人口比重（%）	# 城乡人口比例
8	2012年	135922	72175	63747	53.1	1.132210143222426
17	2021年	141260	91425	49835	64.7	1.834554028293368
9	2013年	136726	74502	62224	54.5	1.1973193623039342
6	2010年	134091	66978	67113	49.9	0.9979884672120155
15	2019年	141008	88426	52582	62.7	1.6816781408086416
3	2007年	132129	60633	71496	45.9	0.8480614300100705
1	2005年	130756	56212	74544	43.0	0.754078128353724
7	2011年	134916	69927	64989	51.8	1.0759820892766467
5	2009年	133450	64512	68938	48.3	0.9357973831558792
14	2018年	140541	86433	54108	61.5	1.5974162785540031
4	2008年	132802	62403	70399	47.0	0.8864188411767212
2	2006年	131448	58288	73160	44.3	0.7967195188627665
10	2014年	137646	76738	60908	55.8	1.2599001773166087

完成　取消

图 6-9　常用 SQL 函数 – 数学运算 / 函数预览数据

6.3.5　%函数应用演示

例：定义 ID 为奇数的会员为高级会员，偶数为普通会员，则需要判断级别，可以用 IF 和 % 函数。

在 DMC 里新增字段，命名为“会员等级”，如图 6-10 所示。

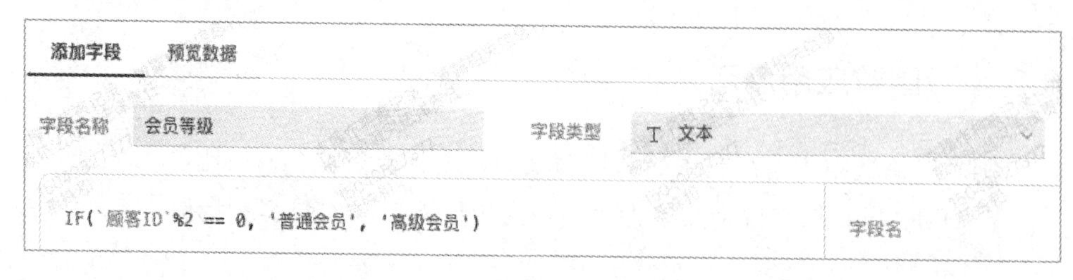

图 6-10　常用 SQL 函数 – 数学运算 % 函数

计算结果如图 6-11 所示。

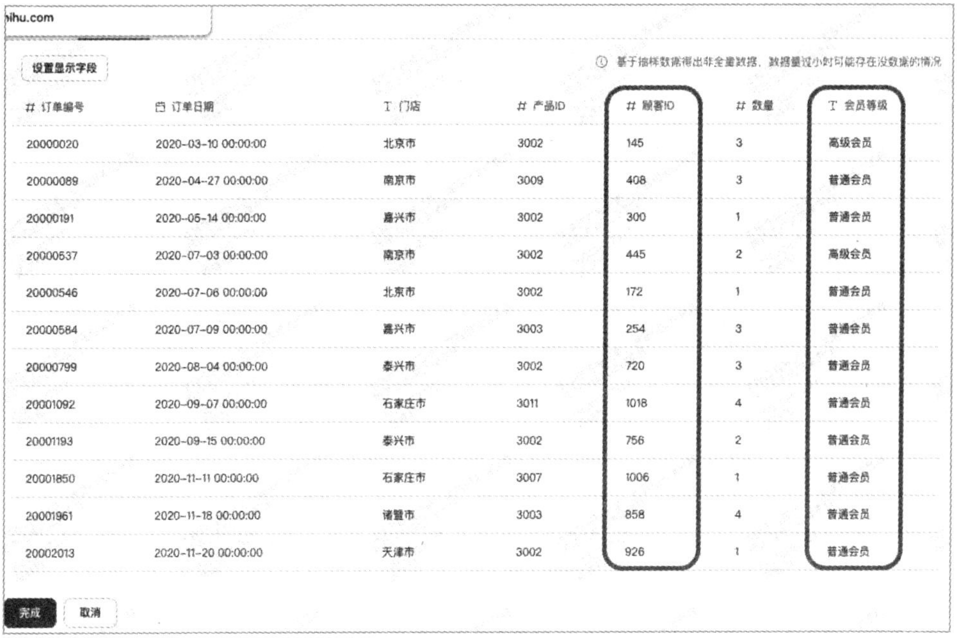

ihu.com

设置显示字段

基于抽样数据得出非全量数据，数据量过小时可能存在没数据的情况

# 订单编号	订单日期	T 门店	# 产品ID	# 顾客ID	# 数量	T 会员等级
20000020	2020-03-10 00:00:00	北京市	3002	145	3	高级会员
20000089	2020-04-27 00:00:00	南京市	3009	408	3	普通会员
20000191	2020-05-14 00:00:00	嘉兴市	3002	300	1	普通会员
20000537	2020-07-03 00:00:00	南京市	3002	445	2	高级会员
20000546	2020-07-06 00:00:00	北京市	3002	172	1	普通会员
20000584	2020-07-09 00:00:00	嘉兴市	3003	254	3	普通会员
20000799	2020-08-04 00:00:00	泰兴市	3002	720	3	普通会员
20001092	2020-09-07 00:00:00	石家庄市	3011	1018	4	普通会员
20001193	2020-09-15 00:00:00	泰兴市	3002	756	2	普通会员
20001850	2020-11-11 00:00:00	石家庄市	3007	1006	1	普通会员
20001961	2020-11-18 00:00:00	诸暨市	3003	858	4	普通会员
20002013	2020-11-20 00:00:00	天津市	3002	926	1	普通会员

完成　取消

图 6-11　常用 SQL 函数 – 数学运算 % 函数计算结果

6.4　日期函数

日期函数主要包括 DAY、MONTH、YEAR、TO_DATE、HOUR、MINUTE、SECOND、DATE_SUB、DATE_ADD、HOUR_DIFF、DAY_DIFF、YEAR_DIFF、FROM_UNIXTIME、UNIX_TIMESTAMP 等。

6.4.1　DAY函数应用演示

例：订单时间为“2019-01-01 01:01:01”，需要取出订单日，可以用 DAY 函数。在 DMC 里新增字段，命名为“订单日”，如图 6-12 所示。

添加字段　预览数据

字段名称　订单日　　字段类型　# 数值

DAY(`订单日期`)　　字段名

图 6-12　常用 SQL 函数 – 日期函数 DAY

计算结果如图 6-13 所示。

添加字段　预览数据

设置显示字段　　　　基于抽样数据得出非全量数据，数据量过小时可能存在没数据的情况

订单日期	# 订单日
2020-03-10 00:00:00	10
2020-04-27 00:00:00	27
2020-05-14 00:00:00	14
2020-07-03 00:00:00	3
2020-07-06 00:00:00	6
2020-07-09 00:00:00	9
2020-08-04 00:00:00	4
2020-09-07 00:00:00	7
2020-09-15 00:00:00	15
2020-11-11 00:00:00	11
2020-11-18 00:00:00	18
2020-11-20 00:00:00	20

完成　取消

图 6-13　常用 SQL 函数 – 日期函数 DAY– 预览数据

6.4.2　MONTH函数应用演示

例：订单时间为“2019-01-01 01:01:01”，需要取出订单月份，可以用 MONTH 函数。在 DMC 里新增字段，命名为“订单月份”，如图 6-14 所示。

图 6-14　常用 SQL 函数 – 日期函数 MONTH

计算结果如图 6-15 所示。

添加字段　预览数据

设置显示字段

① 基于抽样数据得出非全量数据，数据量过小时可能存在没数据的情况

订单日期	# 订单月份
2020-03-10 00:00:00	3
2020-04-27 00:00:00	4
2020-05-14 00:00:00	5
2020-07-03 00:00:00	7
2020-07-06 00:00:00	7
2020-07-09 00:00:00	7
2020-08-04 00:00:00	8
2020-09-07 00:00:00	9
2020-09-15 00:00:00	9
2020-11-11 00:00:00	11
2020-11-18 00:00:00	11
2020-11-20 00:00:00	11

完成　取消

图 6-15　常用 SQL 函数 – 日期函数 MONTH– 预览数据

6.4.3　YEAR函数应用演示

例：订单时间为“2019-01-01 01:01:01”，需要取出订单年份，可以用 YEAR 函数。在 DMC 里新增字段，命名为“订单年份”，如图 6-16 所示。

图 6-16　常用 SQL 函数 – 日期函数 YEAR

计算结果如图 6-17 所示：

添加字段　预览数据

设置显示字段　　　ⓘ 基于抽样数据得出非全量数据，数据量过小时可能存在没数据的情况

订单日期	# 订单年份
2020-03-10 00:00:00	2020
2020-04-27 00:00:00	2020
2020-05-14 00:00:00	2020
2020-07-03 00:00:00	2020
2020-07-06 00:00:00	2020
2020-07-09 00:00:00	2020
2020-08-04 00:00:00	2020
2020-09-07 00:00:00	2020
2020-09-15 00:00:00	2020
2020-11-11 00:00:00	2020
2020-11-18 00:00:00	2020
2020-11-20 00:00:00	2020

完成　取消

图 6-17　常用 SQL 函数 – 日期函数 YEAR– 预览数据

6.4.4　TO_DATE函数应用演示

例：订单日期为“2019-01-01 01:01:01”，需要取出订单日，可以用 TO_DATE 函数。在 DMC 里新增字段，命名为“订单日”，如图 6-18 所示。

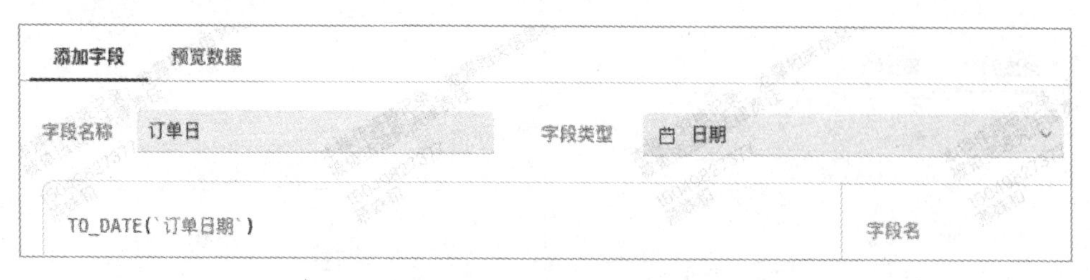

图 6-18　常用 SQL 函数 – 日期函数 TO_DATE

计算结果如图 6-19 所示。

添加字段　预览数据

设置显示字段

ⓘ 基于抽样数据得出非全量数据，数据量过小时可能存在没数据的情况

订单日期	订单日
2020-03-10 00:00:00	2020-03-10
2020-04-27 00:00:00	2020-04-27
2020-05-14 00:00:00	2020-05-14
2020-07-03 00:00:00	2020-07-03
2020-07-06 00:00:00	2020-07-06
2020-07-09 00:00:00	2020-07-09
2020-08-04 00:00:00	2020-08-04
2020-09-07 00:00:00	2020-09-07
2020-09-15 00:00:00	2020-09-15
2020-11-11 00:00:00	2020-11-11
2020-11-18 00:00:00	2020-11-18
2020-11-20 00:00:00	2020-11-20

完成　取消

图 6-19　常用 SQL 函数 – 日期函数 TO_DATE– 预览数据

6.4.5　HOUR函数应用演示

例：订单日期为“2019-01-01 01:01:01”，需要取出订单小时，可以用 HOUR 函数。在 DMC 里新增字段，命名为“订单小时”，如图 6-20 所示。

图 6-20　常用 SQL 函数 – 日期函数 HOUR

计算结果如图 6-21 所示。

添加字段　预览数据

设置显示字段

① 基于抽样数据得出非全量数据，数据量过小时可能存在没数据的情况

订单日期	# 订单小时
2020-01-26 12:30:09	12
2020-01-27 08:10:02	8
2020-01-29 09:10:11	9
2020-01-30 08:09:10	8
2020-02-06 10:11:12	10
2020-02-10 11:12:13	11
2020-02-11 11:11:12	11
2020-02-13 13:12:11	13
2020-02-13 13:14:12	13
2020-02-13 13:12:11	13
2020-02-28 13:15:11	13
2020-03-04 13:20:21	13

完成　取消

图 6-21　常用 SQL 函数 – 日期函数 HOUR – 预览数据

6.4.6　MINUTE函数应用演示

例：订单日期为“2019-01-01 01:01:01”，需要取出订单分钟，可以用 MINUTE 函数。在 DMC 里新增字段，命名为“订单分钟”，如图 6-22 所示。

图 6-22　常用 SQL 函数 – 日期函数 MINUTE

计算结果如图 6-23 所示。

添加字段　预览数据

设置显示字段

① 基于抽样数据得出非全量数据，数据量过小时可能存在没数据的情况

订单日期	# 订单分钟
2020-01-26 12:30:09	30
2020-01-27 08:10:02	10
2020-01-29 09:10:11	10
2020-01-30 08:09:10	9
2020-02-06 10:11:12	11
2020-02-10 11:12:13	12
2020-02-11 11:11:12	11
2020-02-13 13:12:11	12
2020-02-13 13:14:12	14
2020-02-13 13:12:11	12
2020-02-28 13:15:11	15
2020-03-04 13:20:21	20

完成　取消

图 6-23　常用 SQL 函数 – 日期函数 MINUTE – 预览数据

6.4.7　SECOND函数应用演示

例： 订单日期为“2019-01-01 01:01:01”，需要取出订单秒数，可以用 SECOND 函数。在 DMC 里新增字段，命名为“订单秒数”，如图 6-24 所示。

图 6-24　常用 SQL 函数 – 日期函数 SECOND

计算结果如图 6-25 所示。

添加字段　预览数据

设置显示字段

① 基于抽样数据得出非全量数据，数据量过小时可能存在没数据的情况

订单日期	# 订单秒数
2020-01-26 12:30:09	9
2020-01-27 08:10:02	2
2020-01-29 09:10:11	11
2020-01-30 08:09:10	10
2020-02-06 10:11:12	12
2020-02-10 11:12:13	13
2020-02-11 11:11:12	12
2020-02-13 13:12:11	11
2020-02-13 13:14:12	12
2020-02-13 13:12:11	11
2020-02-28 13:15:11	11
2020-03-04 13:20:21	21

完成　取消

图 6-25　常用 SQL 函数 – 日期函数 SECOND – 预览数据

6.4.8　DATE_SUB函数应用演示

例：订单日期为“2019-01-01 01:01:01”，需要查看订单前 2 天的日期，可以用 DATE_SUB 函数。在 DMC 里新增字段，命名为“订单前 2 天的日期”，如图 6-26 所示。

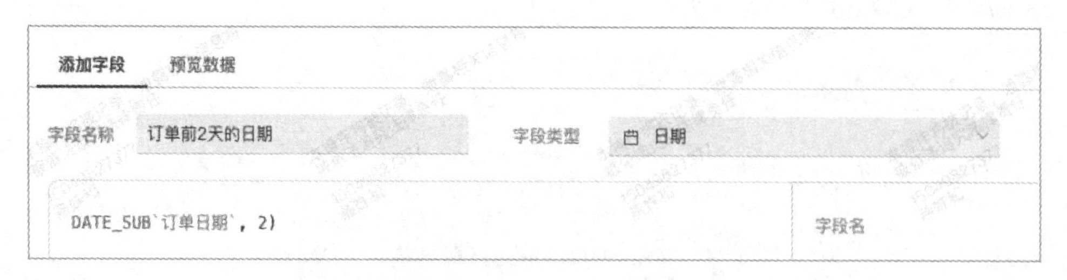

图 6-26　常用 SQL 函数 – 日期函数 DATE_SUB

计算结果如图 6-27 所示。

添加字段　预览数据

设置显示字段

① 基于抽样数据得出非全量数据，数据量过小时可能存在没数据的情况

订单日期	订单前2天的日期
2020-01-26 12:30:09	2020-01-24
2020-01-27 08:10:02	2020-01-25
2020-01-29 09:10:11	2020-01-27
2020-01-30 08:09:10	2020-01-28
2020-02-06 10:11:12	2020-02-04
2020-02-10 11:12:13	2020-02-08
2020-02-11 11:11:12	2020-02-09
2020-02-13 13:12:11	2020-02-11
2020-02-13 13:14:12	2020-02-11
2020-02-13 13:12:11	2020-02-11
2020-02-28 13:15:11	2020-02-26
2020-03-04 13:20:21	2020-03-02

完成　取消

图 6-27　常用 SQL 函数 – 日期函数 DATE_SUB – 预览数据

6.4.9　DATE_ADD函数应用演示

例：订单日期为“2019-01-02 01:01:01”，需要查看订单后三天的日期，可以用 DATE_ADD 函数。在 DMC 里新增字段，命名为“订单后三天的日期”，如图 6-28 所示。

添加字段　预览数据

字段名称　订单后三天的日期　字段类型　日期

```
DATE_ADD(`订单日期`, 3)
```

字段名

图 6-28　常用 SQL 函数 – 日期函数 DATE_ADD

计算结果如图 6-29 所示。

添加字段　预览数据

设置显示字段　　基于抽样数据得出非全量数据，数据量过小时可能存在没数据的情况

订单日期	订单后三天的日期
2020-01-26 12:30:09	2020-01-29
2020-01-27 08:10:02	2020-01-30
2020-01-29 09:10:11	2020-02-01
2020-01-30 08:09:10	2020-02-02
2020-02-06 10:11:12	2020-02-09
2020-02-10 11:12:13	2020-02-13
2020-02-11 11:11:12	2020-02-14
2020-02-13 13:12:11	2020-02-16
2020-02-13 13:14:12	2020-02-16
2020-02-13 13:12:11	2020-02-16
2020-02-28 13:15:11	2020-03-02
2020-03-04 13:20:21	2020-03-07

完成　取消

图 6-29　常用 SQL 函数 – 日期函数 DATE_ADD – 预览数据

6.4.10　HOUR_DIFF函数应用演示

例：订单日期为“2019-01-05 01:01:01”，退货时间为“2020-02-02”，需要取出退货小时数，可以用 HOUR_DIFF 函数。在 DMC 里新增字段，命名为“退货小时数”，如图 6-30 所示。

图 6-30　常用 SQL 函数 – 日期函数 HOUR_DIFF

计算结果如图 6-31 所示。

添加字段 预览数据

设置显示字段

① 基于抽样数据得出非全量数据，数据量过小时可能存在没数据的

订单日期	退货日期	退货小时数
2020-01-26 12:30:09	2020-08-05	4595
2020-01-27 08:10:02	2021-01-02	8176
2020-01-29 09:10:11	2021-09-23	14462
2020-01-30 08:09:10	2022-08-21	22407
2020-02-06 10:11:12	2020-10-04	5773
2020-02-10 11:12:13	2021-06-07	11580
2020-02-11 11:11:12	2022-09-08	22548
2020-02-13 13:12:11	2021-11-04	15106
2020-02-13 13:14:12	2022-06-20	20578
2020-02-13 13:12:11	2022-10-31	23770
2020-02-28 13:15:11	2021-12-04	15466
2020-03-04 13:20:21	2021-09-27	13714

完成 取消

图 6-31 常用 SQL 函数 – 日期函数 HOUR_DIFF– 预览数据

6.4.11 DAY_DIFF函数应用演示

例： 订单日期为“2019-01-05 01:01:01”，退货时间为“2020-02-02 12:01:03”，需要取出退货天数，可以用 DAY_DIFF 函数。在 DMC 里新增字段，命名为“订单时间至退货时间间隔天数”，如图 6-32 所示。

图 6-32 常用 SQL 函数 – 日期函数 DAY_DIFF

计算结果如图 6-33 所示。

添加字段　预览数据

设置显示字段　　① 基于抽样数据得出非全量数据，数据量过小时可能存在没数据的情况

订单日期	退货日期	# 订单时间至退货时间间隔天数
2020-01-26 12:30:09	2021-03-12	411
2020-01-27 08:10:02	2021-03-26	424
2020-01-29 09:10:11	2020-09-27	242
2020-01-30 08:09:10	2020-07-15	167
2020-02-06 10:11:12	2020-12-30	328
2020-02-10 11:12:13	2020-04-02	52
2020-02-11 11:11:12	2022-07-07	877
2020-02-13 13:12:11	2021-04-19	431
2020-02-13 13:14:12	2021-07-21	524
2020-02-13 13:12:11	2020-02-18	5
2020-02-28 13:15:11	2022-01-16	688
2020-03-04 13:20:21	2021-05-12	434

完成　取消

图 6-33　常用 SQL 函数 – 日期函数 DAY_DIFF– 预览数据

6.4.12　YEAR_DIFF函数应用演示

例：订单日期为“2019-01-05”，退货时间为“2020-02-02”，需要取出退货年数，可以用 YEAR_DIFF 函数。在 DMC 里新增字段，命名为“订单时间至退货时间间隔年数”，如图 6-34 所示。

图 6-34　常用 SQL 函数 – 日期函数 YEAR_DIFF

计算结果如图 6-35 所示。

添加字段　预览数据

设置显示字段　　① 基于抽样数据得出非全量数据，数据量过小时可能存在没数据的情况

订单日期	退货日期	订单时间至退货时间间隔年数
2020-01-26 12:30:09	2022-08-05	2
2020-01-27 08:10:02	2022-06-13	2
2020-01-29 09:10:11	2021-07-06	1
2020-01-30 08:09:10	2021-02-14	1
2020-02-06 10:11:12	2021-02-23	1
2020-02-10 11:12:13	2022-10-13	2
2020-02-11 11:11:12	2021-04-01	1
2020-02-13 13:12:11	2022-04-15	2
2020-02-13 13:14:12	2020-07-03	0
2020-02-13 13:12:11	2020-02-24	0
2020-02-28 13:15:11	2020-10-27	0
2020-03-04 13:20:21	2022-10-19	2

完成　取消

图 6-35　常用 SQL 函数 – 日期函数 YEAR_DIFF– 预览数据

6.4.13 FROM_UNIXTIME、UNIX_TIMESTAMP、SUBSTR混合函数应用演示

例：身份证号为 142223198767896789，需要提取出出生年月日，可以用 FROM_UNIXTIME、UNIX_TIMESTAMP、SUBSTR 函数，方法如下。

```
from_unixtime(unix_timestamp(SUBSTR(`身份证号码`, 7, 8), 'yyyymmdd'), 'yyyy-mm-dd')
```

在 DMC 里新增字段，命名为“出生年月日”，如图 6-36 所示。

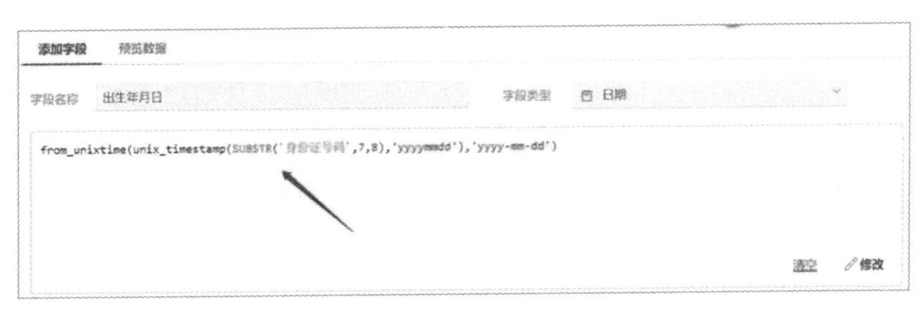

图 6-36　常用 SQL 函数 – 日期函数混合应用

计算结果如图 6-37 所示。

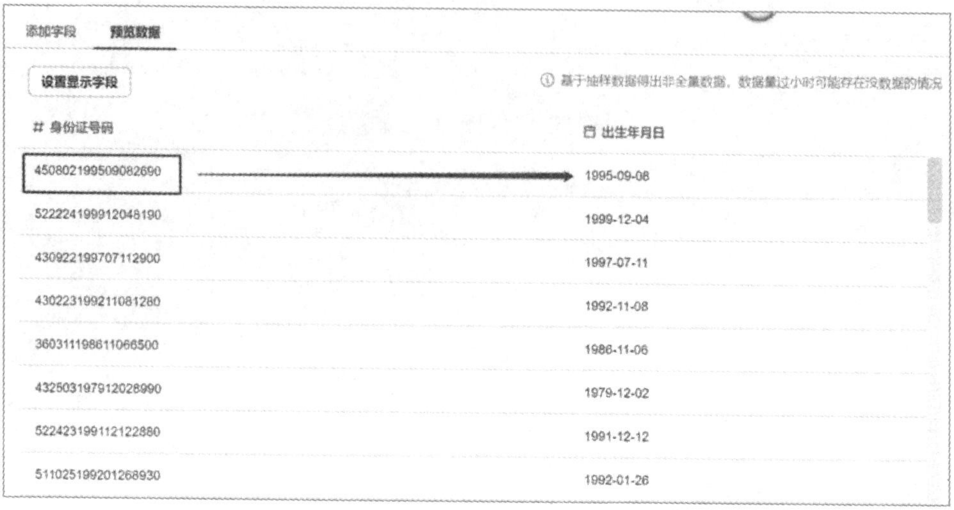

# 身份证号码	出生年月日
450802199509082690	1995-09-08
522224199912048190	1999-12-04
430922199707112900	1997-07-11
430223199211081280	1992-11-08
360311198611066500	1986-11-06
432503197912028990	1979-12-02
522423199112122880	1991-12-12
511025199201268930	1992-01-26

图 6-37　常用 SQL 函数 – 日期函数混合应用 – 预览数据

6.5　条件函数

条件函数包括 IF、CASE、WHEN、CCOALESCE 等。

6.5.1　IF、AND、OR、HOUR_DIFF混合函数应用演示

例：找出门店为“北京市”或“天津市”，并且订单时间与退货时间大于等于 24 小时的订单信息，可以用 IF、AND、OR、HOUR_DIFF 函数。

函数编辑输入演示：

```
IF((`门店`=“北京市” or `门店`=“天津市”) and HOUR_DIFF(`退货日期`, `订单日期`) >= 24, “是”, “否”)
```

在 DMC 里新增字段，命名为“是否满足条件”，如图 6-38 所示。

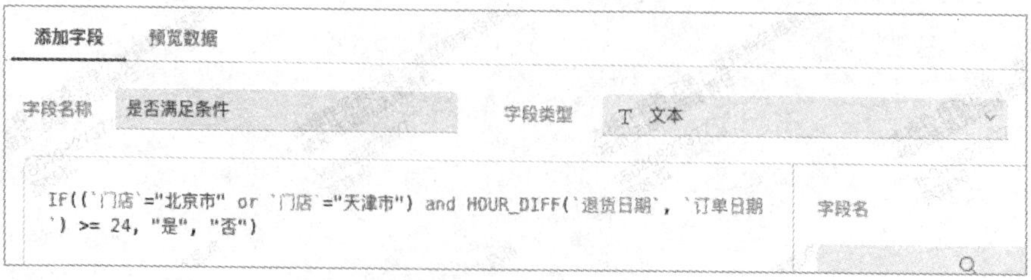

图 6-38　常用 SQL 函数 – 条件函数示例 1

计算结果如图 6-39 所示。

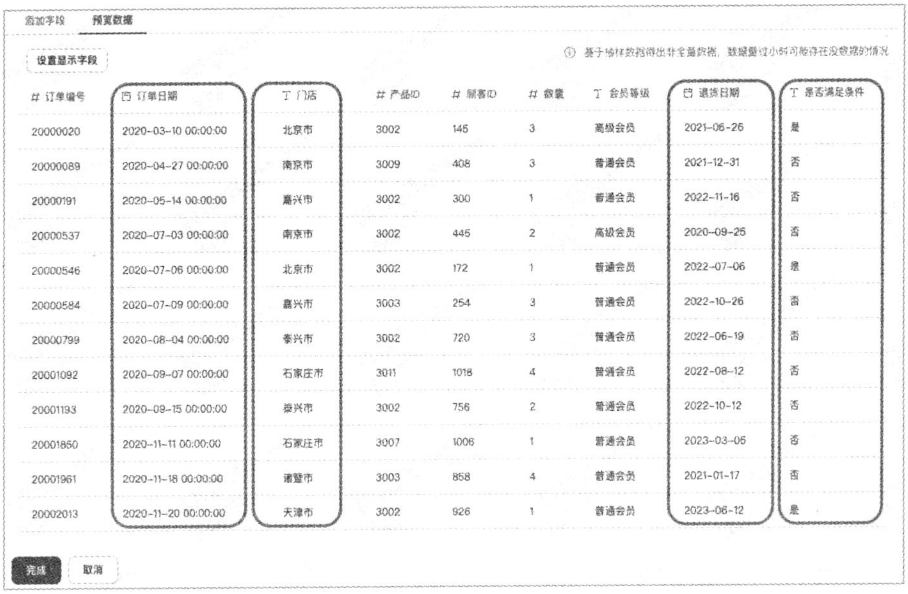

添加字段　预览数据

设置显示字段

① 基于抽样数据得出非全量数据，数据量过小时可能存在没数据的情况

# 订单编号	订单日期	T 门店	# 产品ID	# 顾客ID	# 数量	T 会员等级	退货日期	T 是否满足条件
20000020	2020-03-10 00:00:00	北京市	3002	145	3	高级会员	2021-06-26	是
20000089	2020-04-27 00:00:00	南京市	3009	408	3	普通会员	2021-12-31	否
20000191	2020-05-14 00:00:00	嘉兴市	3002	300	1	普通会员	2022-11-16	否
20000537	2020-07-03 00:00:00	南京市	3002	445	2	高级会员	2020-09-26	否
20000546	2020-07-06 00:00:00	北京市	3002	172	1	普通会员	2022-07-06	是
20000584	2020-07-09 00:00:00	嘉兴市	3003	254	3	普通会员	2022-10-26	否
20000799	2020-08-04 00:00:00	泰兴市	3002	720	3	普通会员	2022-06-19	否
20001092	2020-09-07 00:00:00	石家庄市	3011	1018	4	普通会员	2022-08-12	否
20001193	2020-09-15 00:00:00	泰兴市	3002	756	2	普通会员	2022-10-12	否
20001850	2020-11-11 00:00:00	石家庄市	3007	1006	1	普通会员	2023-03-05	否
20001961	2020-11-18 00:00:00	诸暨市	3003	858	4	普通会员	2021-01-17	否
20002013	2020-11-20 00:00:00	天津市	3002	926	1	普通会员	2023-06-12	是

完成　取消

图 6-39　常用 SQL 函数 – 条件函数示例 1– 计算结果

6.5.2　CASE、WHEN、HOUR_DIFF、AND混合函数应用演示

例：订单所在门店为北京且订单时间与退货时间间隔小时数大于 48 小时计 5 分，订单所在门店不为北京且订单时间与退货时间间隔小时数大于等于 24 小时计 2 分，其他订单得 0 分，计算出所有订单的积分数值，可以用 CASE、WHEN、HOUR_DIFF、AND 函数。

方法如下：

```
case
when `门店` = "北京市" and `订单时间与退货时间间隔小时数`
> 48 then 5
when `门店` <> "北京市" and `订单时间与退货时间间隔小时数`
>= 24 then 2
else 0
end
```

（1）在 DMC 里新增字段，命名为“订单时间与退货时间间隔小时数”，如图 6-40 所示。

添加字段　预览数据

字段名称　订单时间与退货时间间隔小时数　字段类型　# 数值

```
HOUR_DIFF(`退货日期`,`订单日期`)
```

字段名

图 6-40　常用 SQL 函数 – 条件函数示例 2– 新增字段 1

（2）在 DMC 里新增字段，命名为“积分数值”，如图 6-41 所示。

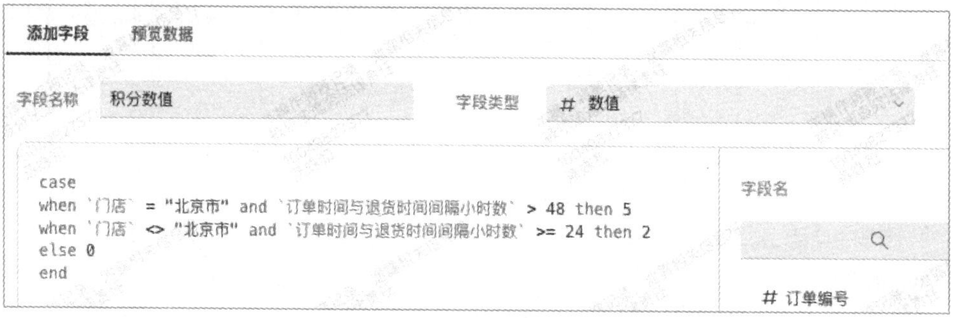

添加字段　预览数据

字段名称　积分数值　字段类型　# 数值

```
case
when `门店` = "北京市" and `订单时间与退货时间间隔小时数` > 48 then 5
when `门店` <> "北京市" and `订单时间与退货时间间隔小时数` >= 24 then 2
else 0
end
```

字段名

订单编号

图 6-41　常用 SQL 函数 – 条件函数示例 2– 新增字段 2

计算结果如图 6-42 所示。

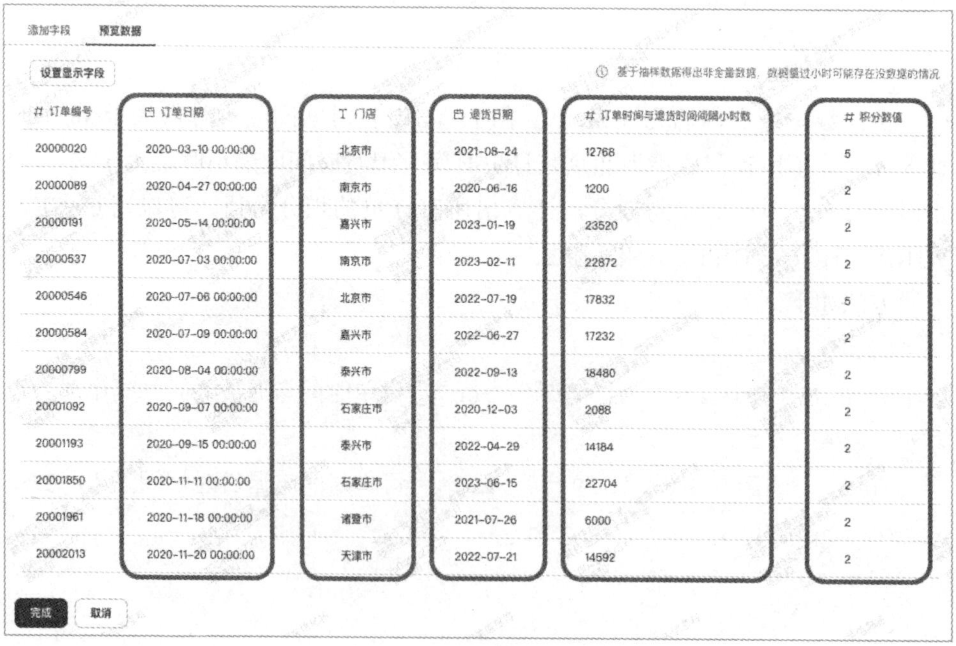

添加字段　预览数据

设置显示字段　　① 基于抽样数据得出非全量数据，数据量过小时可能存在没数据的情况

# 订单编号	订单日期	门店	退货日期	# 订单时间与退货时间间隔小时数	# 积分数值
20000020	2020-03-10 00:00:00	北京市	2021-08-24	12768	5
20000089	2020-04-27 00:00:00	南京市	2020-06-16	1200	2
20000191	2020-05-14 00:00:00	嘉兴市	2023-01-19	23520	2
20000537	2020-07-03 00:00:00	南京市	2023-02-11	22872	2
20000546	2020-07-06 00:00:00	北京市	2022-07-19	17832	5
20000584	2020-07-09 00:00:00	嘉兴市	2022-06-27	17232	2
20000799	2020-08-04 00:00:00	泰兴市	2022-09-13	18480	2
20001092	2020-09-07 00:00:00	石家庄市	2020-12-03	2088	2
20001193	2020-09-15 00:00:00	泰兴市	2022-04-29	14184	2
20001850	2020-11-11 00:00:00	石家庄市	2023-06-15	22704	2
20001961	2020-11-18 00:00:00	诸暨市	2021-07-26	6000	2
20002013	2020-11-20 00:00:00	天津市	2022-07-21	14592	2

完成　取消

图 6-42　常用 SQL 函数 – 条件函数示例 2– 计算结果

6.5.3　CCOALESCE函数应用演示

例：当天价格为“空”，前一天价格为 12，前两天价格为 8，需要取出最近价格，可以用 CCOALESCE 函数。在 DMC 里新增字段，命名为“最近价格”，如图 6-43 所示。

添加字段　预览数据

字段名称　最近价格　　字段类型　# 数值

```
CCOALESCE(`当天价格`, `前一天价格`, `前两天价格`)
```

字段名

图 6-43　常用 SQL 函数 – 条件函数示例 3

计算结果如图 6-44 所示。

添加字段　预览数据

设置显示字段　　基于抽样数据得出非全量数据，数据量过小时可能存在没数据的情况

# 会员号	T 购买商品	# 当天价格	# 前一天价格	# 前两天价格	# 最近价格
1	薯条	11	2	-	11
2	鸡腿	-	2	20	2
2	雪糕	5	-	15	5
4	鸭舌帽	5	8	12	5
3	薯条	-	-	9	9
1	鸡块	-	12	-	12
4	薯条	53	-	-	53

图 6-44　常用 SQL 函数 – 条件函数示例 3– 计算结果

注：取第一个非空字段值。

6.6　字符串函数

字符串函数主要包括以下几类：CONCAT、SUBSTR、SPLIT、REPLACE、REGEXP_REPLACE、LENGTH、UPPER。

6.6.1　CONCAT函数应用演示

例：门店为北京市，会员等级为高级，需要生成一个详细门店与会员等级信息，可以用 CONCAT 函数。在 DMC 里新增字段，命名为“门店会员等级”，如图 6-45 所示。

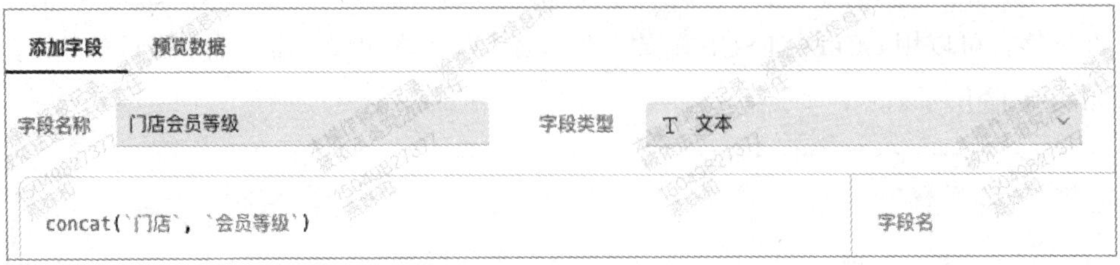

添加字段　预览数据

字段名称　门店会员等级　字段类型　T 文本

```
concat(`门店`, `会员等级`)
```

字段名

图 6-45　字符串函数 – CONCAT

计算结果如图 6-46 所示。

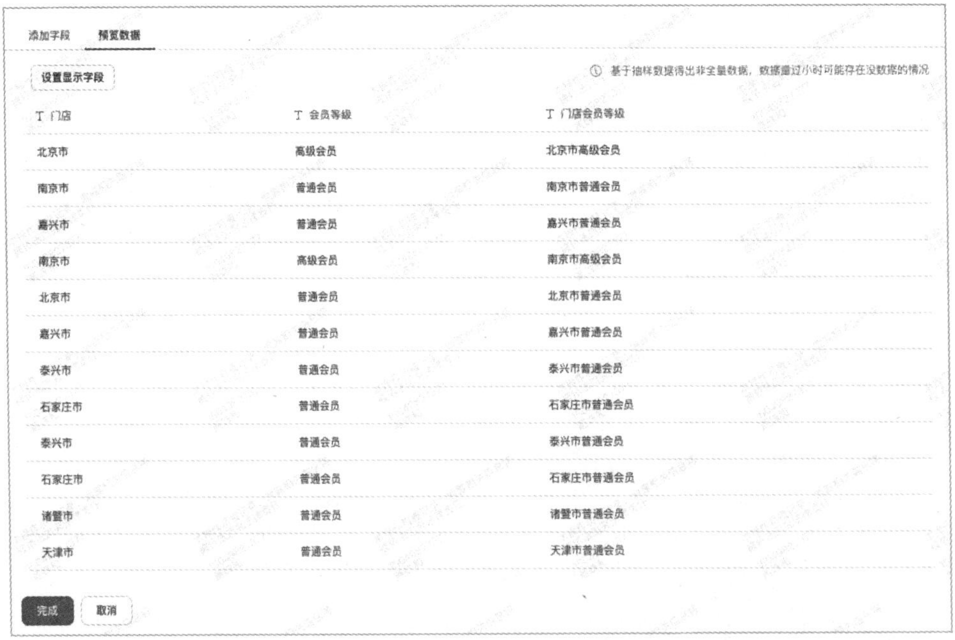

添加字段　预览数据

设置显示字段　　ⓘ 基于抽样数据得出非全量数据，数据量过小时可能存在没数据的情况

T 门店	T 会员等级	T 门店会员等级
北京市	高级会员	北京市高级会员
南京市	普通会员	南京市普通会员
嘉兴市	普通会员	嘉兴市普通会员
南京市	高级会员	南京市高级会员
北京市	普通会员	北京市普通会员
嘉兴市	普通会员	嘉兴市普通会员
泰兴市	普通会员	泰兴市普通会员
石家庄市	普通会员	石家庄市普通会员
泰兴市	普通会员	泰兴市普通会员
石家庄市	普通会员	石家庄市普通会员
诸暨市	普通会员	诸暨市普通会员
天津市	普通会员	天津市普通会员

完成　取消

图 6-46　字符串函数 – CONCAT– 计算结果

6.6.2　SUBSTR函数应用演示

例：需要从身份证号中取出出生年份，可以用 SUBSTR 函数。在 DMC 里新增字段，命名为“出生年份”，如图 6-47 所示。

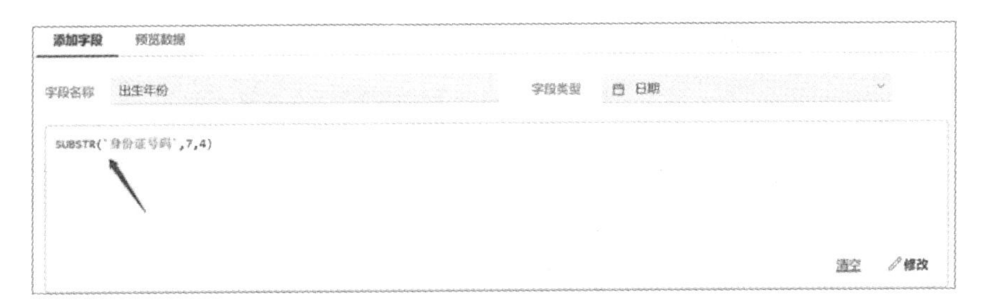

图 6-47 字符串函数 –SUBSTR

计算结果如图 6-48 所示。

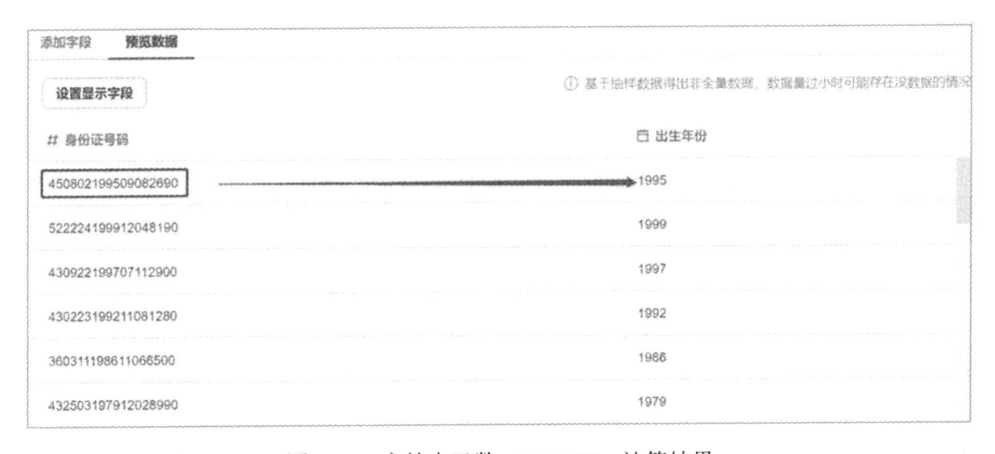

# 身份证号码	出生年份
450802199509082690	1995
522224199912048190	1999
430922199707112900	1997
430223199211081280	1992
360311198611066500	1986
432503197912028990	1979

图 6-48 字符串函数 –SUBSTR– 计算结果

6.6.3 STRING_SPLIT、SPLIT函数应用演示

例：电影票购票时间为“2019-01-05 01:01:01”，需要取出购票年份、月份，可以用 STRING_SPLIT、SPLIT 函数。

注：“2019”第 0 位，“01”第 1 位，“05 01:01:01”第 2 位。

（1）在 DMC 里新增字段，命名为“购票年份”，如图 6-49 所示。

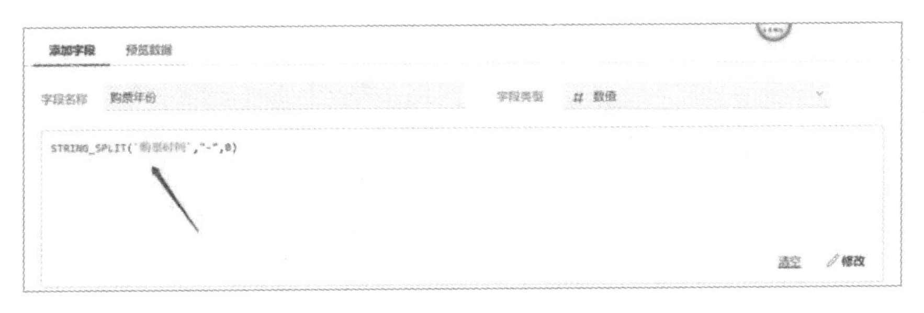

图 6-49 字符串函数 –STRING_SPLIT

计算结果如图 6-50 所示。

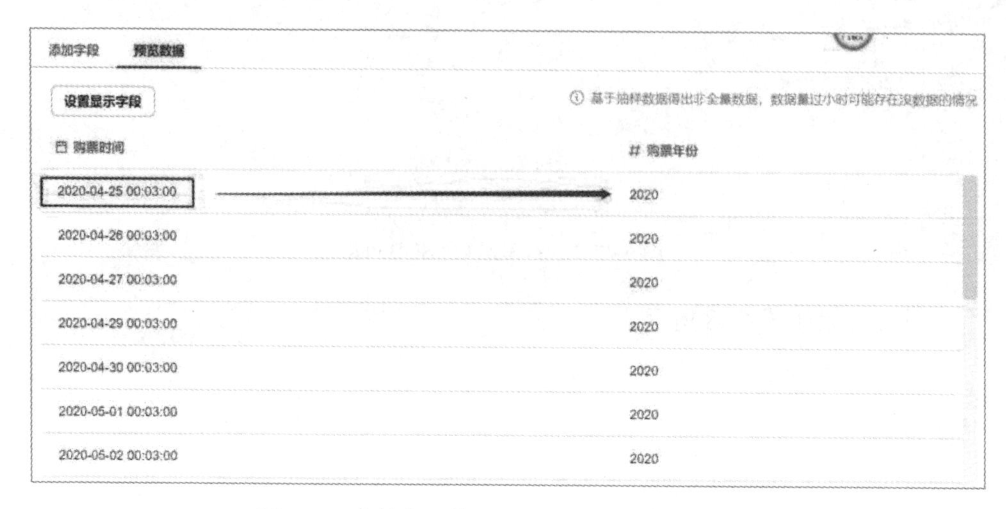

图 6-50　字符串函数 –STRING_SPLIT– 计算结果

（2）在 DMC 里新增字段，命名为“购票月份”，如图 6-51 所示。

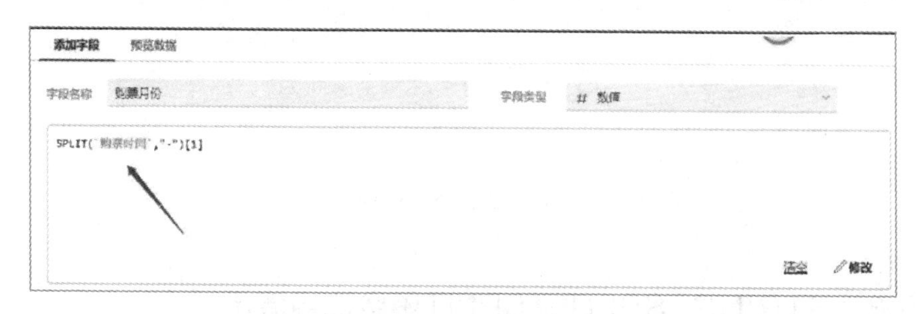

图 6-51　字符串函数 –SPLIT

计算结果如图 6-52 所示。

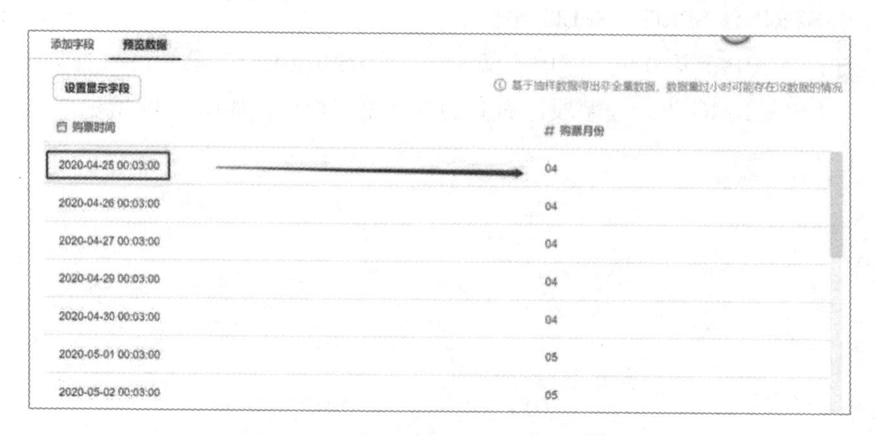

图 6-52　字符串函数 –SPLIT– 计算结果

6.6.4　REPLACE函数应用演示

例：需要把“姓名：王 * 源”中的“*”替换掉，可以用 REPLACE 函数。在 DMC 里新增字段，命名为“姓名 - 新”，如图 6-53 所示。

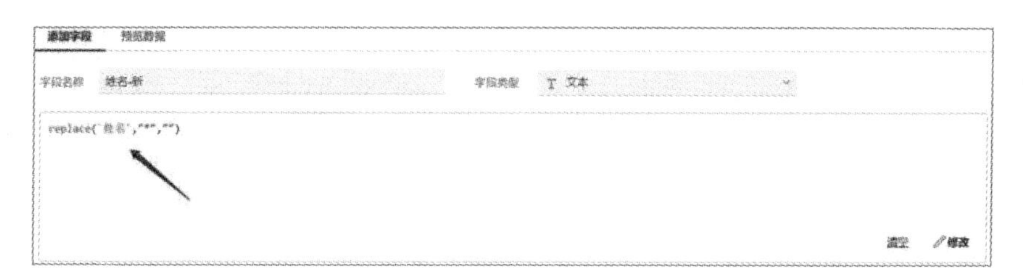

图 6-53　字符串函数 –REPLACE

计算结果如图 6-54 所示。

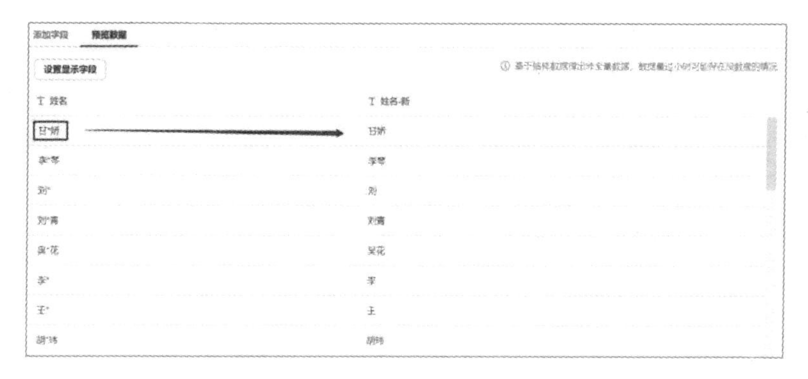

图 6-54　字符串函数 –REPLACE– 计算结果

注：REPLACE 函数必须是英文小写状态，适用于替换符号，如“*”等。

6.6.5　REGEXP_REPLACE函数应用演示

例：会员等级为“普通会员”，需要把“普通”替换成“中级”，可以用 REGEXP_REPLACE 函数。在 DMC 里新增字段，命名为“新会员等级”，如图 6-55 所示。

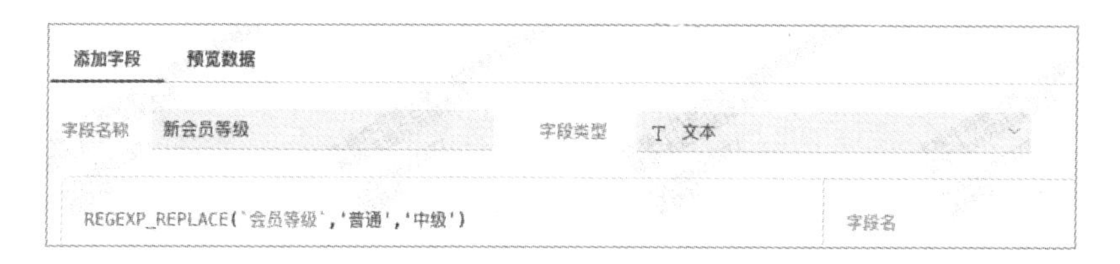

图 6-55　字符串函数 –REGEXP_REPLACE

计算结果如图 6-56 所示。

添加字段　预览数据

设置显示字段　　　　ⓘ 基于抽样数据得出非

T 会员等级	T 新会员等级
高级会员	高级会员
普通会员	中级会员
普通会员	中级会员
高级会员	高级会员
普通会员	中级会员
普通会员	中级会员
普通会员	中级会员
普通会员	中级会员
普通会员	中级会员
普通会员	中级会员
普通会员	中级会员
普通会员	中级会员

完成　取消

图 6-56　字符串函数 –REGEXP_REPLACE– 计算结果

注：此例也可以用 REPLACE 函数。

6.6.6　LENGTH函数应用演示

例：要计算出“14222317897827727654”有多少位，可以用 LENGTH 函数。在 DMC 里新增字段，命名为“顾客 ID 长度”，如图 6-57 所示。

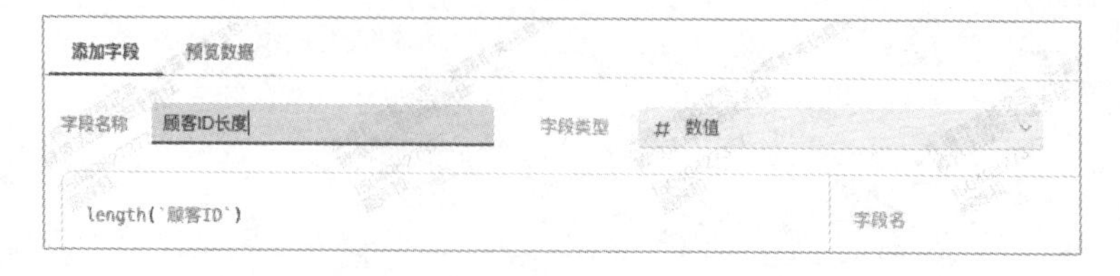

图 6-57　字符串函数 –LENGTH

计算结果如图 6-58 所示。

添加字段　**预览数据**

设置显示字段

# 顾客ID	# 顾客ID长度
145	3
408	3
300	3
445	3
172	3
254	3
720	3
1018	4
756	3
1006	4
858	3
926	3

完成　取消

图 6-58　字符串函数 –LENGTH– 计算结果

6.6.7　UPPER函数应用演示

例：要转化“if”为大写“IF”，可以用 UPPER 函数。

在 DMC 里新增字段，命名为“字段 - 新”，如图 6-59 所示。

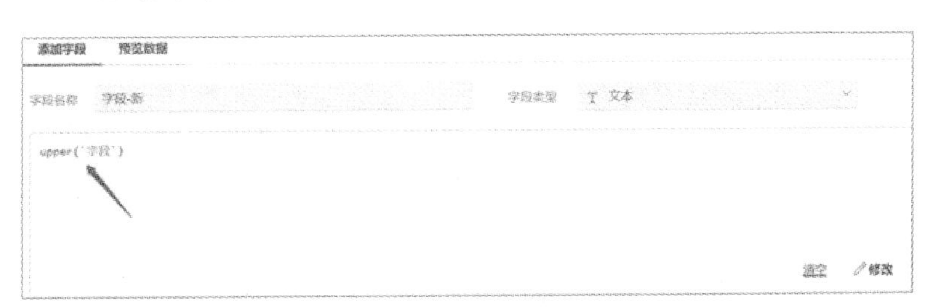

图 6-59　字符串函数 –UPPER

计算结果如图 6-60 所示。

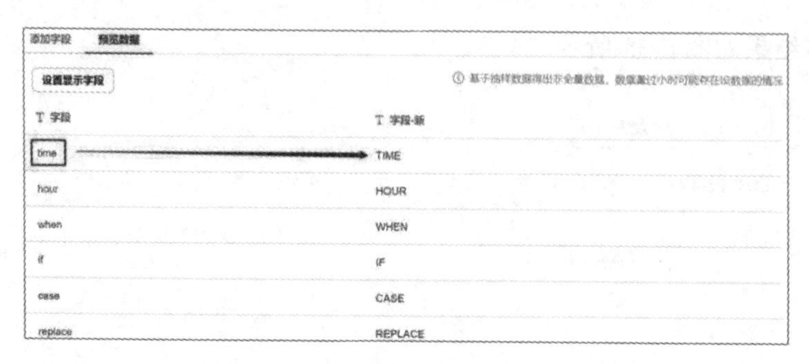

图 6-60　字符串函数 –UPPER– 计算结果

6.7　数值计算函数

数值计算函数包括 RAND、ROUND 等。

6.7.1　RAND函数应用演示

例：在数字 2、80、90、18 之间，取出随机数，可以用 RAND 函数（一般用于数据测试）。在 DMC 里新增字段，命名为“随机数”，如图 6-61 所示。

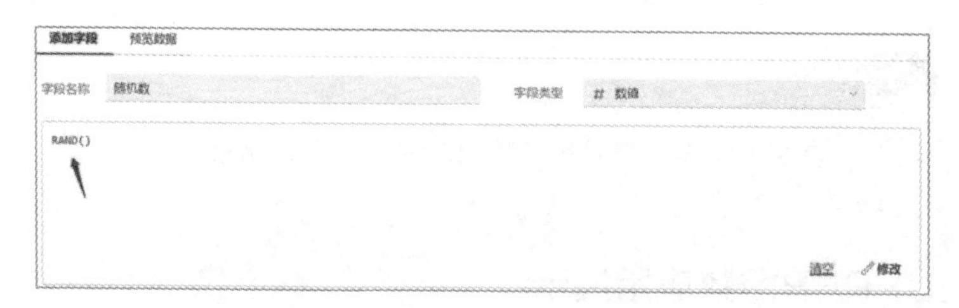

图 6-61　数值计算函数 –RAND

计算结果如图 6-62 所示。

图 6-62　数值计算函数 –RAND– 计算结果

注：取出的随机数是大于 0 小于 1 的随机小数。

6.7.2　ROUND函数应用演示

例：总价为 1875 元，数量为 12，计算出单价是多少，并取出单价中的 2 位小数位，可以用 ROUND 函数。

在 DMC 里新增字段，命名为“单价”，如图 6-63 所示。

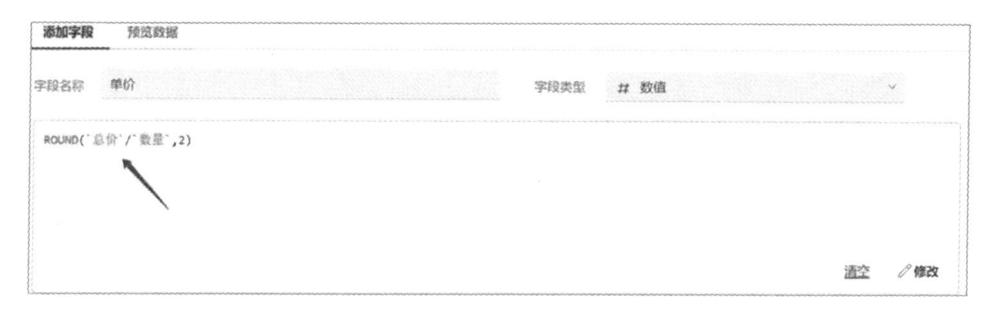

图 6-63　数值计算函数 –ROUND

计算结果如图 6-64 所示。

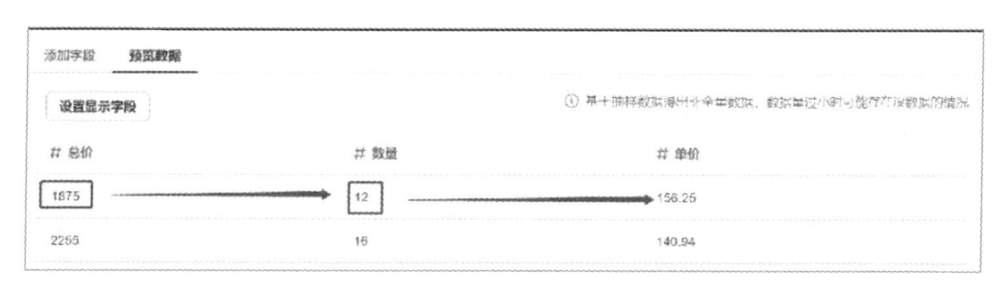

图 6-64　数值计算函数 –ROUND– 计算结果

6.8　聚合函数

聚合函数对一组值执行计算，并返回单个值，也称为组函数。聚合函数经常与 SELECT 语句的 GROUPBY 子句的 HAVING 一同使用。

除 COUNT 以外，聚合函数忽略空值，如果 COUNT 函数的应用对象是一个确定列名，并且该列存在空值，此时 COUNT 仍会忽略空值。

（1）AVG：返回指定组中的平均值，空值被忽略。

例：`select prd_no, avg(qty) from sales group by prd_no`

（2）COUNT：返回指定组中项目的数量。

例：`select count(prd_no) from sales`

（3）MAX：返回指定数据的最大值。

例：`select prd_no, max(qty) from sales group by prd_no`

（4） MIN：返回指定数据的最小值。

例：`select prd_no, min(qty) from sales group by prd_no`

（5）SUM：返回指定数据的和，只能用于数字列，空值被忽略。

例：`select prd_no, sum(qty) from sales group by prd_no`

6.9 函数应用注意事项

函数使用时需注意格式均为英文格式，空格也是一位占位符。

（1）NULL 值代表遗漏的未知数据。默认情况下，表的列可以存放 NULL 值。

（2）如果表中的某个列是可选的，那么我们可以在不向该列添加值的情况下插入新记录或更新已有的记录。这意味着该字段将以 NULL 值保存。

（3）NULL 值的处理方式与其他值不同。

（4）NULL 用作未知的或不适用的值的占位符。

（5）无法比较 NULL 和 0，它们是不等价的。

（6）无法使用比较运算符来测试 NULL 值，比如 =、< 或 <>。只有 ISNULL 和 ISNOTNULL 操作符。

第 7 章　可视化大屏创建

伏羲可视化平台是帮助政府或者企业应对数据增长、消除信息孤岛、探索数据价值、驱动精准决策的可视化分析平台。

伏羲可视化平台是针对政府或者企业的业务数据，利用大数据可视化分析与计算机视觉技术，提供图表关联分析、空间分析、多维分析等多种分析手段，挖掘对应业务，快速高效地创造直观清晰的可视化分析作品，为政府、企业提供业务决策方案，引导决策者做出精准决策，实现大数据落地业务场景，实现数据价值变现，从根本上驱动行业的进步和变革。

在政府、企业的各个业务领域，通过交互式数据可视化屏墙来帮助业务人员发现、诊断业务问题，越来越成为大数据解决方案中不可或缺的一环。

同时，伏羲可视化大屏不会为了实现数据可视化功能而令人感到枯燥乏味，也不会为了追求绚丽多彩的视觉感受而使产品极端复杂难以使用。为了清晰有效地对数据加以可视化展现，伏羲可视化大屏追求美学形式与功能需要齐头并进，通过直观地传达关键的方面与特征，从而实现对于相当稀疏而又复杂的数据集的深入洞察。

伏羲可视化大屏完美解决业务数据采集、集成问题，支持丰富多彩的UI设计，工具简单易用，具有强大的实施交付能力、完善的产品支持能力。

7.1　数据大屏和仪表盘的区别与联系

DMC 平台中多维可视应用模块包括仪表盘和数据大屏两个模块，主要用于对数据表进行可视化分析和呈现。仪表盘常用于日常数据报告，满足个人和组织使用场景；数据大屏科技感十足，用于数据分析结果动态实时呈现，满足组织机构等使用场景，常见于演示汇报、决策指挥、应急处置等各类场景。

伏羲可视化平台脱胎于 DMC 的数据大屏模块，集成数据源接入、可视化资源管理、组件管理和可视化大屏管理模块，是一款实现可视化大屏场景的专业设计工具。

（1）仪表盘：通过简单的拖曳操作对数据进行可视化分析，具有丰富的窗体展示模型以及控件，如图 7-1 所示。

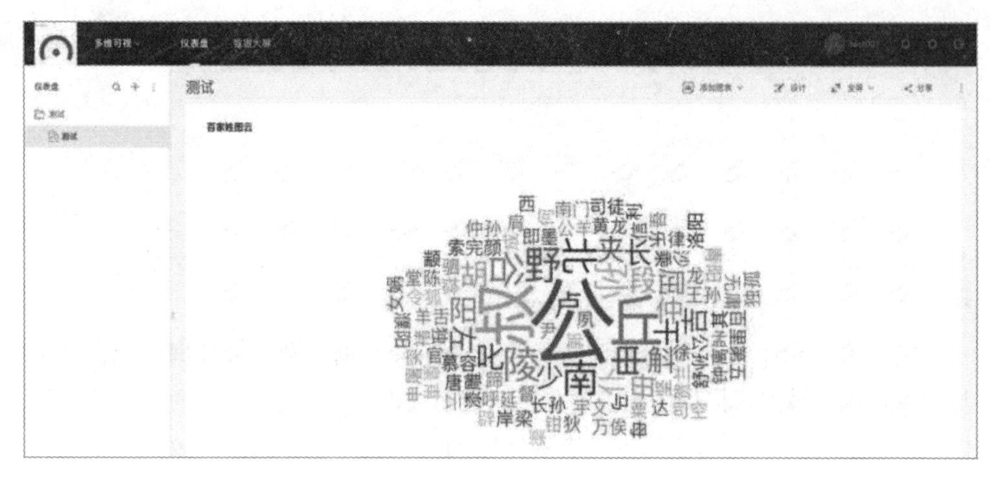

图 7-1　仪表盘

（2）数据大屏：对当前的业务数据通过大屏的形式进行直观的可视化展示。单击左上角“+”按钮，创建文件夹后，才能创建大屏，如图 7-2 所示。

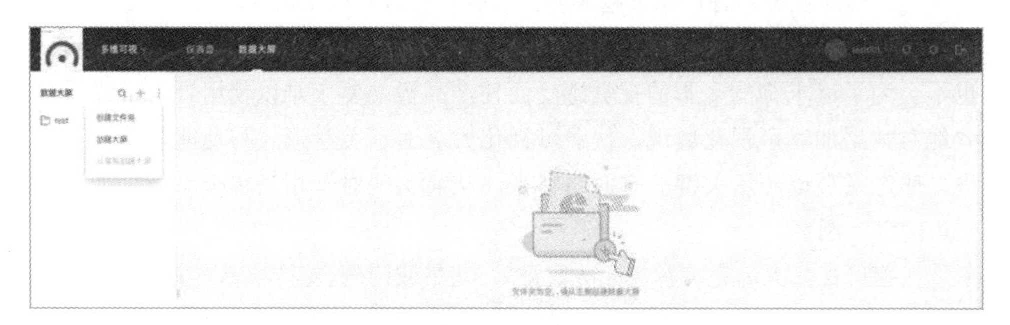

图 7-2　数据大屏

单击创建大屏，选择大屏所属文件夹，输入大屏名称和分辨率。大屏分辨率建议与设计大屏的电脑设备显示器的分辨率保持一致，如图 7-3 所示。

图 7-3　数据大屏分辨率配置

单击确定，进入数据大屏设计页面，主要分为 4 部分。左侧图层显示数据大屏里的图表和元素；中间网格上方为大屏设计的组件元素，包括图表、标题、文本框、图片、视频、边框、网格参考线、层级、缩放；中间网格部分为数据大屏画布，可在画布中添加元素；右侧栏可对大屏进行页面像素设置、页面背景图片设置、页面底色及边框设置，如图 7-4 所示。

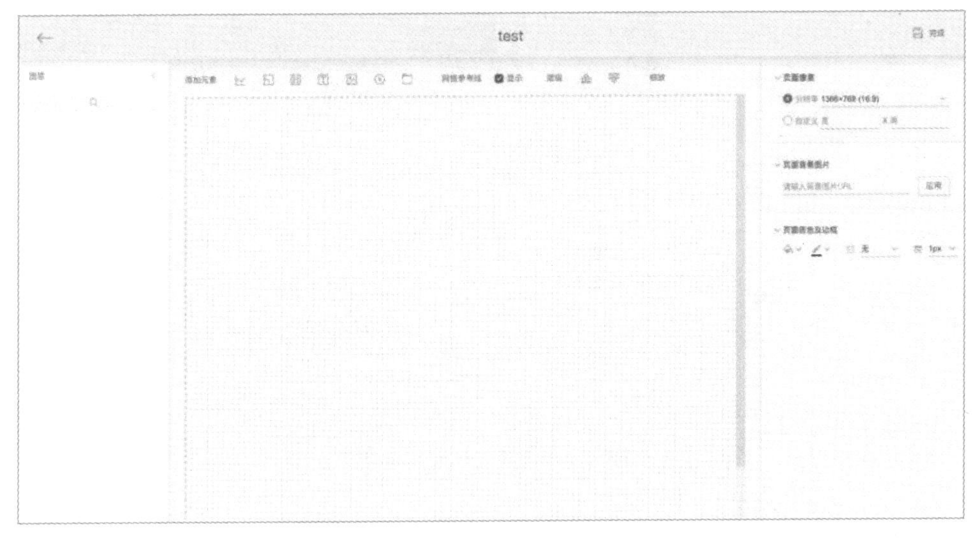

图 7-4　数据大屏设计页面

7.2　数据大屏设计步骤

数据大屏的设计步骤分为以下 4 步。

（1）需求分析：在设计之前首先要知道这个大屏的用途，是用于展示汇报还是检测调度；

（2）素材准备：大屏设计前要做好 5 个方面的准备，熟悉大屏、梳理数据、提炼需求、系统部署、收集素材，如图 7-5 所示。

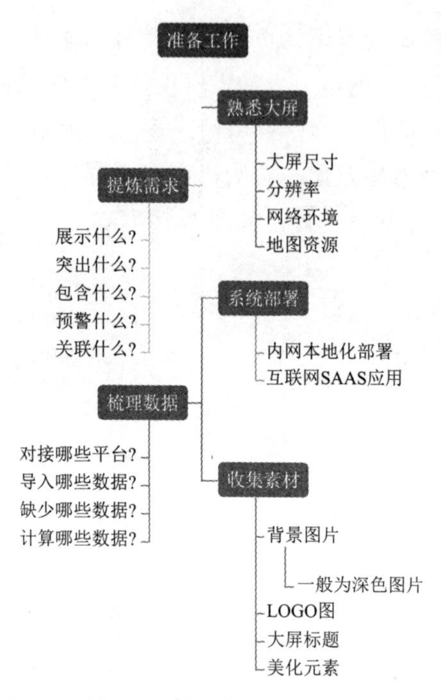

图 7-5　数据大屏素材准备

（3）排版布局：应遵循主次分明、条理清晰、注意留白的原则，按照指标的重要程度和优先级进行布局，如图 7-6 所示。典型布局如图 7-7 和图 7-8 所示。

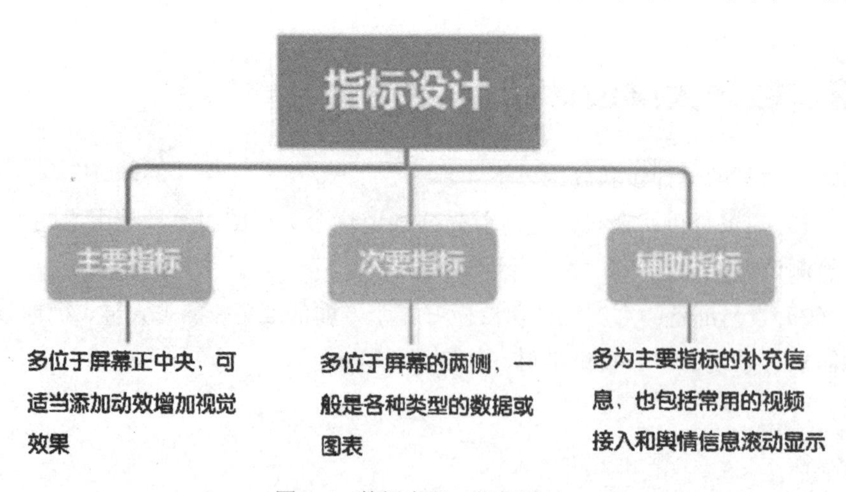

图 7-6　数据大屏 – 指标设计

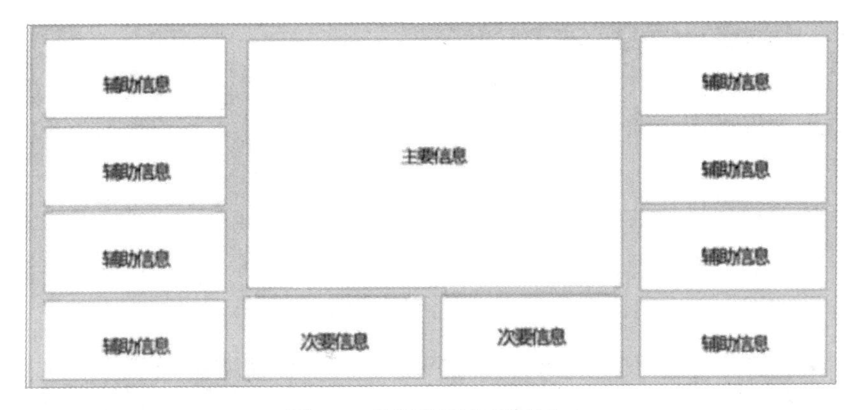

图 7-7　数据大屏布局示例 1

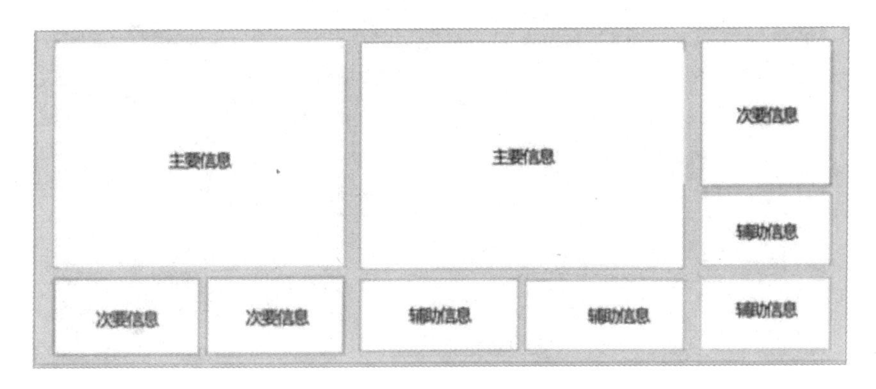

图 7-8　数据大屏布局示例 2

（4）大屏美化：合理规划大屏内图表布局，根据不同数据之间的关系（对比、重复、对齐和亲密）选择不同的图表组合方式，如图 7-9 所示。

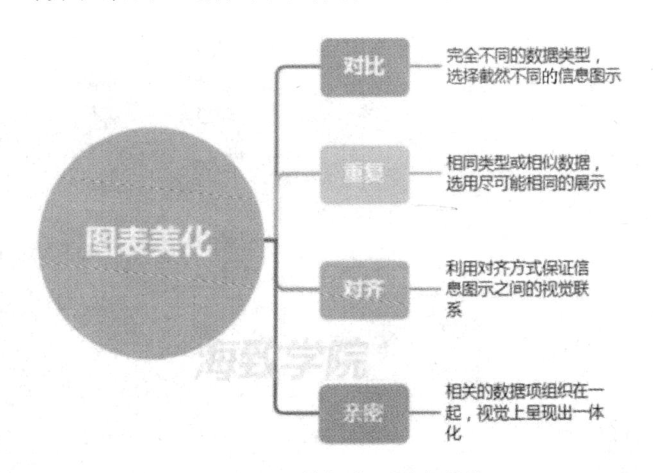

图 7-9　数据大屏图表美化

7.3 数据大屏基本功能

数据大屏基本功能分为四大类，分别是我的可视化、我的数据、我的资源以及我的组件。

我的可视化模块主要功能是管理用户创建的所有可视化项目以及进入编辑页面。可以在此页面进行大屏预览、复制、删除、编辑、导出、分享以及移动等操作，大屏创建也同样由此界面进入，如图 7-10 所示。

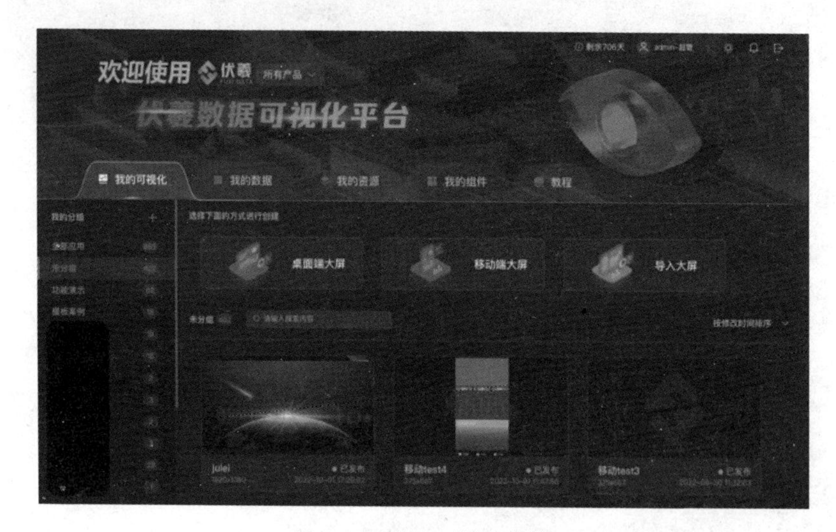

图 7-10　我的可视化模块

我的数据模块主要功能是管理用户在项目中创建的所有数据源，如图 7-11 所示。

图 7-11　我的数据模块

我的资源模块主要功能是管理用户在项目中上传的所有字体、图片、视频等资源，以便在创建大屏中使用，同时也可上传字体、图片、视频等资源，如图 7-12 所示。

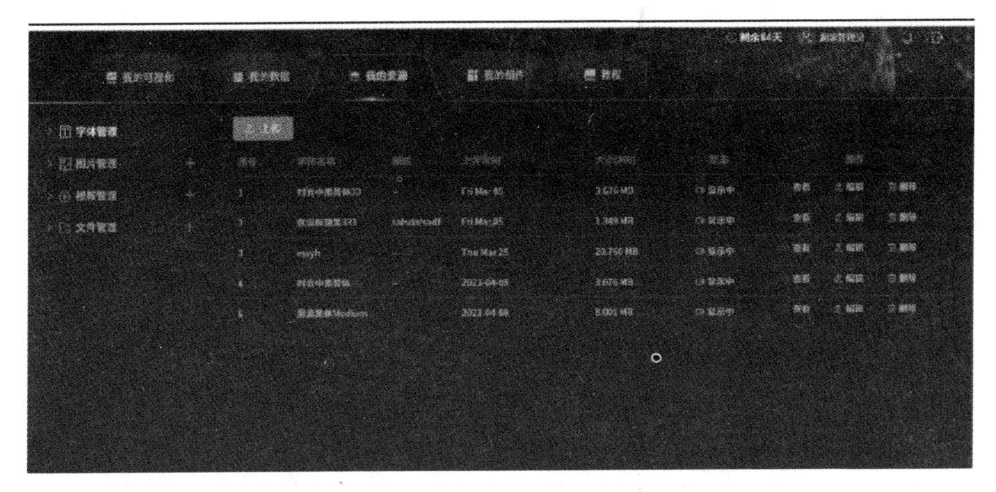

图 7-12　我的资源模块

我的组件模块主要功能是管理用户在项目中创建的所有自定义组件以及进入编辑组件界面。在此模块，可添加、发布并使用自定义组件，如图 7-13 所示。

图 7-13　我的组件模块

7.4 数据大屏创建步骤

7.4.1 新建普通大屏

单击我的可视化模块下的桌面端大屏按钮，如图 7-14 所示。

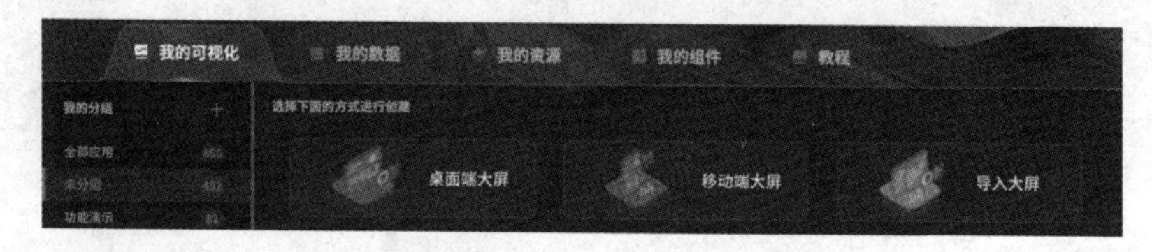

图 7-14 新建普通大屏

在该页面单击创建大屏，如图 7-15 所示。

在弹出的界面内填入新创建的大屏名称和选择对应的分组，然后单击右下角的确定按钮即可进入大屏编辑界面，如图 7-16 和图 7-17 所示。

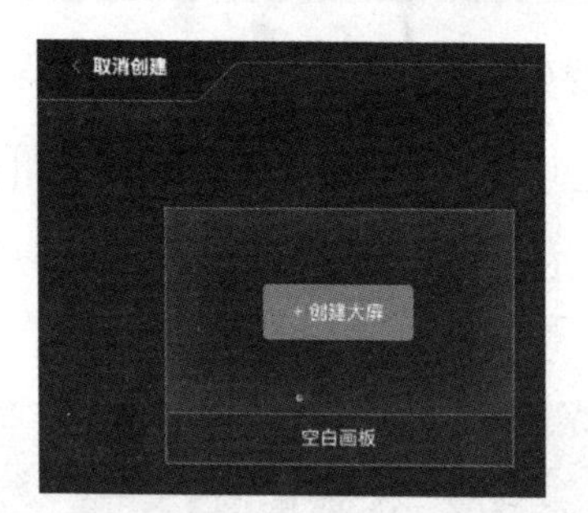

图 7-15 新建普通大屏 – 创建大屏

图 7-16 新建普通大屏 – 名称和分组

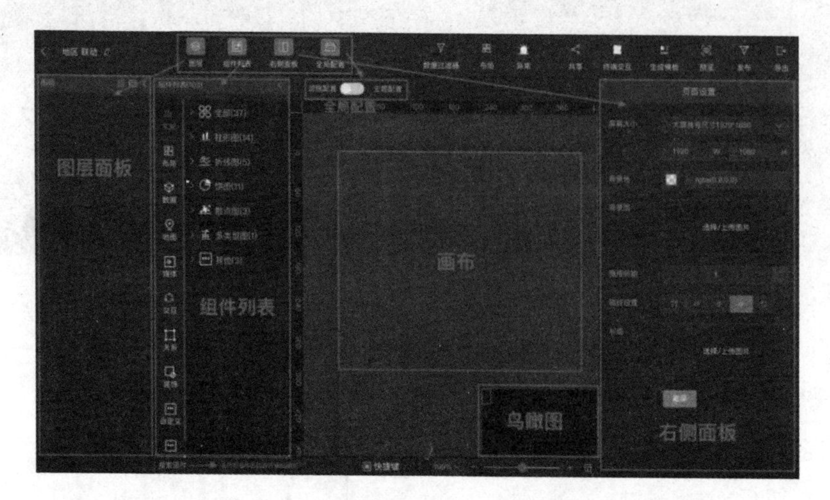

图 7-17 新建普通大屏 – 大屏编辑界面

基本操作说明：

- 通过单击上方“图层”“组件列表”“右侧面板”“全局配置”按钮可以选择显示或不显示对应窗口（对应窗口为箭头所指窗口）；
- 通过调整鸟瞰图下方的滑动按钮可以调整画布的视图大小；
- 拖曳鸟瞰图中的方格可以查看画布指定部分内容；
- 通过将合适的组件拖曳至画布中来完成数据可视化制图；
- 单击右上角的“预览”按钮可以对绘制结果进行浏览，预览视图时可以对设置好的交互操作进行实验，后续用来调整交互设置；
- 单击页面上方“布局”按钮选择合适的模板可将画布分为指定的部分，方便后续对画布的整体布局进行把握，如图7-18所示。

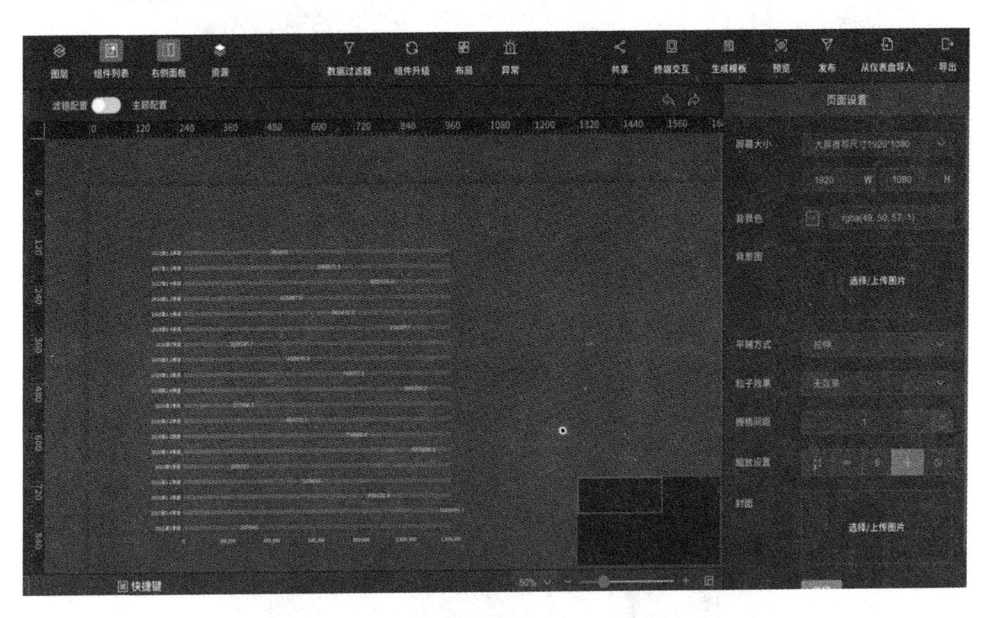

图 7-18　新建普通大屏 – 大屏布局

7.4.2　组件样式设置

以饼图为例，选择合适的组件样式并拖曳至画布的合适位置，如图 7-19 所示。

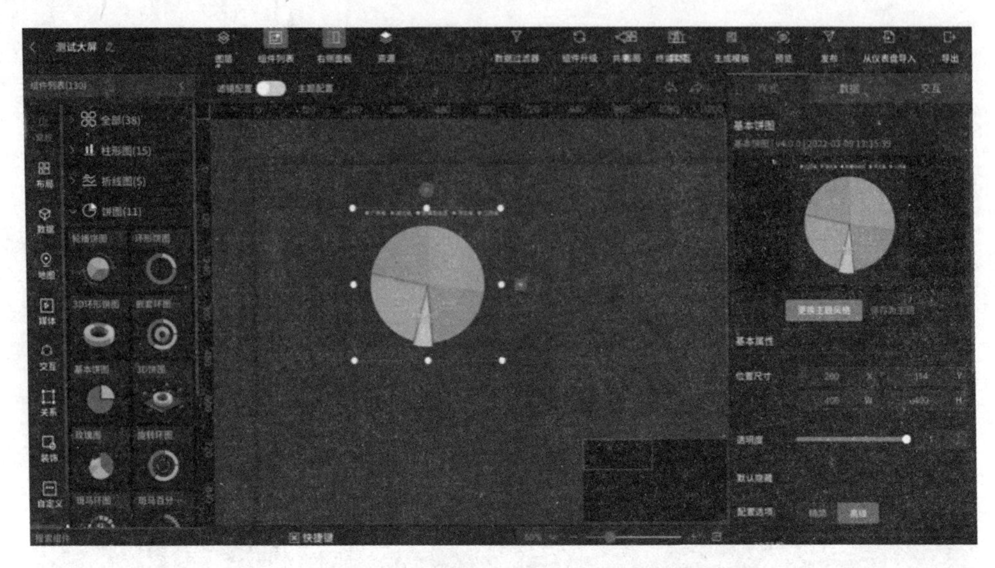

图 7-19　新建普通大屏 – 组件样式设置

在右侧面板中可以对组件的样式、数据、交互设置进行更改，下面以饼图为例介绍对组件样式的更改。

● 右键单击画布中的饼图可以对饼图的位置、名称等进行更改，如图7-20所示。

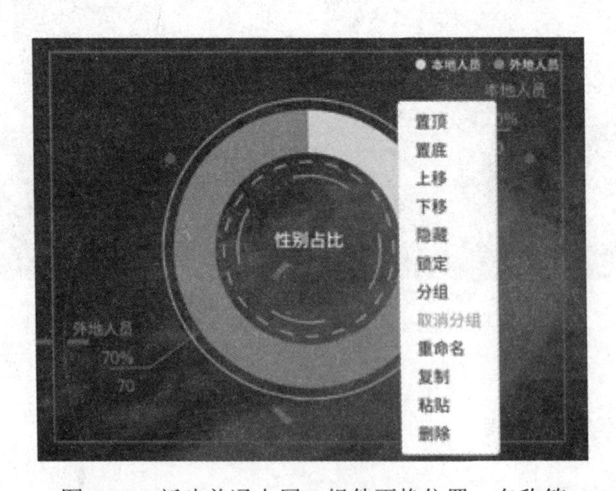

图 7-20　新建普通大屏 – 组件更换位置、名称等

● 单击右侧面板中“更换主题风格”按钮可以对饼图的颜色配置进行选择，如图7-21所示。

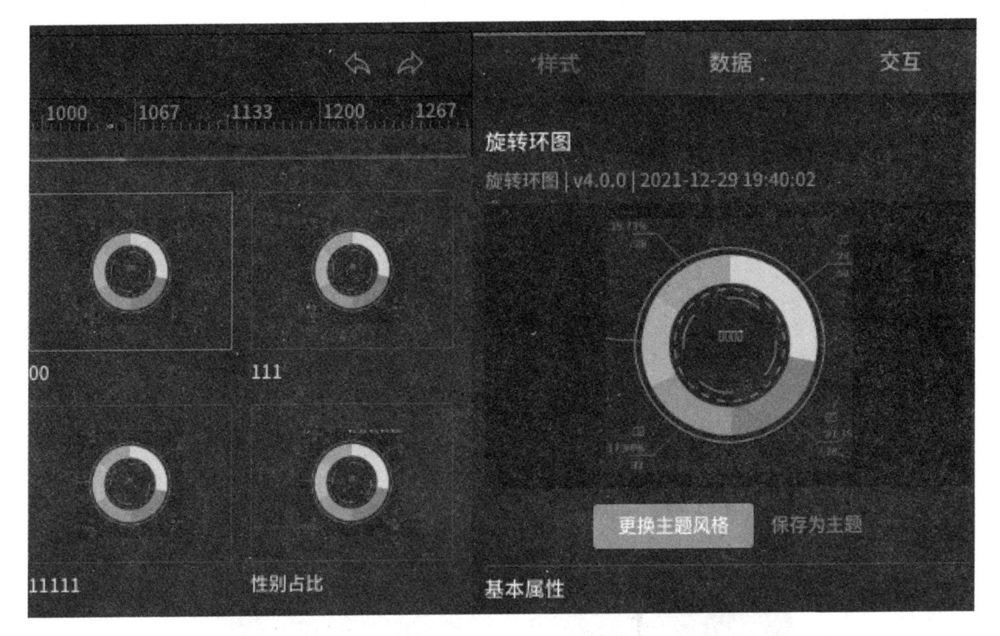

图 7-21　新建普通大屏 – 组件更换主题风格

- 基本属性如图7-22所示，调整X、Y、W、H值（分别为X坐标值、Y坐标值、宽度值、高度值），即可更改饼图的位置和尺寸。
- 拖曳透明度的滑动按钮或在右侧直接输入数值均可达到调整透明度的效果，取值属于[0,1]。
- 若勾选“默认隐藏”，则在画布中不显示此饼图。
- 若开启3D转换，则饼图变为3D效果。
- 更改图表样式值可以调整饼图在图形框架中的位置和大小。例如调整上边距为100后，图形变化如图7-23所示。
- 在“值标签”下可以修改饼图中百分比数值的字体、字体粗细、字体颜色和字号以及饼图显示位置。
- 在“图例”下可以修改饼图图例的位置、排列、标记和图例文本的字体、字号、颜色。

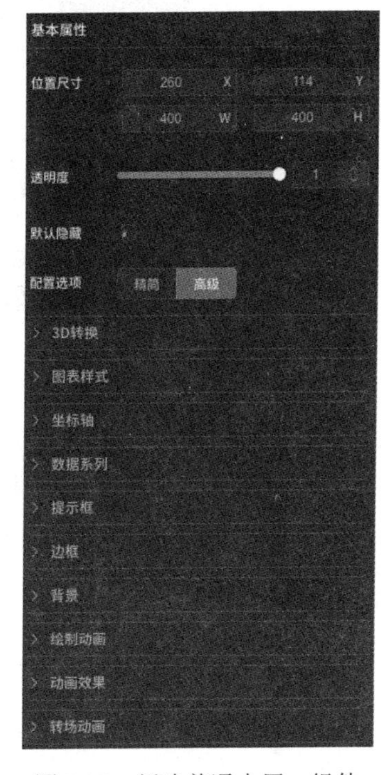

图 7-22　新建普通大屏 – 组件基本属性

● 在“扇面高亮”中打开鼠标联动高亮按钮（默认打开），可以使得当鼠标放在特定扇面时自动显示该扇面的基本信息，如图7-24所示。

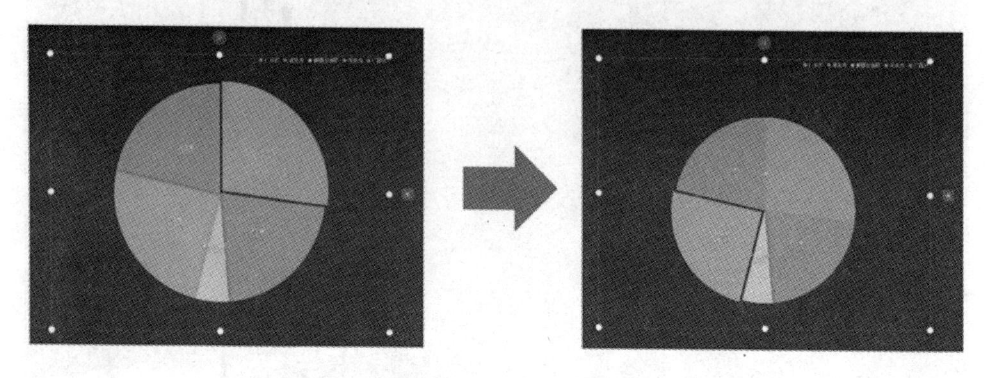

图 7-23　新建普通大屏 – 更改图表样式

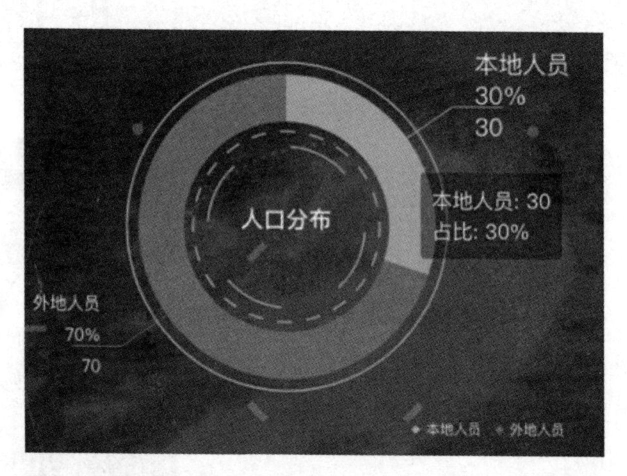

图 7-24　新建普通大屏 – 扇面高亮

● 在“坐标轴”中可以调整饼图半径大小。
● 在“数据系列”中可以更改每个系列的扇面颜色。
● 在“提示框”中可以修改提示框的字体、字体颜色、背景颜色等。如在背景框样式中将背景颜色改为红色，在预览数据时将鼠标放在扇面上时会显示如图7-25的提示框样式。

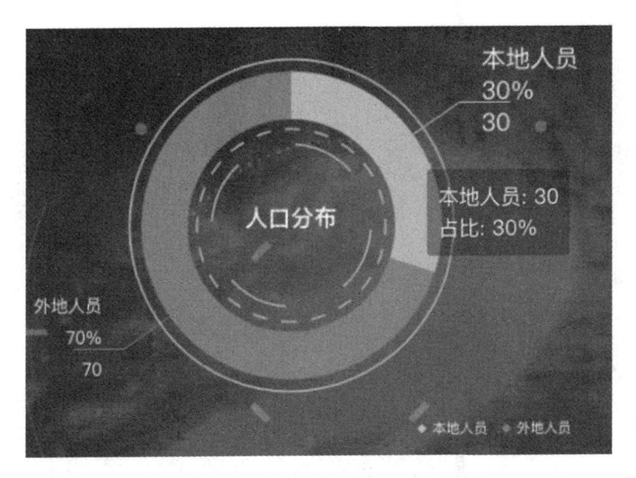

图 7-25　新建普通大屏 – 提示框

- 在“边框”中打开显示按钮可显示组件的外边框，如图7-26所示。

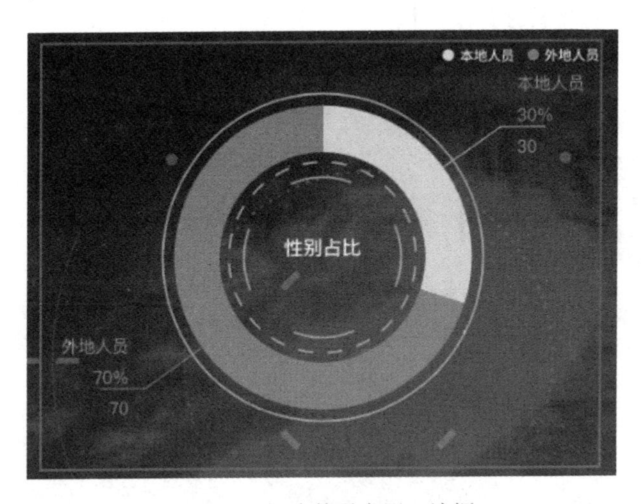

图 7-26　新建普通大屏 – 边框

- 在“背景”中可以自行改变饼图的背景颜色，也可以自行上传图片作为背景。
- 在“绘制动画”“动画效果”“转场动画”中可以添加动画效果。

7.5　数据大屏的数据调用

7.5.1　添加数据源

将页面切换至我的数据模块，如图 7-27 所示。

图 7-27　我的数据模块

单击添加数据按钮，显示如图 7-28 所示的弹窗。

图 7-28　添加数据模块

在类型下拉菜单中选择数据类型，如图 7-29 所示。

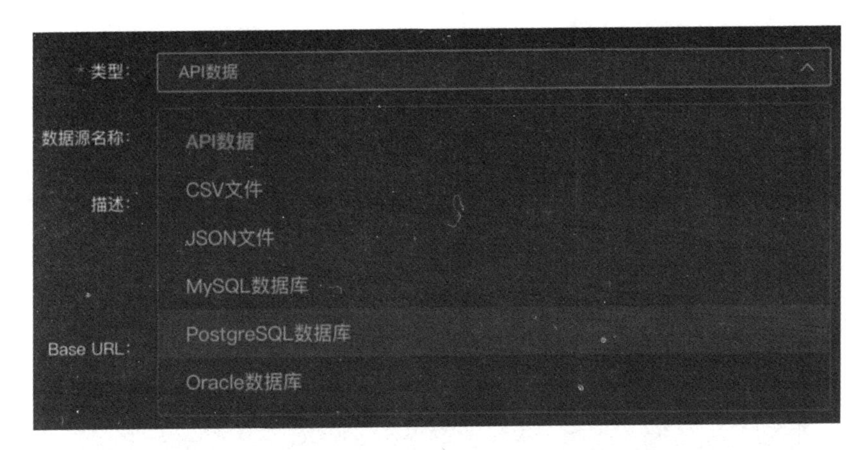

图 7-29　数据类型

下面将数据类型分为三类进行说明。

1．API 数据

在数据类型下拉菜单中选择 API 数据，填写数据源名称和 Base URL 链接后单击确定即可，如图 7-30 所示。

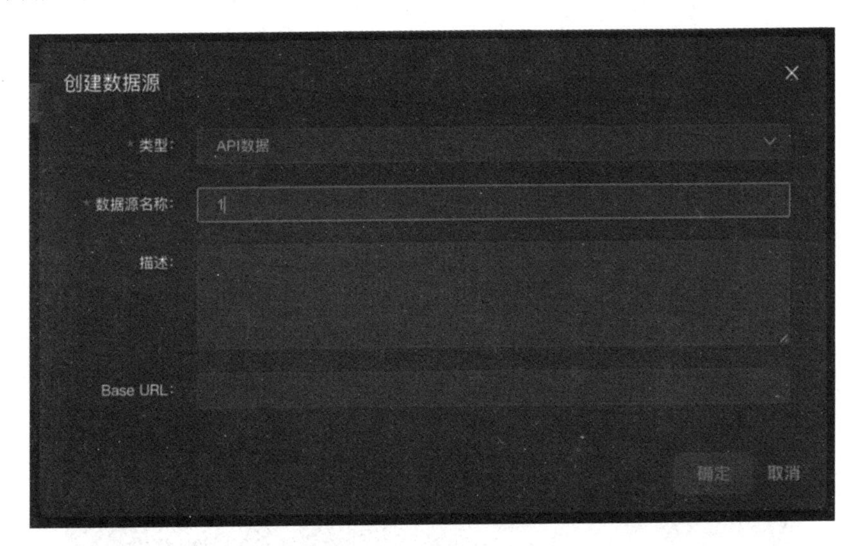

图 7-30　API 数据

2．CSV、JSON 文件

在数据类型下拉菜单中选择 CSV 或 JSON 文件，输入数据源名称后单击上传文件，在本地资源中找到需要上传的文件后单击确定即可，如图 7-31 所示。

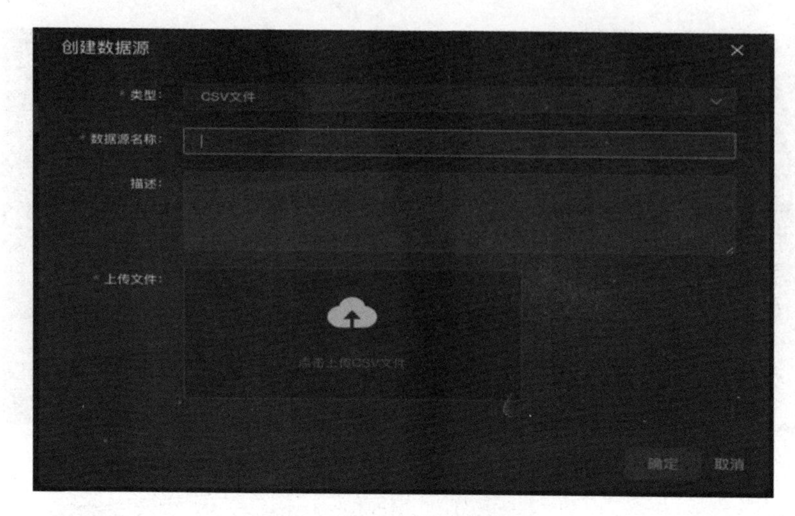

图 7-31　CSV/JSON 数据

3．MySQL、PostgreSQL、Oracle 数据库

在数据类型下拉菜单中选择 MySQL、PostgreSQL 或 Oracle 数据库，输入数据源名称、链接地址、端口、用户名、密码和数据库名后单击确定即可，如图 7-32 所示。

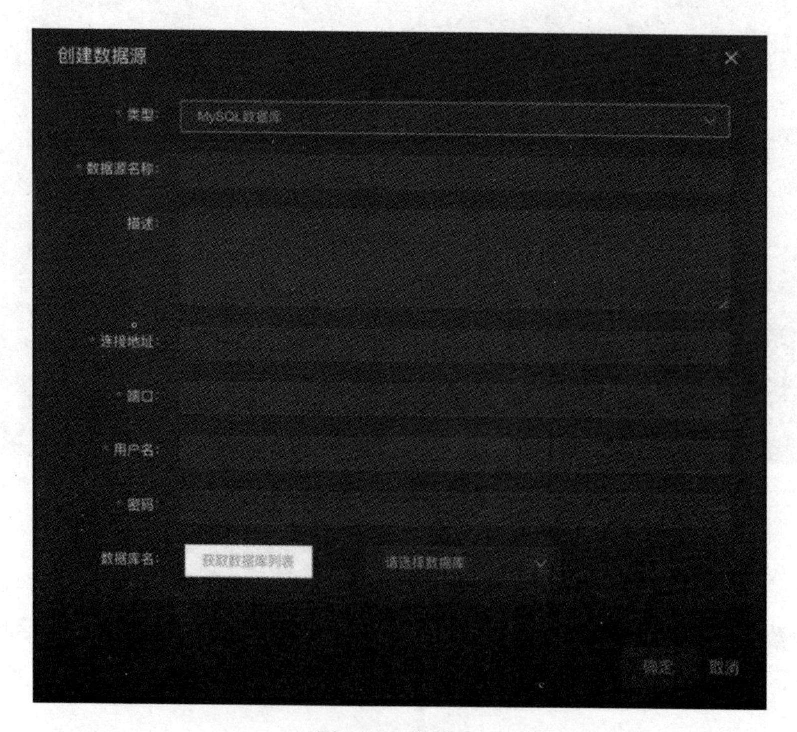

图 7-32　数据库

7.5.2　数据源管理

进入工作台，切换至我的数据模块，即可查看和管理当前用户的所有数据源，包括添加新的数据源、对原有数据源信息进行二次编辑、删除数据源、预览数据源，如图 7-33 所示。

图 7-33　我的数据模块

1. 添加数据源

单击添加数据，选择需要添加的数据源类型，并完整填写其他相关信息，单击确定完成新数据源的创建，如图 7-34 所示。

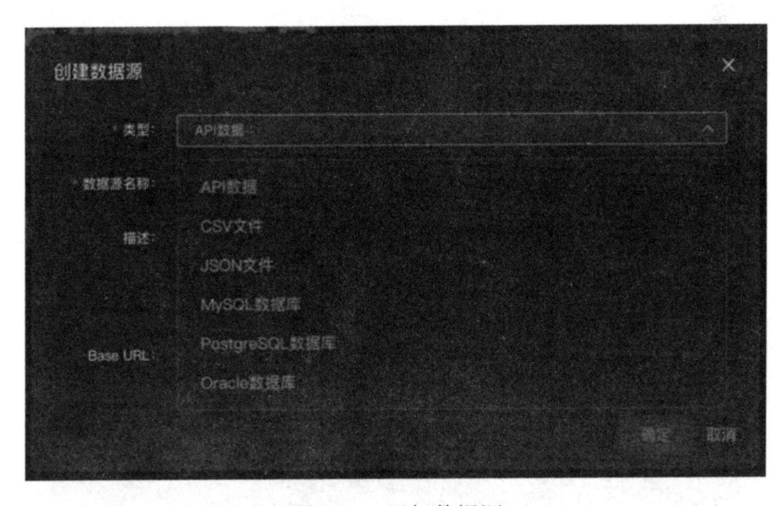

图 7-34　添加数据源

2. 编辑数据源

将光标移动到相应的数据源上显示如图 7-35 所示标签，单击编辑图标即可修改该条数据源信息（可修改全部信息，数据类型、数据名称、数据文件和链接均可修改）。

图 7-35　编辑数据源

3. 删除数据源

将光标移动到相应的数据源上，单击垃圾箱图标即可删除该条数据源。

注意：数据源删除操作不可逆，一旦删除无法恢复。且当数据源删除后，使用该数据的可视化项目组件无数据接入展示。

4. 预览数据源

将光标移动到相应的数据源上，单击显示器图标即可预览该条数据源（目前仅支持对 CSV 文件数据进行预览），如图 7-36 所示。

图 7-36　预览数据源

预览数据弹窗界面如图 7-37 所示。

预览数据

时间	预算值	实际值
Jan-20	1200	1800
Feb-20	3000	2700
2020/3/1	3600	3200
2020/4/1	2100	1945
May-20	1800	1906
Jun-20	3400	1200
Jul-20	4500	3467
Aug-20	3100	2346
Sep-20	1200	899
Oct-20	2200	4000

关闭

图 7-37　预览数据结果

7.6　数据大屏核心参数设置

下面依旧以饼图为例设置参数，其他组件核心配置均相似。

在右侧面板中切换至数据模块，数据模块可以分为配置数据、数据处理、映射字段、数据更新 4 个部分。

7.6.1　配置数据

配置数据如图 7-38 所示。

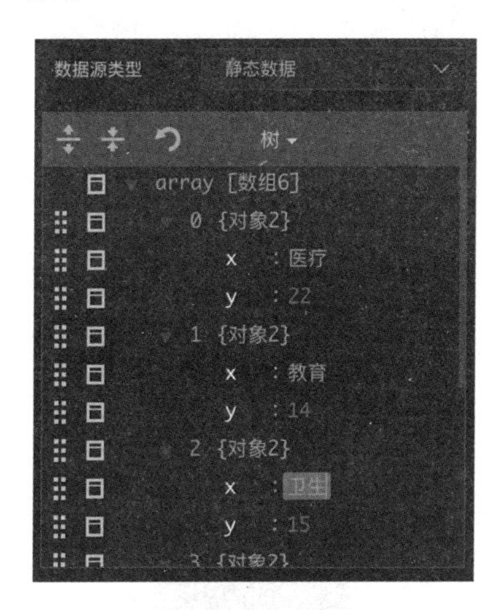

图 7-38　配置数据

在数据源类型的下拉列表中可以选择数据类型，如图 7-39 所示。

图 7-39　选择数据类型

其中只有静态数据是在下方现写的，其他数据源类型是需要上传的。下面以静态数据和DMC数据库为例进行展示。静态数据（以树形式展示）如图7-40所示。

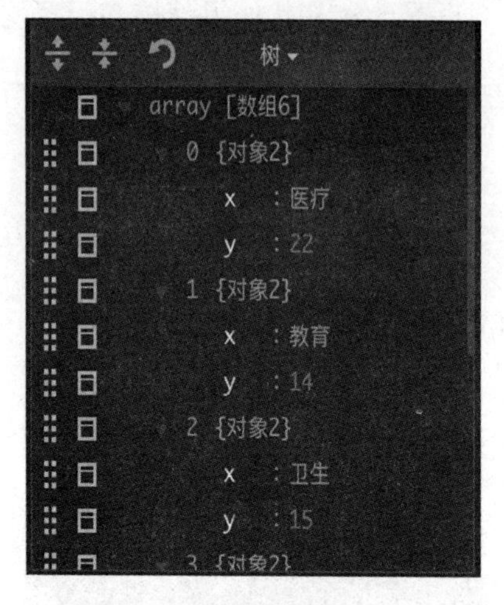

图7-40　静态数据示例

数据以对象的形式进行存储，本例中每个对象有三个维度：name、value、parent，若要对数据进行修改可以直接单击属性值进行修改，如果需要添加对象或修改数据类型等操作，则需要单击每行数据左侧的按钮，如图7-41所示。

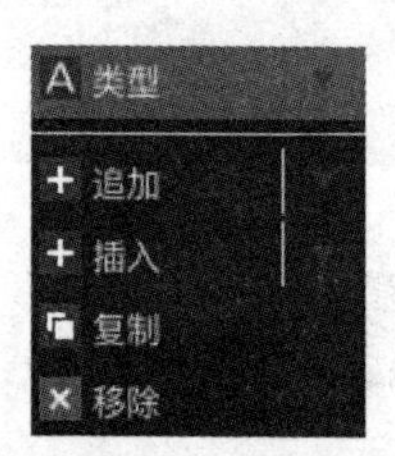

图7-41　静态数据修改

类型下拉菜单如图7-42所示，可以更改数据类型。

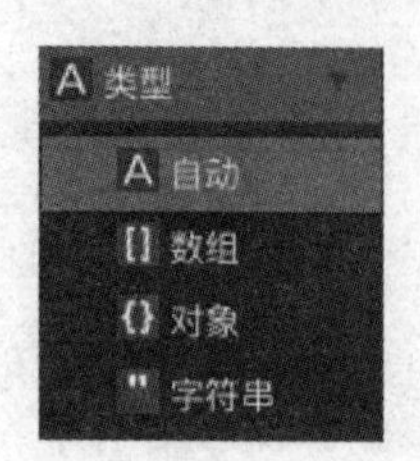

图7-42　更改数据类型

插入：在本条数据下方添加一条空的数据对象。

复制：在本条数据下方自动添加一条完全相同的数据对象。

移除：移除本条数据对象。

静态数据（以代码形式展示）如图 7-43 所示。

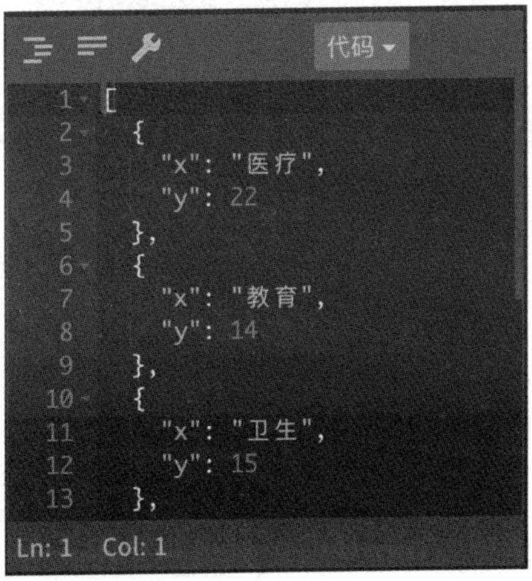

```
代码
1  [
2    {
3      "x": "医疗",
4      "y": 22
5    },
6    {
7      "x": "教育",
8      "y": 14
9    },
10   {
11     "x": "卫生",
12     "y": 15
13   },
Ln: 1   Col: 1
```

图 7-43　静态数据示例（代码形式）

代码形式可以对数据类型和数据值进行更直接的修改。

注：树形式和代码形式的数据同步，在任何一个形式下对数据进行修改都会同步在另一个形式中修改。

若数据源类型为 DMC 数据库，如图 7-44 所示。

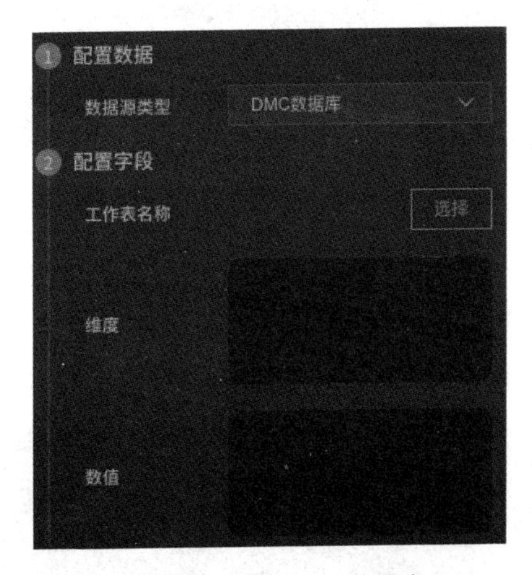

图 7-44　配置 DMC 数据库

单击选择按钮，显示如图 7-45 所示的弹窗。

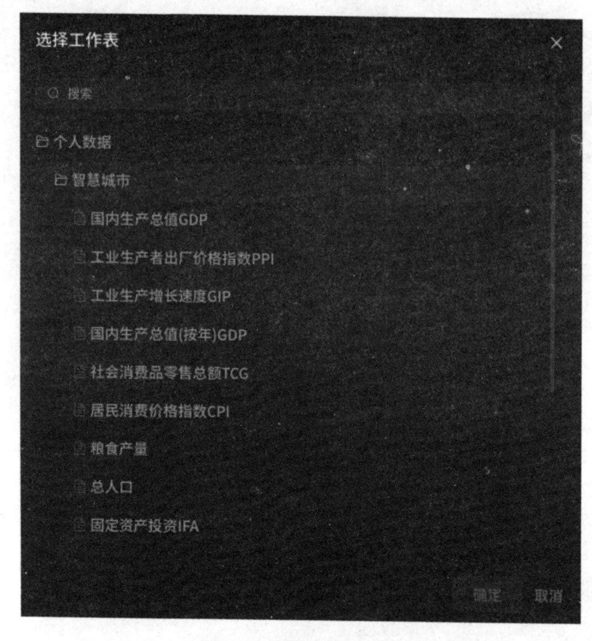

图 7-45　配置 DMC 数据库－选择工作表

选择合适的维度和数值，其中数值可以在下拉菜单中选择计算方式，如图 7-46 所示。

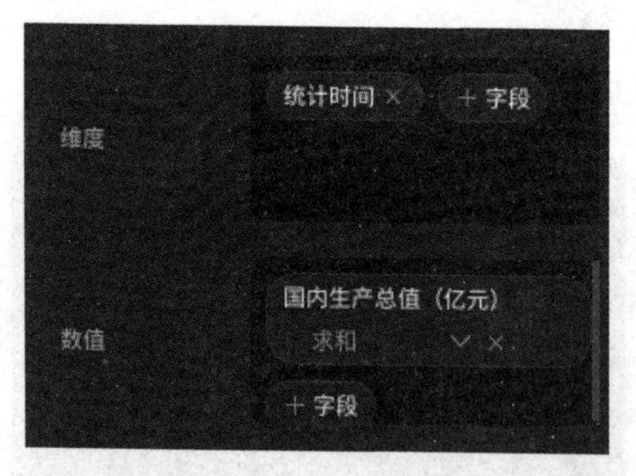

图 7-46　配置维度、数值和计算方式

若数据条数过多，则会出现如图 7-47 所示选项，可以指定显示条目数。

图 7-47　配置显示条目数

后续数据筛选处理、映射字段和数据更新的设置同静态数据。

7.6.2　数据处理

若数据与映射所需的数据（见 7.6.3 映射字段小节）不符，或需要对数值进行一些基本操作，则需要对数据进行过滤，如图 7-48 所示。

图 7-48　配置数据过滤器

单击添加过滤器后显示如图 7-49 所示数据响应结果。

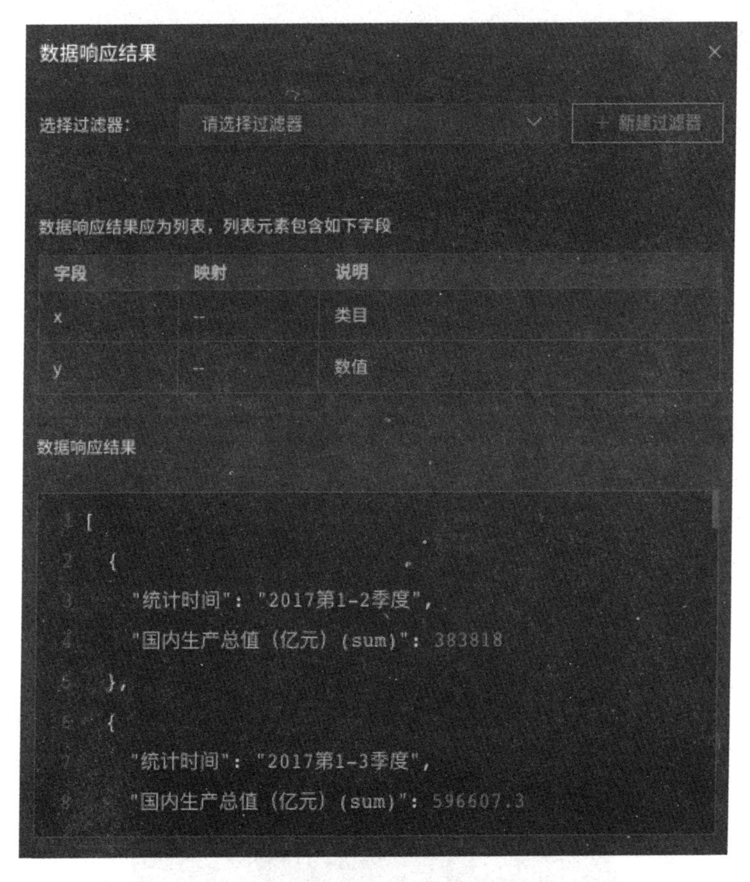

图 7-49　数据过滤器－数据响应结果

可以在下拉菜单中选择合适的内置过滤器，如图 7-50 所示。

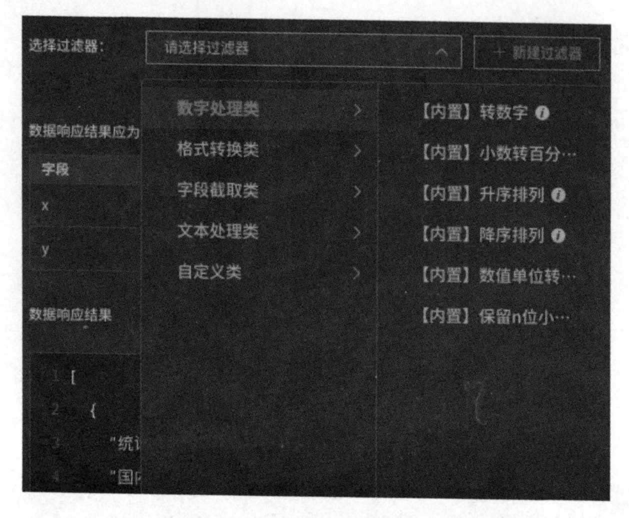

图 7-50　选择过滤器

将鼠标放在上方可以查看过滤器的功能，如图 7-51 所示。

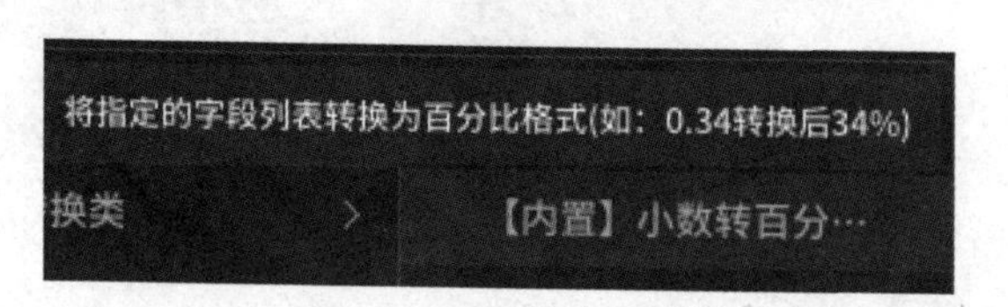

图 7-51　查看过滤器功能

若需要对数据进行的处理较为复杂，无法用内置过滤器解决，则需要选择添加过滤器进入如图 7-52 所示界面。

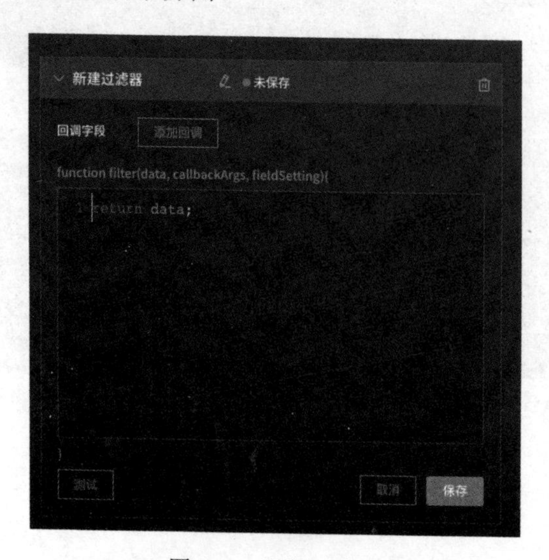

图 7-52　添加过滤器

此时就需要使用者编写代码对数据进行处理了，按照数据处理的需要（下滑页面可以查看数据处理的目标，如图 7-53 所示）写好代码后，单击保存按钮即可。

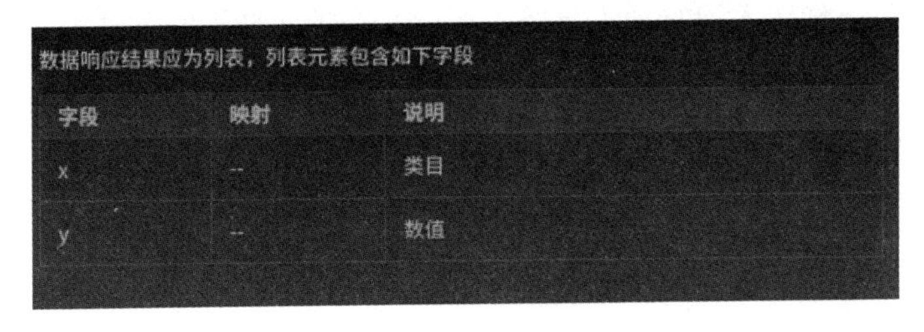
数据响应结果应为列表，列表元素包含如下字段

字段	映射	说明
x	--	类目
y	--	数值

图 7-53　编辑代码处理数据

在页面下方可以在数据响应结果中查看数据处理结果。

7.6.3　映射字段

以饼图为例，绘制饼图需要两个字段：统计时间和国内生产总值（亿元），因此映射字段为这两个字段。说明列的类目和数值代表统计时间字段和国内生产总值（亿元）字段需要的数据类型，如图 7-54 所示。

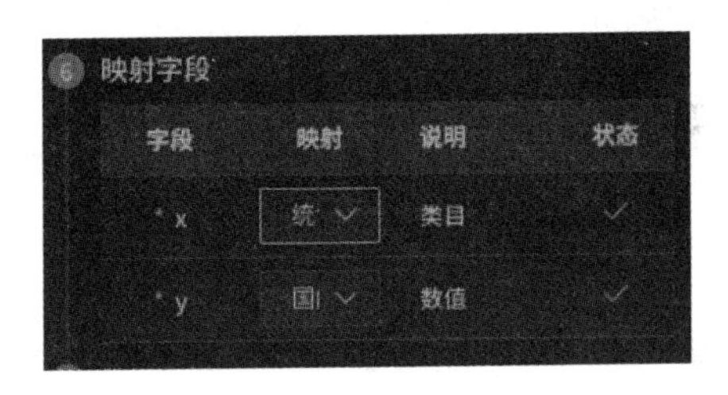
6 映射字段

字段	映射	说明	状态
* x	统	类目	✓
* y	国	数值	✓

图 7-54　映射字段

7.6.4　数据更新

若勾选自动更新，则需要进一步设置多少秒钟请求更新一次。后续就会每 n 秒请求更新数据一次，若数据有所变动则会自动更新数据值，如图 7-55 所示。

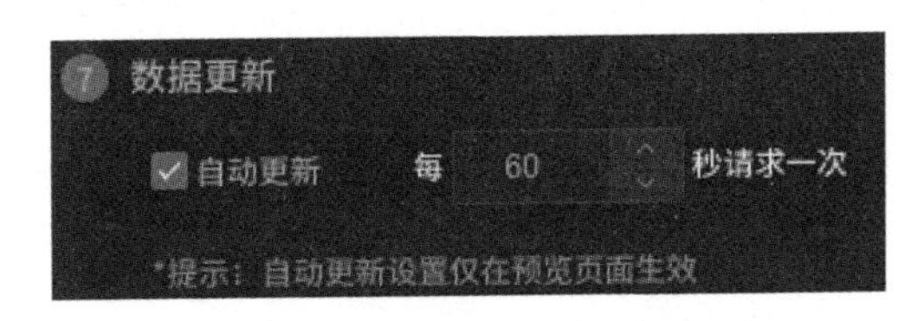

图 7-55　数据更新 – 自动更新设置

7.7 数据大屏应用举例

当需要制作全国人口感知大屏的时候，首先我们分析此大屏用于展示汇报，然后根据所知要求进行需求提炼，我们要感知全国人口，要突出人口在全国的分布，同时包含性别分布、年龄分布、职业分布、收入分布以及婚姻状况占比，所以采取以下布局，如图 7-56 所示。

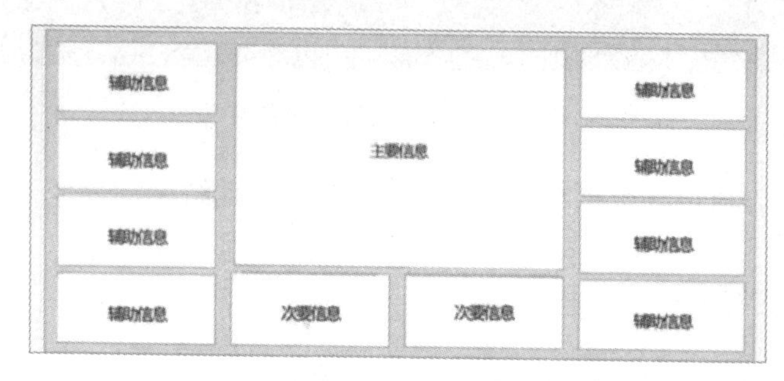

图 7-56 大屏布局

在主要信息板块展示关键信息，例如核心指标、发展趋势、业务分布、增长态势等。以全国人口感知大屏为例，可在本区域中展示全国人口数据、今年增长趋势、人口分布等关键信息，其中人口分布可通过全国行政区划地图展示，并借助渐变颜色标识各省市自治区直辖市的人口规模，亦可展示人口数量最高的几个省份，通过行政区划地图形式展现。

在次要信息板块，可展示二级数据指标，例如人口数量最高省份的性别分布、年龄分布、职业分布和婚姻状况占比情况。

在辅助信息板块，可展示一些场景分析结果，例如性别人口差异最大的省份、老龄化最严重的省份、新生人口占比最小的省份等。

7.8 创建大屏常见问题

在使用伏羲大屏进行大屏创建的时候，最常见的问题有以下三种。

1．制作大屏的时候放入组件太多，造成卡顿

出现这种问题时，将制作的组件进行隐藏操作，可以使制作页面流畅起来。当大屏制作完成的时候，再根据制作思路或者需求将之前的组件进行显隐切换。

2．iframe 内嵌跨域页面出错

首先需要确定伏羲大屏的协议是不是 https。如果是 https，那就确定被嵌入页面的协议是不是 https。如果被嵌入页面的协议不是 https，那它就是无法被嵌入的。因为 https 的页面不能嵌入 http 页面。这种问题一般有两种解决方式，一种是把嵌入页面的协议改成 https，另一种方式是把浏览器的安全协议禁用掉。

如果伏羲大屏的协议不是 https 的，那需要设置一下被嵌入页面的服务器设置，设置方式为设置 X-Frame-OptionsALLOW-FROM 为 ALLOW-ALL 或 ALLOW-FROM 伏羲前端访问地址。如 nginx：add_headerX-Frame-OptionsALLOW-FROM 伏羲前端访问地址，或者 add_headerX-Frame-OptionsALLOW-ALL。

3. 数据错误

有时在配置完数据后会发现组件在画布中不显示，一般造成这种结果的原因是配置的数据不可用。排查错误的方法如下。

排查第一步：查看响应结果。

使用内置或自定义数据过滤器后，可以在数据响应结果模块查看数据处理后的内容，如图 7-57 所示。

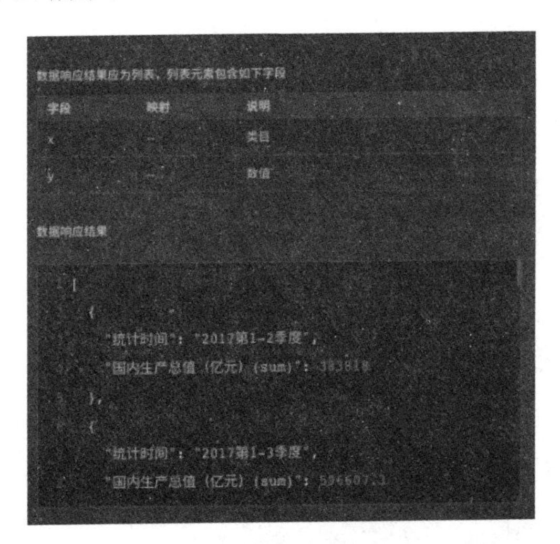

图 7-57　查看响应结果

若数据响应结果与预期结果不符，则对数据过滤器或原数据进行修改；若数据响应结果没有错误，则进入排查第二步。

排查第二步：确认映射配置数据。

第二步就是确认映射字段，用户需要确认数据源中的数据正确映射给了组件需要的字段，若状态栏显示绿色对勾就说明该行映射没有问题，否则就需要对映射字段进行修改（用户可根据映射字段的说明进行修改），如图 7-58 所示。

若映射字段处无错误，则进入排查第三步。

图 7-58　确认映射配置数据

排查第三步：查看异常报错。

若在组件使用和配置过程中出现错误，那么会在编辑页面上方的异常按钮处提示，如图 7-59 所示。用户可通过单击该按钮对异常内容进行查看和修改。若未报错，则进入排查第四步。

图 7-59　查看异常报错

排查第四步：检查网页问题。

可通过查看网页控制台对错误内容进行检查。查看控制台有两种方法：右键单击页面空白处，选择检查；或按 Fn+F12 可以快速打开控制台。

控制台如图 7-60 所示。

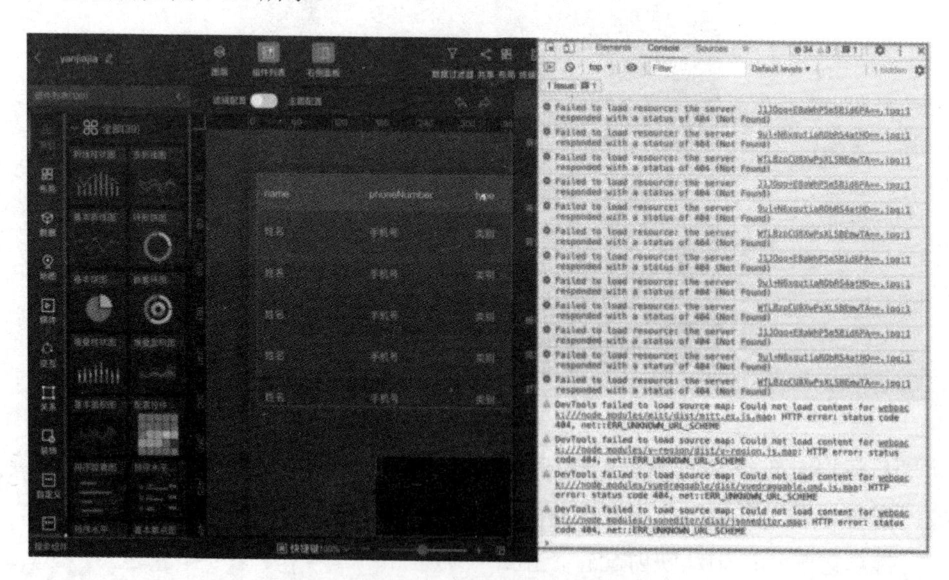

图 7-60　检查网页问题 – 查看控制台

通过以上 4 步的排查，用户可以快速发现数据错误问题并及时对其进行改正，提高效率。

第 8 章　数据分析报告制作

数据分析报告是通过对分析目标全方位的科学分析来评估落地可行性，为决策提供科学、严谨的依据，降低决策落地风险。数据分析报告是数据分析结果解读的一种载体。

数据分析报告也是大数据分析建模的重要组成部分。因为数据分析结果具有较强的业务属性，同一分析结果在不同的视角、不同的环境、不同的主体中有不同的解读，正是因为存在这些差异性，才需要用正式报告的方式对分析结果进行解读，便于精准传达数据分析师的思路和意图。

下面从分析报告类型、报告结构和报告制作注意事项等方面进行详细说明。

8.1　明确报告类型

明确数据分析报告的类型是撰写数据分析报告的第一步。要根据数据模型的需求、实现过程和验证情况，对分析结果进行初步判断，选择合适的报告类型。

数据分析报告一般包括常态分析、应急分析、专题分析、辅助分析 4 种类型。

常态分析：格式比较规范，涵盖内容变动不大，读者对象具有广泛性，如图 8-1 所示。

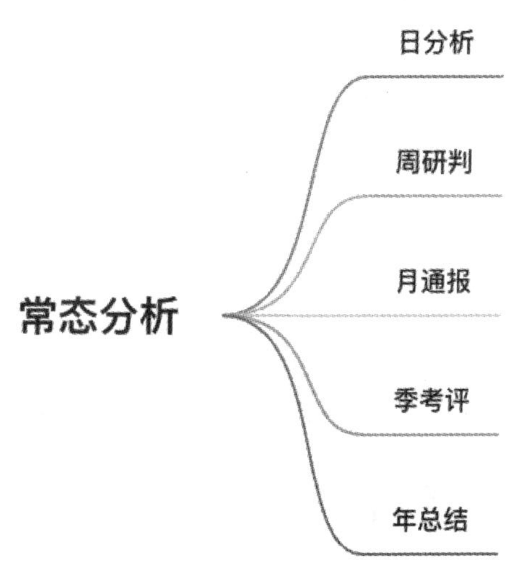

图 8-1　常态分析常见场景

应急分析：根据需求确定格式，内容差异性较大，时效性很强，对象特殊，多为方案建议，如图 8-2 所示。

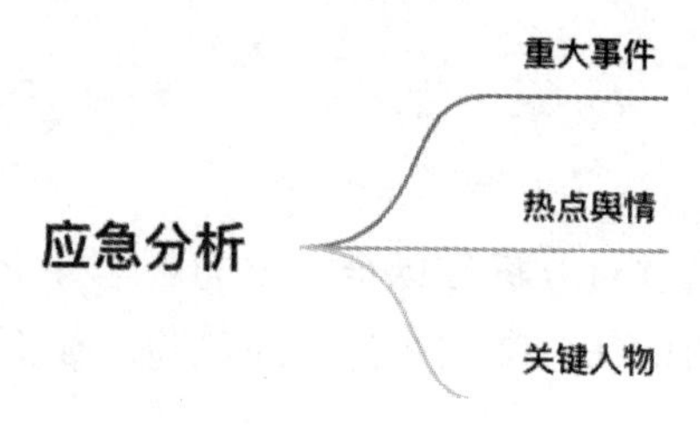

图 8-2　应急分析常见场景

专题分析：格式相对固定，分析内容针对性强，具有一定的时效性，对象特殊，多为行动建议，如图 8-3 所示。

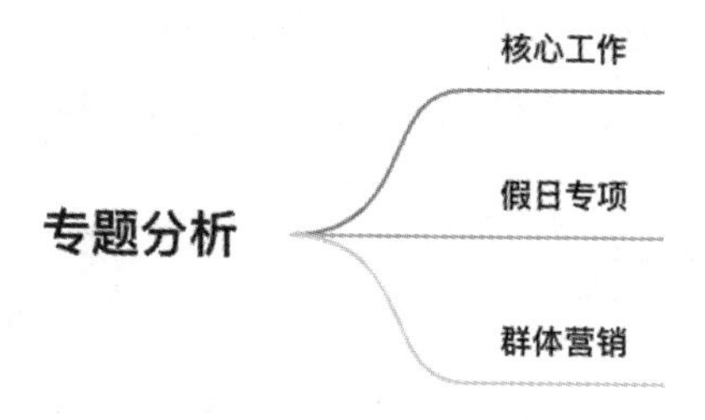

图 8-3　专题分析常见场景

辅助分析：格式相对固定，分析内容自由度大，一般时效性不强，对象不是特别明确，多为机制建议，如图 8-4 所示。

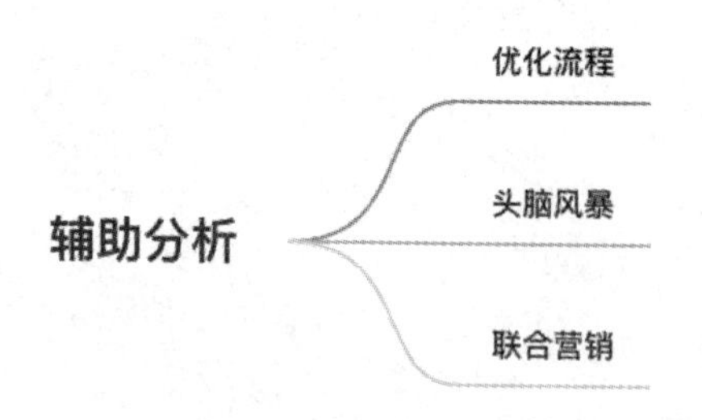

图 8-4　辅助分析常见场景

提示：在制作数据分析报告前，一定要根据分析需求和报告阅读对象，确定分析报告的类型，类型和报告的结构密切相关。

8.2　合理选择报告结构

根据报告内容和报告类型的不同，数据分析报告结构一般分为综述式、并列式和渐进式。

第一种：综述式结构，又称总分总结构，如图 8-5 所示。

“总”的概述（前言、背景、需求），要用一段话，把分析的目的、分析的主要对象、分析要解决的问题，清晰、简洁地表述出来。

“分”的叙述（数据、思路、过程），该分析用了哪些数据（什么种类、数据来源、数据量大小）？主要分析思路是什么（最好用思维导图把具体分析维度描述出来）？分析过程是什么（用了哪些方法和步骤）？

“总”的结论（结果、建议、说明），分析的主要结果（与需求对应的核心结果）是什么？有哪些工作建议？该分析过程中有哪些需要特别说明的（局限性、数据质量、分析思路的选择原因等）？

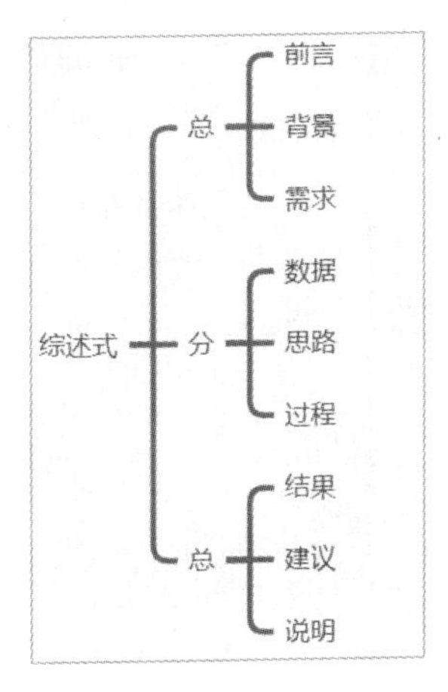

图 8-5　综述式报告结构

第二种：并列式结构，如图 8-6 所示。这种结构在竞品分析场景中常见，譬如大数据行业的潜在竞争对象，需要逐一分析；又如产品在功能、设计、性能、定位等方面，需要逐一分析研究。这种对象明确、要求具体的分析适合用并列式。

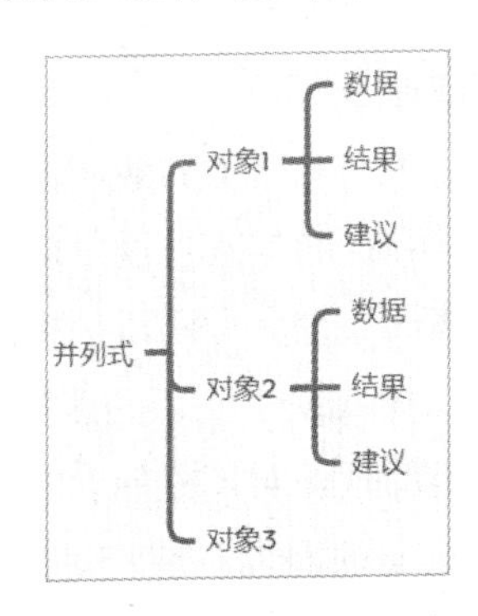

图 8-6　并列式报告结构

- 数据：用什么平台？什么数据？什么分析方法？
- 结果：分析比对或查询研究的结果是什么？
- 建议：工作建议和措施。

多个对象，依次罗列，形成简洁高效的数据分析报告。

第三种：渐进式结构，又称为故事型结构，顾名思义，就是根据一些特点和规律，循序渐进地对数据分析结果进行解读，如图 8-7 所示。主要内容大致包括以下要素。

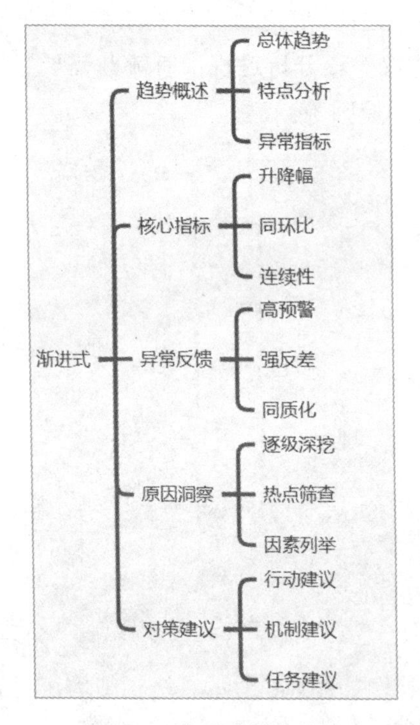

图 8-7　渐进式报告结构

- 趋势概述：先描述总体趋势和异常指标，快速切入核心内容，如本周某类商品销量大幅增加或减少等。
- 核心指标：对升降幅、同环比、连续性等核心指标进行描述，如连续10天发生7日留存用户数下降；3年来首次出现销量同比下降等。
- 异常反馈：对预警值高、反差大、同质化多的异常指标进行重点解读。
- 原因洞察：通过逐级深挖（从省到市到区县）、热点筛查（用户群体、兴趣导向）等进行分类筛查，对可能的影响因素进行列举。
- 对策建议：根据原因洞察的因素，有针对性地提出建议，可以是机制方面的、政策方面的及行动措施方面的。

提示：渐进式结构多用于投诉举报的分析报告，建议要循序渐进、抽丝剥茧地进行数据解读。

8.3　报告制作注意事项

一要格式规范，篇幅适宜。

- 按需选择合适的报告结构，简洁明了。
- 不是所有分析维度都要解读，抓住关键即可。
- 只要能将事情说清说透，报告无须过长。

二要实事求是，反映真相。

- 切忌无病呻吟，要紧扣需求，与需求无关的不写。
- 一份数据分析报告往往需要花费80%的时间来寻找数据、清理数据和验证数据。
- 对数据的局限性、技术方法的单一性和分析中遇到的问题要客观说明，不能误导。

三要贴近实战，分析合理，建议可行。

- 必须紧密结合实际工作才可能提出可实施、可操作的建议。
- 数据分析员要尽可能地和业务部门一同解读数据，研究报告内容。
- 建议尽量要控制在三条以内。